乡村振兴

2017 主题研讨暨
首届全国高等院
校城乡规划专业
大学生乡村规划
方案竞赛成果集

安 徽 合 肥 基 地

中国城市规划学会乡村规划与建设学术委员会学术成果
中国城市规划学会小城镇规划学术委员会学术成果
安徽建筑大学乡村振兴规划研究中心学术成果

乡村振兴

——2017主题研讨暨首届全国高等院校城乡规划专业大学生乡村规划方案竞赛成果集（安徽合肥基地）

中国城市规划学会乡村规划与建设学术委员会
中国城市规划学会小城镇规划学术委员会
同济大学　主编
浙江工业大学
安徽建筑大学

安徽省住房和城乡建设厅
安徽省合肥市庐阳区人民政府
安徽省合肥市规划局　　参编
安徽省合肥市三十岗乡人民政府
安徽省村镇建设学会
安徽建筑大学城乡规划设计研究院

中国建筑工业出版社

图书在版编目（CIP）数据

乡村振兴——2017主题研讨暨首届全国高等院校城乡规划专业大学生乡村规划方案竞赛成果集（安徽合肥基地）/中国城市规划学会乡村规划与建设学术委员会等主编.—北京：中国建筑工业出版社，2018.9
ISBN 978-7-112-22566-8

Ⅰ.①乡… Ⅱ.①中… Ⅲ.①乡村规划-中国 Ⅳ.①TU982.29

中国版本图书馆CIP数据核字（2018）第186298号

责任编辑：杨　虹　尤凯曦
书籍设计：付金红
责任校对：王　瑞

乡村振兴
——2017主题研讨暨首届全国高等院校城乡规划专业 大学生乡村规划方案竞赛成果集（安徽合肥基地）

中国城市规划学会乡村规划与建设学术委员会	
中国城市规划学会小城镇规划学术委员会	
同济大学	主编
浙江工业大学	
安徽建筑大学	
安徽省住房和城乡建设厅	
安徽省合肥市庐阳区人民政府	
安徽省合肥市规划局	参编
安徽省合肥市三十岗乡人民政府	
安徽省村镇建设学会	
安徽建筑大学城乡规划设计研究院	

*

中国建筑工业出版社出版、发行（北京海淀三里河路9号）
各地新华书店、建筑书店经销
北京雅盈中佳图文设计公司制版
天津图文方嘉印刷有限公司印刷

*

开本：880×1230毫米　1/16　印张：19　字数：437千字
2018年10月第一版　　2018年10月第一次印刷
定价：**110.00**元
ISBN 978-7-112-22566-8
　　　（32640）

版权所有　翻印必究
如有印装质量问题，可寄本社退换
（邮政编码　100037）

编委会

总 编 委

主　　编　彭震伟　张尚武　陈前虎　储金龙　栾　峰

编　　委　（按姓氏笔画排序）：

叶小群　孙逸洲　李保民　杨　犇　杨新刚

邹海燕　张　立　张尚武　陈玉娟　陈前虎

奚　慧　栾　峰　彭震伟　储金龙

图 文 编 辑　孙逸洲　邹海燕　赵天舒　廖　航

本专辑编委（安徽合肥基地）：

主　　编　杨新刚　储金龙

副 主 编　张先高　时　坤　张　骏　叶小群　李保民
　　　　　　程堂明

编　　委　（按姓氏笔画排序）：

于晓淦　马　明　王东坡　叶小群　兰　亚

冯长春　刘　健　刘俊杰　李保民　杨　婷

杨新刚　肖铁桥　时　坤　何　颖　宋　祎

张　骏　张　磊　张先高　陈　荣　范凌云

顾康康　程堂明　储金龙　颜　冉

序 言/1

我国的乡村相对于城市而言是一个更具复杂性的地域，它既可以理解为城市以外的地区，同时也包含在城市地域中。乡村地域中既有与城市同样复杂的人口、经济、物质空间等要素，更有城市所不具有的农田、水塘、山林、河川等半自然或自然的要素，是一个更加复合的系统。长期以来，由于我国城乡经济社会发展被制度化的割裂开，乡村地区的发展受到极大地忽视，以往的城市规划专业教育对乡村地区的发展与规划并不重视，即使在规划中存在一些乡村的要素，也是出于服务城市需要的考虑，如城市郊区的副食品供应基地、城市的垃圾处理（填埋）场在郊区的选址等。伴随着改革开放以来国家经济社会发展体制的转型，城乡地域之间出现了越来越紧密的经济社会联系，人口、资金、资源等发展要素的跨地域流动不断增强，极大地促进了城乡地域的发展。2008年我国出台了《中华人民共和国城乡规划法》，2011年国家设立了城乡规划学一级学科，高等院校城乡规划专业教学对城乡地域及其规划的内涵认识不断加深，尤其是针对乡村地区，已经从关注较为简单的村庄建设空间形态规划拓展到城镇化发展框架下的更深层次的挖掘乡村经济社会发展规划及其对乡村空间的影响，并充分体现出城乡规划专业的教学体系的不断变化和完善。

党的十九大提出实施乡村振兴战略"产业兴旺、生态宜居、乡风文明、治理有效、生活富裕"的总要求，深刻揭示出乡村发展的丰富内涵。乡村发展首先要体现出乡村的产业发展，不仅是乡村的农业发展，更要体现出农业与二三产业的深度融合，保障农民富裕生活的实现。乡村发展要体现在乡村社会与文化的发展，还应包括乡村治理体系的完善与生态文明进步。本次2017年度首届全国高等院校城乡规划专业大学生乡村规划方案竞赛的成功举办就是我国高校城乡规划专业教学体系对城乡规划学科内涵与实施乡村振兴战略深刻理解的充分体现。

本次竞赛的三类基地中，有两个指定基地和一个自选基地。其中，安徽合肥基地的庐阳区三十岗乡作为合肥城市的边缘区，发挥着"都市后花园"的作用，其发展路径反映出其特殊区位对乡村发展的重要影响，其产业发展与生态建设成为该发展路径实现的重要支撑，三十岗乡的自然与人文资源被充分利用，美食、文化、音乐等要素被整合成为服务城市的休闲旅游。浙江台州基地的黄岩区宁溪镇的发展模式则表现为乡村绿色导向、生态导向的特色，体现了坚持人与自然和谐共生和绿水青山就是金山银山的发展理念。围绕这两个指定基地的45所高校62个参赛作品均在不同程度上把握了这两个基地乡村的本质特征，并开展了多视角的全面的乡村经济、社会、文化、历史与生态及自然环境的细致调查，在充分利用好乡村特色优势资源的基础上，以清晰的逻辑勾画出各具特色的乡村发展路径。同样，以自选基地参赛的36所高校提交的74个作品除了能体现出乡村发展的多样性与综合性外，还反映出我国乡村发展的极大差异化，不同地域发展条件与背景下的不同乡村规划理念与模式。

此次2017年度首届全国高等院校城乡规划专业大学生乡村规划方案竞赛也是对我国高校城乡规划专业在乡村规划教学实施方面的一次全面检阅。从60所高校提交的136个参赛作品来看，各高校在乡村规划教学体系上，无论是乡村发展的内涵，还是在乡村的地域层次以及城乡地域的联系上，已经基本形成了一整套完整并各具特色的乡村规划教学内容与教学方法。因此，我们有理由相信，我国高等院校城乡规划专业培养的人才完全能够成为乡村规划建设领域的高级专业人才，在我国的乡村振兴战略中发挥重要的作用。同时，也衷心希望在各方的共同努力下，全国高等院校城乡规划专业大学生乡村规划方案竞赛会越办越好。

住房和城乡建设部高等教育城乡规划专业评估委员会　主任委员
中国城市规划学会小城镇规划学术委员会　主任委员
同济大学建筑与城市规划学院　党委书记　教授

彭震伟

序 言/2

  40年的城镇化进程深刻影响着我国的城乡发展格局，促进城乡共同繁荣，实现城乡统筹发展，成为中国走向现代化的时代使命。党的十九大提出实施乡村振兴战略，乡村地区发展迎来前所未有的机遇，也对乡村规划建设人才培养提出了迫切需求，城乡规划教育肩负着适应新时代乡村振兴人才培养的历史责任。

  2011年城乡规划学确立为一级学科以后，部分高校率先将乡村规划纳入教学体系，探索从理论和实践教学两个方面完善教学内容，并通过联合教学、基地化教学等方式积累乡村规划教学经验。但总体上，全国高校的乡村规划教育尚处于起步阶段，人才培养与社会需求尚存在差距。2017年3—4月，中国城市规划学会乡村规划与建设学术委员会秘书处对部分设置城乡规划专业的高校开展乡村规划教学情况进行了调研，在被调研的近50所高校中，56%的高校开设了独立课程，28%的高校设置了相关教学内容，而有16%的高校尚未设置。许多学校仅增加了理论教学内容，由于缺少教学基地、实践项目及受到教学经费限制等原因，乡村规划实践教学难以开展。

  为了在全国范围内加快推动乡村规划教学的开展，促进高校间教学经验交流，2017年6月，中国城市规划学会乡村规划与建设学术委员会和小城镇规划学术委员会，在国务院学位委员会城乡规划学科评议组、高等学校城乡规划学科专业指导委员会和住房和城乡建设部高等教育城乡规划专业评估委员会的支持下，在同济大学举办了乡村规划教育论坛，期间发布了《共同推进乡村规划建设人才培养行动倡议》，呼吁社会各界关注乡村规划教育事业发展。同时，作为践行这一倡议的重要举措之一，在论坛上正式发布举办首届全国高等院校城乡规划专业大学生乡村规划方案竞赛。

  该项竞赛活动一经发起，即得到地方政府和各高校的大力支持和积极响应。分别确定浙江台州黄岩区宁溪镇白鹤岭下村、安徽合肥庐阳区三十岗乡作为两个竞赛基地，由地方提供调研便利和部分教学经费资助，同时各高校也可以自选基地参赛，按照统一任务书要求分别推进相关工作。共有近70所开设城乡规划专业及相关专业的高校报名，最终60所高校的136个参赛队伍提交了作品，近千名师生参与了竞赛。

2017年11月底至12月初，大赛分别在浙江省台州市黄岩区、安徽省合肥市庐阳区和同济大学分别举办了方案评选、学术研讨和教学交流等活动，共评选出75个奖项，分别为5个一等奖、8个二等奖、12个三等奖、15个优胜奖和27个佳作奖，此外还评选出三个最佳研究奖、两个最佳创新奖、一个最佳创意奖和两个最佳表现奖等8个单项奖。为了更好地推广此次竞赛的成果，共同促进乡村规划教学水平的提高，特将两个竞赛基地和一个自选基地的参赛作品，汇编成三册出版。

　　从此次竞赛活动举办的效果来看，有效推动了乡村规划实践教学的开展。广大师生走出校园深入乡村，与村民面对面交流，全方位调研乡村所处的地理环境、资源条件、产业条件、人口状况以及乡村地区的生产生活方式，自下而上地了解乡村发展过程。从获奖作品来看，准确把握了乡村规划的本质特征，立足深入调研和乡村发展实际，构建了较为清晰的规划逻辑和策略框架，展现了较强的研究及表现能力，对学生是一次综合能力的训练。在调研和评选两个环节的交流中，促进了高校间的相互学习和交流。

　　此次竞赛活动是一次高校之间、校地之间合作开展乡村规划教学的成功探索，感谢所有参与高校、广大师生及地方机构对此次活动给予的大力支持。感谢台州基地的承办单位，浙江工业大学小城镇城市化协同创新中心、浙江工业大学建筑工程学院、台州市住房和城乡建设局、台州市规划局、台州市黄岩区人民政府。感谢合肥基地的承办单位，三十岗乡人民政府和安徽建筑大学。全国自选基地的承办单位，同济大学建筑与城市规划学院和上海同济城市规划设计研究院。感谢多位专家教授在方案评选和教学研讨中的辛勤工作，感谢中国建筑工业出版社对出版工作给予的支持与帮助。希望本次竞赛成果的出版能够为我国城乡规划学科的发展提供一些乡村规划教学的经验借鉴，对于推进乡村规划建设人才的培养做出一些有益的贡献。

中国城市规划学会乡村规划与建设学术委员会　主任委员
同济大学建筑与城市规划学院　副院长、教授

张尚武

目 录

前言

2017年度乡村发展研讨会开幕致辞（安徽合肥基地）

第一部分　学术研讨会报告

专家报告

城镇化进程中特色小城镇发展探讨：冯长春 // 026

土地整治与乡村发展：彭震伟 // 037

回归乡村本质，促进乡村振兴：刘　健 // 042

乡村振兴背景下传统村落建设发展路径研究：储金龙 // 050

以乡村群规划为核心深化县域乡村规划：陈　荣 // 062

互联网时代的乡村治理转型：淘宝村和网红村的观察：罗震东 // 066

浅谈我国乡村的功能及乡村规划的本质——基于全球多国的乡村田野调查：张　立 // 070

保护型村落美丽乡村规划建设实践探讨：程堂明 // 076

第二部分　乡村规划方案

竞赛组织及获奖作品

2017年度首届全国高等院校城乡规划专业大学生乡村规划方案竞赛（安徽合肥基地）任务书 // 082

2017年度首届全国高等院校城乡规划专业大学生乡村规划方案竞赛（安徽合肥基地）参赛院校及作品 // 086

2017年度首届全国高等院校城乡规划专业大学生乡村规划方案竞赛（安徽合肥基地）评优专家 // 087

2017年度首届全国高等院校城乡规划专业大学生乡村规划方案竞赛（安徽合肥基地）获奖作品 // 088

参赛院校及作品

评委点评

高校代表：刘　健 // 241

设计院代表：陈　荣 // 243

规划管理部门代表：王东坡 // 245

调研花絮

第三部分　基地简介

安徽省合肥市庐阳区三十岗乡基地调研报告 // 284

后记

前　言

2017年，党的十九大报告中提出实施乡村振兴战略，随后的中央农村工作会议和中央一号文件都对于实施乡村振兴战略提出明确意见和实施方案。乡村规划是实施乡村振兴战略的前提和保障，是乡村振兴战略实施的重要环节，关乎乡村的全面发展。2018年国务院机构改革方案的出台和实施，城乡规划管理职能划归自然资源部，新成立农业农村部负责统筹实施乡村振兴战略，城乡规划管理对象、规划内容和方法都将有一定变化，城乡规划也将面临重大变革和转型。我们在总结新农村建设和美丽乡村建设活动的经验后，在反思借鉴城市规划理论和方法编制乡村规划的基础上，乡村规划将被重新定义，重新找准自己的坐标。

三年前，2015年我们受邀参加了由同济大学举办的海门市海永镇"美丽乡村"创建规划方案竞赛活动，第一次将多所高校师生组织起来共同围绕乡村规划开展教学竞赛活动，乡村规划教学成为长三角乃至全国专业教育关注的焦点，也使乡村规划从一个个具体的规划项目提升到对其理论和方法思考的高度。安徽建筑大学城乡规划专业关于乡村规划方面的教学近二十年，早先开设"村镇规划"课程，后来在2015版城乡规划专业培养方案中开设"乡村规划与建设"课程。通过参与近几年的乡村规划教学竞赛活动，我们在专业人才培养方面不断调整和完善，并根据当前乡村规划与建设的社会需求，在最新培养方案修订中设置了"乡村规划原理"、"乡村规划设计"、"传统村落保护与更新"以及"乡村规划的课程设计"等系列课程。

2017年度首届全国高等院校城乡规划专业大学生乡村规划方案竞赛（安徽合肥基地）选在庐阳区三十岗乡，是缘于我们对该乡持续十年的跟踪陪伴以及地方政府对乡村发展的高度重视。2008年第一次走进城市水源地的三十岗乡，没有感觉到其魅力何在，只不过这里与城区很近、隔水相望，这里的西瓜很甜很有名气，这里的环境更加"荒野"，与其他乡村没有不同，甚至更加"落后"。后来我们编制三十岗乡总体规划，对该区域有了深入认识，起初全乡在保护水源地生态安全的同时，积极寻求发展契机，探究发展出路，政府也提出"五园"（菜园、瓜园、果园、花园和庄园）建设思路。三十岗乡面对周边乡镇快速的发展，有些"按捺不住"了，在今年前的一个春节前后几乎将全乡土地进行了流转，农业企业纷纷进驻。两年后，三十岗开始举办桃花节等节庆活动，使三十岗声名远扬，接着部分画家开始聚集到乡域西北部偏僻的崔岗村，崔岗逐步成为合肥远近闻名的艺术村。这几年，三十岗依托水源保护而留住的生态环境优势，大力发展乡村休闲活动，找到了一条比较适合其发展的道路。2017年，合肥市获批综合性国家科学中心，根据科学中心建设方案，在科学岛的北侧即三十岗乡域范围内建设大科学装置园区。这给原本拥有生态、艺术和休闲名片的三十岗，又增添了科学创新的符号。三十岗乡的生态和创新发展道路，代表着合肥市未来的发展方向。在这样良好的发展基础上，如何保持其优势，促进全乡整体协调发展，尤其是乡村振兴发展，地方政府也在不断思考。

为开拓三十岗乡区域发展思路，推进全国高校城乡规划专业乡村规划课程教学的交流，更好地探讨乡村规划的思想和方法，让城乡规划专业同学认识乡村、了解乡村，进而能够服务乡村，安徽建筑大学建筑与规划学院联合三十岗乡人民政府共同承办了2017年首届全国高等学校城乡规划专业大学生乡村规划方案竞赛活动。此次活动由中国城市规划学会乡村规划与建设学术委员会和小城镇规划学术委员会主办，得到安徽省住房和城乡建设厅、合肥市规划局和庐阳区政府的大力支持。合肥基地竞赛活动于2017年8月16日在三十岗乡启动以来，来自同济大学、南京大学、华中科技大学、哈尔滨工业大学、西安建筑科技大学、苏州科技大学、南京工业大学、上海大学、浙江工业大学、青岛理工大学、河南大学、河南科技大学、合肥工业大学、安徽大学、安徽农业大学、安徽科技学院、黄山学院和安徽建筑大学等19所高校师生近200人历时三个月，于11月15日共提交竞赛作品30份。12月9—10日，在合肥市举办了"2017·乡村振兴规划研讨会暨首届全国高等学校城乡规划专业大学生乡村规划竞赛方案（合肥基地）评优会"，专家评委会最终评选出一等奖一名，二等奖两名，三等奖三名，优胜奖四名，佳作奖四名，最佳表现奖、最佳创意奖和最佳研究奖各一名。乡村振兴规划研讨会邀请了八位专家分别围绕乡村发展中特色小镇、土地整治、乡村本质与乡村振兴、传统村落、县域乡村规划、乡村治理、乡村功能及规划本质、美丽乡村规划建设实践等方面进行了学术报告，为合肥基地竞赛活动画上圆满句号。

此次活动得以成功举办，要感谢中国城市规划学会乡村规划与建设学委会和小城镇规划学术委员会，感谢安徽省住房和城乡建设厅、合肥市规划局和庐阳区政府的领导高度重视和支持，感谢三十岗乡政府、安徽省村镇建设学会和安徽建筑大学城乡规划设计研究院的配合，感谢安徽建筑大学参与服务的老师和同学们，特别感谢所有参加竞赛活动的高校指导老师和同学们的辛苦付出。

安徽建筑大学建筑与规划学院规划系主任、副教授　　杨新刚　　2018年4月16日

张 立

彭震伟

张尚武

储金龙

会议主持：张 立、张尚武、彭震伟、储金龙

2017年12月10日，由中国城市规划学会乡村规划与建设学术委员会、中国城市规划学会小城镇规划学术委员会联合主办，安徽省住房和城乡建设厅、安徽省合肥市庐阳区人民政府和安徽省合肥市规划局协助支持、安徽省合肥市三十岗乡人民政府和安徽建筑大学建筑与规划学院共同承办，安徽省村镇建设学会、安徽建筑大学城乡规划设计研究院共同协办的"2017·乡村振兴规划研讨会暨首届全国高等学校城乡规划专业大学生乡村规划竞赛方案（合肥基地）评优会"在安徽合肥召开。

会议分别由中国城市规划学会小城镇规划学术委员会秘书长、同济大学建筑与城市规划学院张立副教授，中国城市规划学会乡村规划与建设学术委员会主任委员、同济大学建筑与城市规划学院副院长张尚武教授，中国城市规划学会小城镇规划学委会主任委员、同济大学建筑与城市规划学院党委书记彭震伟教授，中国城市规划学会乡村规划与建设学术委员会委员、安徽建筑大学建筑与规划学院院长储金龙教授共同主持。

黄卫东区长致辞

合肥市庐阳区区委副书记、区长，研究生学历，高级管理人员，工商管理硕士。历任合肥市政府办公厅秘书室副主任、主任，肥西县委常委，肥西县委常委，桃花工业园管委会主任，庐阳区委副书记，合肥市招标投标监督管理局局长、党组书记，合肥市公共资源交易监督管理局局长、党组书记

尊敬的各位领导、各位专家、各位老师、同学们，大家上午好。今天我们在这里举行2017·乡村振兴规划研讨会暨全国高等学校城乡规划专业大学生乡村规划竞赛方案（安徽合肥基地）评优会，众多专家学者济济一堂，向各位参会代表和专家老师们表示热烈的欢迎，向本次会议的召开表示热烈的祝贺。

近年来，庐阳区紧紧围绕对城市、对乡村建设发展的理念，深入推进"1341"发展战略，着力推动滨水文化生态休闲区等三大工程区的建设发展，通过构筑优质生态、深耕农业转型、融合文化创意等具体举措，多年如一日做精做实城市"最美后花园"的文章，"天蓝、水清、乡美"的瑰丽画卷，正在长三角副中心群的合肥的西北版图上徐徐展开，这其中崔岗艺术村入选中宣部宣传思想文化工作案例，东瞿美食村荣获中国人居环境奖，王大郢音乐小镇是安徽省首座以音乐为主题的特色小镇，成为城市聚焦农村转型发展的鲜活样本。城市规划竞赛活动，为美丽的三十岗量身定制了一批具有代表性的乡村规划方案。今天的会议不仅集中展示了这些优秀的成果，更是一场推动城乡规划理论与实践深度交流的思想盛宴，我相信有了这一活动的圆满举办，必将为庐阳文化休闲区的建设、乡村振兴战略提供广阔的思路，希望各位领导专家为我们庐阳今后的发展提供更多更好的建议，多献良策。祝各位来宾身体健康，工作顺利。谢谢。

方潜生教授致辞

安徽建筑大学党委副书记、校长,教授、博导,高等学校土建学科教学指导委员会委员,安徽省智能建筑重点实验室主任,全国智能建筑指导小组成员,安徽省计算机学会常务理事、副理事长,安徽省智能建筑学会常务理事、副理事长,安徽省高校计算机教育研究会常务理事、副理事长,《计算机与信息技术》杂志社副社长

尊敬的各位领导、各位专家、老师们、同学们，大家好。在火红的八月，2017年度全国高等院校城乡规划专业大学生乡村规划活动在合肥基地正式拉开序幕，转眼间，寒冬已至，但今天我们仍然在这里齐聚一堂，为本次乡村规划画了一个圆满的句号。经过三个多月的精心谋划设计，各校带来了自己新的作品和成果，在这里交流学习并举行学术研讨，在此我谨代表安徽建筑大学向来自全国各相关高校的师生，向来自全省规划建设管理部门和规划设计单位的领导和专家表示诚挚的欢迎。

对一所大学而言，人才培养、科学研究、社会服务、文化传承创新四位一体不可或缺。具体到每一所高校，在服务地方经济发展的过程中如何做好定位，利用自身优势打好特色牌则是至关重要的，这是一所大学必须要承担的任务。安徽建筑大学作为安徽省唯一一所多科性大学，依托大学科优势，坚持走打好做好建筑牌，做好发展之路，积极服务地方经济社会发展，取得了显著的成效。通过此次活动，我希望与庐阳区政府、合肥市规划局建立良好的合作关系，我们积累了丰富的经验，也为我校发挥学科专业优势探索了新的路径。本次活动作为首届全国高等院校城乡规划专业大学生乡村规划方案竞赛，影响深远，意义重大。在这里衷心感谢中国城市规划学会乡村规划与建设学术委员会、中国城市规划学会小城镇规划学术委员会的支持，也向参与此次活动的老师和同学表示亲切的问候，向所有朋友表示衷心的感谢。这也是我校首次承办相关的活动，在活动安排方面存在不足，请各位专家、领导谅解。我校作为安徽省最早创办城乡规划专业的学校，本科和硕士研究生已通过研究，下一步我们将落实好中国城市规划学会、高等学校城乡规划专业教学指导委员会安排的相关工作，不断促进与省内外高校的交流合作，促进学科发展。最后预祝本次会议圆满成功，期待各位专家学者、各位领导继续关心、支持安徽建筑大学的发展，祝各位专家、领导返程愉快，谢谢大家。

彭震伟教授致辞
住房和城乡建设部高等教育城乡规划专业评估委员会主任委员,中国城市规划学会小城镇规划学术委员会主任委员,同济大学建筑与城市规划学院党委书记、教授

尊敬的各位领导、各位老师、各位同学们，大家上午好。首先请允许我代表中国城市规划学会小城镇规划学术委员会向全国高等院校城乡规划专业大学生乡村规划方案竞赛（安徽合肥基地）的一切活动取得成功表示热烈的祝贺。也衷心地感谢安徽建筑大学、合肥市庐阳区、安徽省住房和城乡建设厅、合肥市规划局以及合肥市庐阳区的三十岗乡，感谢各位领导对此次活动的大力支持。

我们都知道安徽的乡村发展非常有特色，这次我们来自全国高校的师生到这里也学到了非常多的在安徽的乡村规划建设发展当中的经验，相信这次活动一定能够促进中国的乡村发展，响应党中央、响应十九大关于振兴乡村发展战略的一些要求，同时我们也感谢参与这次活动的全国各高校的老师和同学们，你们贡献了非常宝贵的智慧，为乡村规划建设发展献计献策，这也是一个非常重要的活动。

最后，我希望我们这样的活动能够持续地办下去，能够取得更多、更新的成就，谢谢大家。

张尚武教授致辞
中国城市规划学会乡村规划与建设学术委员会
主任委员，同济大学建筑与城市规划学院
副院长、教授

尊敬的方校长、彭教授，在座的所有的老师、同学们，大家好。我首先代表中国城市规划学会乡村规划与建设学术委员会对今天的评优活动和论坛的举办表示祝贺，当然也非常感谢我们的地方和安徽建筑大学为这次活动所做的努力。这次活动是在2017年6月份正式启动的，当时在举办乡村规划教育论坛，也是在我们两个委员会共同举办的论坛上发起的一个倡议，就是关于共同关注乡村规划建设人才培养的启动倡议，另外正式发起了这次竞赛。这次竞赛总共有两个基地，一个是黄岩，另一个就是在三十岗乡，还有一个是自选基地，上周在黄岩举办了论坛，今天在合肥，明天还有一次评优会是在上海，另外12月16日会再举办一次针对所有活动的总结，也针对自选基地的参赛作品做一次颁奖，所以整个活动得到了100多所高校的响应，所以我们也非常感谢。我们也觉得目前的乡村振兴已经变成了国家战略，应该说在我们接下来的国家现代化建设进程中会越来越重要，所以对人才培养的需求也非常的迫切，我们希望社会共同关注人才培养，也感谢大家今后能在接下来举办的一些活动中给予支持。最后，特别感谢昨天为我们这次评优会付出辛勤工作的评委，也感谢所有参赛的高校师生付出的努力，谢谢大家。

第一部分

学术研讨会报告

冯长春：城镇化进程中特色小城镇发展探讨
彭震伟：土地整治与乡村发展
刘　健：回归乡村本质，促进乡村振兴
储金龙：乡村振兴背景下传统村落建设发展路径研究
陈　荣：以乡村群规划为核心深化县域乡村规划
罗震东：互联网时代的乡村治理转型：淘宝村和网红村的观察
张　立：浅谈我国乡村的功能及乡村规划的本质——基于全球多国的乡村田野调查
程堂明：保护型村落美丽乡村规划建设实践探讨

城镇化进程中特色小城镇发展探讨

冯长春

中国城市规划学会乡村规划与建设学术委员会副主任委员
北京大学城市与环境学院城市与经济地理系系主任、教授、博导

各位领导、专家、老师们、同学们上午好。很高兴参加2017·乡村振兴规划研讨会暨全国高等学校城乡规划专业大学生乡村规划竞赛方案（合肥基地）的评优会，昨天看了我们各个院校的参赛作品，也学了很多，各个作品都很有特色，我今天也就特色问题和大家进行交流。我想和大家交流的题目是《城镇化进程中特色小城镇发展探讨》。

最近特色小城镇很热，因为住房和城乡建设部进行了两批特色小城镇的认定工作，现在已经有403个镇被认定为特色小城镇，特色小城镇看网上也说了，概念很混乱，内涵不清，发展也比较盲目，而且还存在政府以房地产开发为主的苗头，所以前几天国家发展改革委、住房和城乡建设部、国土资源部联合发布了特色小城镇的建设指导意见，为了规范特色小城镇的发展，前些天中国城市规划年会的论坛上，大家也进行了讨论。今天我想和大家交流四个方面的内容。

一、新型城镇化的内涵的理解

大家都很清楚，我们在快速城镇化的过程当中，过去追求的是数量，对质量方面可能欠考虑，主要在提高城镇化率，城市的过度扩张，城市景观出现钢筋混凝土的现象，大型的开发园区，呈现出城乡二元结构割裂。现在十九大提出乡村振兴，城乡融合发展，所以我们不能以牺牲生态环境为代价，还要绿色发展、智慧发展，实现宜居、宜业的新型城镇化的过程。过去我们的城镇化简单总结为几个方面：

一个就是城镇化水平区域发展不平衡。东部发展得比较快，再加上有一些基础比较好的，像东北地区，虽然这几年增长很慢，但是基础好，所以城镇化率还是比较高的。西南地区，包括一些中部地区的城镇化水平是低于全国水平的。第二个是城镇化过程当中的城乡差距加大，农村中剩余劳动力进了城里之后无法落地，无法融入城市，这是一个问题。第三个方面就是大中小城市面临的问题，大城市主要是交通、环境、住房等问题，到北京都知道，北京的房价特别高，交通拥堵，再加上雾霾的天气，今年可能好一些，今年的天还很蓝，基本没有出现雾霾，这是采取了很多强制性的行动措施。小城市主要是公共服务、基础设施不完善，我看前两天政治局开会提到基本生活公共服务设施均等化有所提高，有所改观，但是目前还是存在这些问题。

第四个是城镇化发展速度与经济发展不协调，我们算过，西方发达国家基本上是经济发展和城镇化同步发展，经济发展快于城镇化的发展，我们也是经济发展快于城镇化，但是我们的差距比较大，图1、图2就是经济和城镇化的水平差距，在西方国家可能差半步，我们差了一步半，说明经济结构不合理，比如说经济发展过程中吸纳的人口、解决的就业，差距比较大，这就是不足，所以造成很多人进了城以后安居不下来，这是一个问题。

第五个就是农民进城的市民化率比较低，城镇化质量不高，表现在城镇化的水平上升得很快，但是真正户籍城镇化率只达到了36%，最近算的是40%左右，15%—18%的人口还没有真正融入城市，享受城市的社会福利和待遇，包括小孩上学这方面。

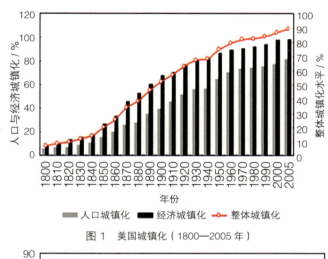

图1　美国城镇化（1800—2005年）

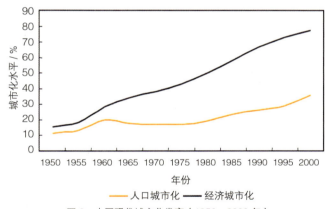

图2　中国现代城市化发育（1950—2000年）

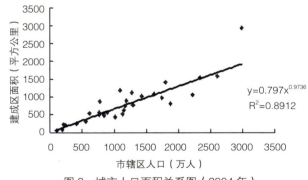

图3　城市人口面积关系图（2004年）

由于经济城镇化与人口城镇化不协调，产业结构不合理（1∶5∶4），导致吸纳就业能力低，农村富余人口的城镇化转化率低，城镇化质量差。2013年末，中国大陆总人口为136072万人，城镇常住人口73111万人，乡村常住人口62961万人，中国城镇化率达到了53.7%，比上年提高了1.1个百分点。2013年中国"人户分离人口"达到了2.89亿人，其中流动人口为2.45亿人，"户籍城镇化率"仅为35.7%左右。

第六个是资源化利用比较低,包括我们的能源、土地、水这些方面,对城镇化的限制比较大。从图3、表1可以看出,在城镇化发展当中,城市扩张和耕地的矛盾特别突出,这就表现在我们由于区域差异比较大,各省的人均耕地面积从图4可以看出,中部很多省份基本上是低于联合国的耕地警戒线0.8亩,人均耕地比较高,但是土地的质量又不太好,尤其西部的一些城市,作为优质的良田可能就差一些,所以这样就造成我们的耕地保护和城市发展的矛盾比较大。

基于这些问题,我们要推进新型城镇化,应该考虑四个方面:第一是要考虑人口,我们一般衡量是从人口城镇化来考虑;第二是资源的投入,就是资源要素怎么样去配置;资源投入以后第三方面就是产业和产出效率、效益怎么样;第四是消除公共服务的差异,加大社会服务。我们把新型城镇化从四个方面去理解,人口城市化、经济城市化、社会城市化、资源城市化。具体地说,人口城镇化就是从过去注重数量不注重质量,到我们要两头并进,使得半城市化人口减少,真正地实现城市化,主要是农村的一些人口进城市。第二个方面就是经济城市化,主要是使经济发展和人口城市化能够同步,增强它的吸纳力,这样解决经济结构的调整和产业的转型发展。第三个方面是要加强在公共服务设施上的空间配置均衡化,包括它的设施,以及服务的均衡化,提高我们的生活质量,加强宜居的发展。第四个方面是在城镇化过

全国城市建城区面积实际值与合理值比较 表1

	年份	1997	1998	1999	2000	2001	2002	2003	2004
前一年为基年	实际值	13613	14658	14907	16221	18423	19844	21926	23943
	合理值	13613	14121	15185	16147	18116	18602	20494	22406
	差值	—	537	-278	74	307	1242	1432	1537
1997年为基年	实际值	13613	14658	14907	16221	18423	19844	21926	23943
	合理值	13613	14121	14629	15847	17698	17870	18456	18860
	差值	—	537	278	374	725	1974	3470	5083

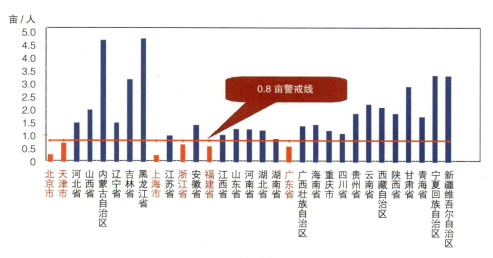

图4 警戒线

人口城镇化	以人为核心的城镇化 只重数量不重质量→半城市化人口新型城镇化：半城市化人→城市人
经济城镇化	城市经济结构与产业结构调整 第三产业、集群产业 —> 高产出效益 —> 多就业机会 —> 城市容纳能力提升
社会城镇化	生活方式、行为素质、精神价值观 提高基础设施以及公共服务配套 —> 农村人口物质精神方面提升
资源城镇化	集约利用水资源、土地资源、能源 资源是约束我国城镇化的瓶颈节能减排、低碳城市、集约用地

图5　新型城镇化

程当中，中国的差异很大，所以我们老说土地是"一多三少"，我们的水资源匮乏，我们的能源比较紧张，所以资源城镇化要高效、集约地发展，改变过去粗放的扩张，这是我们对城镇化的认识。

新型城镇化从人口、经济、社会、资源四个方面，最主要的限制是空间的扩张，所以我们在精心规划的时候，就是要满足它的空间需求，我们从理论上探讨了一些，主要满足直接、间接、诱发的需求，直接的需求是立身之用，间接的需求是果腹之需，诱发的需求是环境之用，实际上一个是城市本身发展需要土地，解决和耕地保护的矛盾。第二个就是城市需要供应大量的生活用品等，过去在规划当中，包括郊区规划我们要解决副食品基地，但是随着我们快速的联系方式和交通方式的建设，我们现在空间距离没变，时间距离改变了，我们空间的范围可能就会增加。原来的城市，比如说北京，原来属于郊区的海淀，就是供应蔬菜的，但是现在发展高科技了，那么按照区域理论就应该往更大的空间范围扩展，但是我们要考虑满足需求。第三部分就是我们说的生态环境这方面，过去对生态包括郊区的农业用地，也是生态的一部分，改善环境必须要考虑这三部分。简单的可以计算，包括城市扩展的一些用地、基础设施的用地。

（一）直接空间

$$DL=BA_C+BA_t+TL$$

其中，DL 代表城镇直接用地，BA_C 代表城市建成区面积，BA_t 代表建制镇建成区面积，TL 代表交通等基础设施用地面积。

图6　直接空间

（二）间接空间

$$IL=ICL+IGL$$

其中，IL 为城镇间接占用土地面积。

$$ICL=\sum C_i P/P_i$$

其中，ICL 为城镇化间接占用的耕地面积，C_i 为城镇居民全年各类农副产品的人均消费量，P 为城镇人口数，P_i 为乡村实际各类农副产品的亩产量，包括粮食、蔬菜和水果。

$$IGL=C_i \cdot P/TC \times TGL$$

其中，IGL 代表间接占用草场面积，C_i 为城镇居民人均年消费标准牛羊肉产量，P 代表城镇人口，TC 为全国消费标准牛羊肉产量，TGL 为全国草场总面积。

图7　间接空间

（三）诱发空间

$$IGL=C_o/\alpha$$

其中，IDL 为城镇化诱发占用的土地资源，C_o 为城镇年排放的总碳量，α 为陆地森林平均碳密度（38.67t/hm²）

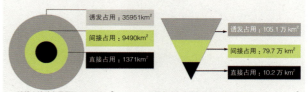

上海城市发育的土地资源占用　　中国城镇化的空间（土地）资源基础

图8　诱发空间

图 9 国外特色小镇　　　　图 10 浙江第一、二批特色小镇空间分布图

第二部分就是间接用地、诱发用地是多少，从图 7、图 8 上也可以大致估算，比如说像上海这些城市进一步推进，发展直接占用比如说 1300 多 km^2，我这个数字也不是很准确的，间接的就需要将近 $10000km^2$，诱发的就是保证生态环境发展，必须要有这样的 $40000km^2$ 的空间，这样才能协调，比较和谐地发展。我们也算了全国的，既要保证粮食安全，又要保持城市发展，在空间的格局和比例是什么样的关系。

二、新型城镇化进程中小城镇发展的政策

实际上我们有一些省份已经提出建设重点镇和特色镇，从政策的支持上来说，实际上一方面是政府推动，另一方面是企业加入经营开发，然后社会众多的主体能够共同参与，所以从国外比较成功的经验来看要建设得漂亮，就要有意识的延续。

我们怎样去建设，从政策上来说，各地有不同的政策，现在引起关注的主要是浙江的特色小镇，但是从政策支持上我们可以看黑龙江安徽这些地方提得都比较早。浙江的特色小镇，得到了高度的重视，所以现在从概念上来说，或者是从内涵上来说，我们提特色小镇和特色小城镇，这两个应该是不一样的。我的理解特色小镇就像浙江的，既非特色小城镇，又非工业园区，它是"此小镇非彼小镇"，有 3—5km^2 的范围，实际上就是一块地，然后建设出生产、生态、生活相融合的特色的、有产业活力的小镇。但是我个人分析，这些不依托一个小城镇去发展的，可能会造成空间上的无序扩展或者是存在基础设施配置难度大的问题。它也提出了很多建设的导则，我们把它总结为 7+1 的产业模式，包括功能融合、投资规模、运行方式、创新创业、智能管理、建设进度、建设规模、综合效益，这些都有要求，就不细说了。

梦想小镇

基金小镇

云栖小镇

图 11　浙江特色小镇

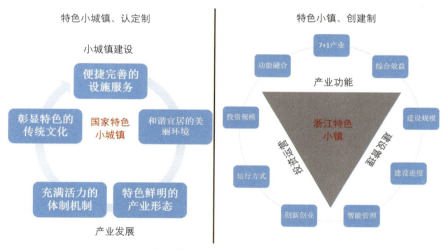

图 12　全国特色小城镇与浙江特色小镇比较

图 10 是浙江的特色小镇的空间分布，浙江的特色小镇要引起重视主要应从"供给侧改革"入手，另外从"创新创业"的方面去考虑，以推进新型的城镇化为抓手，来促进城乡一体化发展。后面就是总书记去视察，得到了肯定，所以现在这些特色小镇都在发展。之后中财办的领导也进行了调研，对中央也写了报告，也得到了习总书记的批示，所以引起了重视。

后来国家发展改革委就开始进行示范试点。在 2016 年 7 月，住房和城乡建设部联合国家发展改革委和财政部出台了开展特色小镇的培育和认定的工作，从 2016 年、2017 年的两批，设定了 403 个特色镇，从小城镇的要求来看，和浙江不同，是依托已有的城镇，从规模和空间上和特色小镇又不一样，就是说特色小镇只有 3—5km^2，特色小城镇可能有十几、几十平方公里，人口规模也比较大，产业基础可能也比较好，在这个基础上进一步促进发展。所以特色小城镇作为建设镇也是城镇化的一部分，我们算城镇化率都是把特色小城镇算进去的，所以在设立的时候主要是考虑五个方面：第一是特色鲜明的产业形态，包括传统的特色产业和战略新型性产业，甚至包括现代农业发展起来的一些产业；第二是彰显特色的传统文化；第三是和谐的环境；第四是完善的设施服务，在这个基础上可以进一步完善；第五是充满活力的体制机制，同时中央财政和一些金融机构给予了一定的支持。从标准来看有一票否定的权利。

总结如下，特色小镇和特色小城镇这两个还是有区别的，特色小城镇以建设镇为基础，特色小镇是地方，主要是省级在抓的，各级都是仿照浙江在做。所以，对特色小城镇来说，它是以行政区为代表，特色小镇不是以行政区为代表，特色小城镇是以产业为核心，以项目为载体来实现生产、生活、生态的融合。

三、区域小城镇和村镇空间重构

刚才说的是政策上的培育，但是在特色小城镇发展的过程中，随着城镇化的推进，比如说大量的农村人口进城，出现了好多村庄的更新化，或者是加上一些地区的自然条件比较恶劣，村庄常受到自然灾害的威胁，我们在新的时期发展，特别是从空间上来说，从"十一五"开始，我和彭震伟教授一直在研究，从空间上、区域上怎么对小城镇或者村镇进行空间的重构，怎么去规划布局，有的不能把它一下子拆除掉，有一些有发展的应该怎么去发展，有一些随着现代农业发展、规模化经营，可能不利于这样，那么在空间上就要调整，所以这些方面可能是我们从区域的角度要去考虑的。

从空间上分析城镇化快速发展的过程中，小城镇或者村镇的一些功能和作用都在发生变化：一种是生活和服务职能的转变，过去的农业生产服务基地的职能一方面延续，从村庄、村镇来说，很多地方以社区的形式来进行管理，比如我到山东去调研，村镇的基层组织怎么建立，以社区为主来管理，这样可以更好实现城乡融合。再一个就是生态环境保障的功能提升，这都是小城镇和城镇发生了变化，经营方式在转变，从小农经济向集约化、规模化的农业现代综合体方向发展。针对这些，我们要解决农村广大的乡村地理面积问题的弱化、空间结构与网络的维护、生产生活要素治理和控制能力的丧失、基础设施和农村土地设施均等化这些现象，以便能够建立一个有效管理社区的基层组织，实现在空间结构上的城乡融合，实现市场配置资源为主，生活生态环境的治理和公共服务设施的均衡配置。我们应该围绕小城镇发展在区域当中的地位和作用进行重构，目的一个是居民点的重构，这里面一个是集聚规模、合理选址、保护特色建筑和优化居住环境。结构网络完善，主要从体系上，基础设施的网络体系、公共服务的网络体系、文化的体系等来重构。从生态格局保护来重构就是尊重自然，划定生态红线，实现工业集中布局和污染治理，特别是农村的污染现在也严重，要进行治理，包括土地的整治，这也是一个空间治理。从空间程度来说，我们研究了一些案例，我的思路主要是从生态敏感性的评价，不可发展的，把要保护的圈定以后，对可发展的村镇的潜力进行评价，然后实现空间的重构和布局，这是一个思路。

图13、表2、表3是我们做的一些生态敏感性评价，比如说设置一定的指标，对一个区域进行评价，图14是山东的一个地方，和合肥三十岗乡很相似，也是水源地，首先发展面临保护水源地的问题，我们划定生态敏感区可以采用保护，也可以解决发展和保护的矛盾。

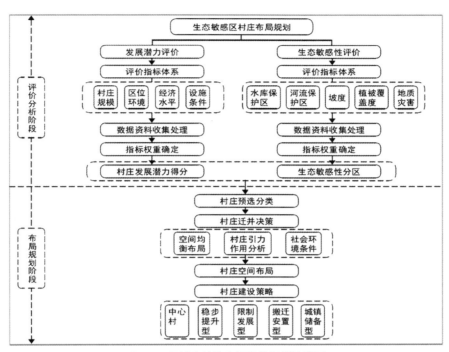

图 13　区域小城镇空间重构规划流程图

生态敏感性评价指标体系　　　　　　　　　　　　　　　　　　　　　　　　表2

评价指标	极度敏感（赋值9）	高度敏感（赋值7）	中度敏感（赋值5）	轻度敏感（赋值3）	不敏感（赋值1）
水库陆域保护范围（m）	≤200	200~500	500~1000	1000~2000	2000~3000
河流陆域保护范围（m）	≤50	50~150	150~300	300~600	600~1000
地质灾害	高易发区	—	中易发区	—	低易发区
地形坡度	>25°	15°~25°	6°~15°	2°~6°	≤2°
植被覆盖度	>60%	45%~60%	30%~45%	10%~30%	≤10%

- 评价指标体系构建
- 单因子生态敏感性分析
- 划定生态敏感性分区

生态敏感性评价因子权重　　　　　　　　　　　　　　　　　　　　　　　　表3

因子	水库陆域保护范围	河流陆域保护范围	地质灾害	坡度	植被覆盖度
权重	0.2267	0.1392	0.2343	0.1846	0.2152

在此基础上，对所有的村庄、城镇进行发展潜力的评价，我们建立了一条指标体系，然后来进行综合的评价，把各个村庄未来发展有没有潜力综合考虑以后，我们可以看出来哪些村庄的潜力比较大，哪些村庄由于位置、区位、交通条件、资源、基础设施等可能发展起来很困难。

我们在这个基础上，把重点放在村镇，找出空间重构测度，这是个简单的模型，通过中心镇或者是中心村和周围的村庄，看它的引力和辐射作用。然后来划分核定的区域进行结构优化，比如说单核

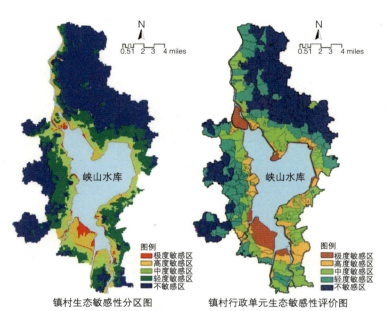

图 14　生态敏感性评价

村庄发展潜力评价指标体系　　　　表4

目标层	系统层	指标层
村庄综合发展潜力评价	村庄规模	村庄总人口、村庄总用地面积、村庄居住用地面积和居住建筑面积
	区位环境	交通条件、区位条件
	经济发展水平	人均纯收入、村集体财政收入
	设施条件	教育设施、健身设施、文化设施、卫生院、诊所、敬老院、商业网点、供水设施、燃气供应和垃圾处理
	历史文化	传统建筑、风景名胜、景观水平

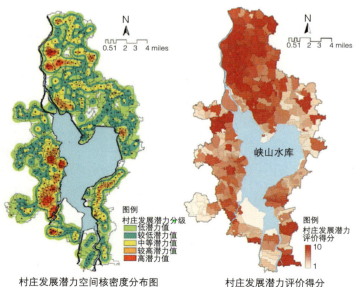

图 15　村庄发展潜力评价结果

轴线式布局和多核中心式布局，可以形成有序的城镇体系和村镇体系。比如说现状的村镇如何发展、保护，这样就可以划分整体的区域村镇体系空间格局。

在这个基础上我们可以抓住有特色的小镇来发展特色小镇，主要是在城镇化过程中推进新型城镇化，推进新型社区的建设和生态的建设，还有互联网＋带动产业的创新驱动的发展，在这个基础上可以有不同的类型。我们可以围绕城乡区域，比如说合肥这个中心城市和周围的城市如何发展，在这个基础上我们可以按照不同的类型去发展，比如说新兴产业的创新发展、传统产业升级发展，我们可以从微笑曲线，从它的产品怎么去优化形成竞争力方面去评价，比如说一些自然条件比较好的怎么发展自然生态休闲观光的模式，还有以现代农业资源为依托来发展全链条的综合农业新型特色镇的体系。

发展特色小镇核心是培育特色产业的形态，挖掘小城镇的价值、内涵，优化居住环境，推进生态文明的建设。在此基础上，我们根据实践总结了几条特色小镇发展路径，不一定对，一个是以资源定主导产业；二是以产业定功能结构；三是以功能定项目组成；四是以项目定实施计划，这样就可以促进特色小镇的建设。

在这个基础上，我们围绕这个思路就可以把这些有特色的城镇，图 21 是山东的一个特色小镇，通过挖掘它的历

$$F_{ij}=\frac{S_iS_j}{D_{ij}^{\,r}}\ (i\neq j)$$

其中，F_{ij} 为村庄 i 和 j 之间的空间作用引力；S_i、S_j 为村庄 i 和 j 的发展潜力得分；D_{ij} 为村庄 i 和 j 之间的距离；r 为距离系数，系数越大表明村庄间的空间吸引作用随距离增大衰减得越快。

图 16 引力模型公式

单核轴线式布局模式

多核中心式空间布局模式

镇村空间重构与规划布局结构图

图 17 空间结构优化

峡山区现状村庄分布图

镇村体系规划布局图

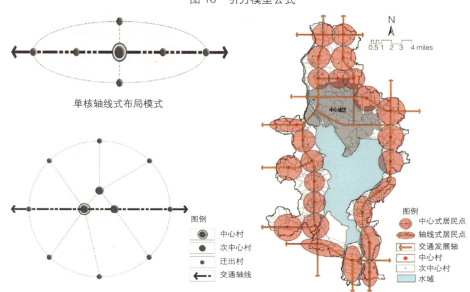

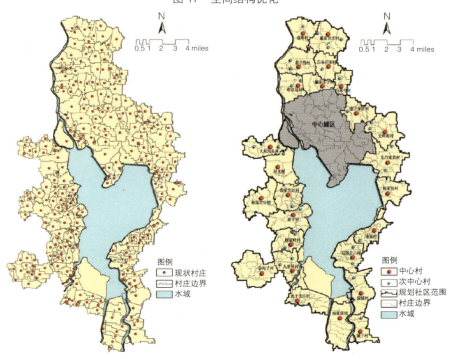

图 18 村庄规划布局

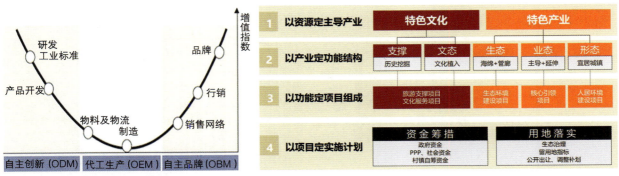

图19 微笑曲线（Smile Curve）　　　　　　　　　图20 发展思路

图21 背景挖掘

史文化和自然环境，把传统产业做大，然后再加上现代的农业和一些娱乐，有了这种基础的发展，那么就可以形成很有特色的发展。

然后是它的发展理念和总体定位。最后就可以形成以诸多产业为主的三个转变的机制，形成四大产业结构来推动发展，围绕这些产业结构我们选择项目来推进不同的建设模式，比如 PPP 模式，还有政府主导的，有的是企业参与主导的模式，这样特色小镇的发展是城乡的一个纽带，我们可以实现从城市和乡村的分割、隔离，到实现城乡的融合，这样乡村振兴才有未来。

以上是我和大家交流的主要内容，谢谢。

（本文未经作者审定）

土地整治与乡村发展

彭震伟

住房和城乡建设部高等教育城乡规划专业评估委员会主任委员
中国城市规划学会小城镇规划学术委员会主任委员
同济大学建筑与城市规划学院党委书记、教授

各位专家、各位同行、老师们、同学们大家好！我今天交流的题目是《土地整治与乡村发展》，这是基于住建部委托我们做的一个课题"大都市地区小城镇规划编制管理的创新"这样一个课题，尽管是针对了小城镇，但是小城镇也不仅仅是个镇区，代表了所有的内容，我就把跟乡村发展的一些内容做了简单的梳理，把这部分和土地整治结合在一起，实际上我们最权威的专家冯长春教授前面已经讲过了，我讲的不对的地方请大家批评。

乡村的振兴发展在国家整个经济社会发展体系中的作用，我一直觉得乡村发展、乡村振兴不是就乡村论乡村，乡村的发展一是与国计民生紧密相关，乡村振兴如何发展？一定要和城镇联合在一起，这也是为什么中国城市学会的小城镇规划学术委员会和乡村一起参与乡村的发展，这实际上是一个重要的抓手。当然在这个过程当中，我们可以看到乡村的发展的一个关键是土地，或者说是基础，十九大报告里也再次强调了土地制度改革。其实在此之前，在十八届三中全会就已经提出乡村的发展更重要的是在于要素的合理、公平配置和交换，同时在乡村的发展当中，也由于城镇化的发展带来了非常多的存在的问题，解决这些问题其实就是给乡村的振兴找到一条出路。比如说我们在城镇化的过程当中，由于人口的迁移、人口的进城务工带来乡村出现的"空心村"，乡村资源的闲置、搁置、低效果的利用，这都是问题。

在 2014 年，大家知道我们最近很多年以来中央的一号文件都是涉农的，都是相关的，2014 年的一号文件里也提到了几个方面的内容，比如说生态友好型的农村发展和耕地保护之间的关系，以及土地集约利用的问题，用地的管制，三类土地，集体建设用地、宅基地、耕地，三类土地怎么进行改革、使用，就不像原来那样按照两类所有制的分类和处置的方式，也特别提到了完善城乡建设用地，要增减挂钩，基础的工作就是土地整治。我们大家都知道农村的改革首先是从安徽的凤阳小岗村开始的，18个农民签字，我们在安徽的朋友都很清楚，2016年总书记再次到小岗村来召开农村改革的座谈会，也特别提出来说新形势下面深化农村改革主线仍然是处理好农民和土地的关系，一个方面是说农村土地的承包，30年不变，这是十九大报告中明确提出来的，另外一方面如何去更有效地利用配置好农村的土地，这是非常重要的内容。在这个前提下，我很简单的说几个方面。

一是土地整治方面，首先有个规划的指导，土地利用总体规划作为指导来结合现状的特点采取手段，目的是达到人地关系的协调，无论是我们从城乡规划还是人文地理，我们今天在座的城乡规划主要来自于这两个背景，当然还有其他的，农业背景、林业背景等，但是最重要的共性问题就是人地关系的处理，这是一个前提。它的目标是提高土地的利用率、产出率，改善环境，起到这样的作用。在土地整治当中有两类，建设用地的整治和农用地的整治，这是两个方面。我简单梳理一下，这是最早在中央文件里提出来的是20世纪90年代，实际上在20世纪80年代的后期，国家层面已经开始了土地的复垦和农用地的整理、整治，以前那段时间叫整理，后来明确推进土地整理，搞好土地建设，这是第一次在中央文件里把这个土地整理写进去。最近，全国的土地整治规划从2016年、2020年又进一步来明确、规范，和"十三五"的目标对应。这里简单说一下，从土地整治来说有四大功能：优化国土空间格局、调整土地利用结构、消除土地利用障碍因素、补齐生产生活基础设施短板，这是四大方面的功能。从土地集约利用和土地的增减挂钩的具体目标和路径来说，这个土地整治是一个路径，可以通过土地整治来实现增减挂钩，来重新或者说优化配置土地资源，在城乡的土地资源进行整合配置，这里就必须要和土地的增减挂钩对应起来，这是两个不可分割的部分，所以我非常简单地做一个土地整治的介绍。

二是土地整治与农业发展，农业最重要的基础是土地，是耕地，农用地，总书记多次说，包括在十九大报告振兴乡村战略当中也提到，"确保国家粮食安全，把中国人的饭碗牢牢端在自己手中"。所以要解决粮食安全问题，首先要保障耕地红线，不管是数量还是质量，这是个基础。要在我们现在快速城镇化的过程中，前面的专家也说了，包括大家都在提到的土地的城镇化要快于人口的城镇化，对于建设用地的增加速度非常快的情况下，如何保障农用地和低效的闲置建设用地之间怎么进行、如何挂钩，这是一个大的国策，在此下面具体的手段就是进行农用地的整理和整治，在"十三五"的整治规划当中也提出来要完成的整治任务，在2017年中央的四号文当中也特别明确提出，因为名字就叫《中共中央国务院关于加强耕地保护和改进占补平衡的意见》。这是国土资源部的资料，我从国土部获得的数据，国土部的土地整理中心，在"十二五"以来，全国开展高标准的农田建设获得的成绩，整理农用地5.3亿亩，建设高标准农田4.03亿亩，这是我们取得的成绩。我今天说的主要内容是基于我们在上海做的调查和承担住建部的课题，是为了要总结在大都市地区小城镇该如何发展，小城镇的规划管理创新的地方，希望和全国的大都市地区的小城镇规划建设管理进行分享，这是我们在

2016 年大半年的时间进行的一些调查。这个照片是小昆山镇通过农村土地整治来实现万亩良田的项目，这个工作从 2013 年开始做，从推进万亩良田"以种植为主、养殖为辅、林业、水系合理布局"，对大都市地区来说，乡村的发展不是以乡村论乡村，而是要和大都市地区的功能连在一起，因为在 2014 年 3 月份，国家出台了《国家新型城镇化规划（2014—2020 年）》当中明确提到了小城镇该怎么发展，其中做了一些分类，就有说到大城市地区的小城镇发展要和大城市的功能相结合，这是一个基础的内容。刚才冯教授说到了杭州的特色小镇的发展，当然这和我们这两天说的镇不一样。刚才张教授也说了，我觉得在杭州的发展其实就是城市郊区化的一个表现，因为功能拓展，往外部发展，我上个星期还在杭州参加一个会议，我们去看了这个杭州的梦想小镇，原来就是这个城市拓展到郊区，当然余杭、萧山已经通过行政区划变成杭州的城区，所以我想这是一个。我们也通过调查发现，小昆山的农用地的整治取得的实际的效果，实现万亩良田的建设，以及新增的耕地面积等，这也是我们去年调查的时候，前面是我们的张立老师。这是一个小昆山镇取得的实际的效果，就是把其中的分散的这些居民点进行了一个整合，这个后面会说。

这是金山区的另外一个，它在上海的西南角，这是金山区的廊下镇，这是土地整治和规划的布局图，这是各地要进行整治的土地以及减量化的示意，这是廊下的基本农田的示范区当中的土地整治项目，通过整治新增了耕地面积 55.9hm^2，新增 3.3%。在整治的过程当中，这是松江区的另外一个镇，也采取了这样的耕作剥离的方式，这也是对于农业农田建设的一种尝试，当然这种方法不仅仅是在上海，在全国也有不少地方在用，因为在整治的过程中，会有存在占补平衡中的新增耕地，在新耕地之前把这个耕地剥离出来，再进行复垦之后重新归回到整治过的原来的宅基地、工业用地，包括一些低效的农用地当中去。

其次我简单介绍土地整治与生态建设的关系。这是十八届三中全会关于全面深化改革的问题当中习总书记做的说明，而且这个说明，这个讲话的内容我们可以在很多不同的场合看到这样的精神，一直到十九大报告当中提到，所以这是在 2013 年的十八届三中全会的时候做的说明，所以说山水林田湖，整个就是按照生态文明的建设，2015 年生态文明的体制改革的总体方案，2015 年 9 月一直到 2017 年的十九大报告中提到坚持人与自然的和谐共生，提到了这样的高度和要求。在"十二五"期间全国通过土地整治、修复和保护生态系统，实现生态安全和粮食安全有机结合，这也是在"十二五"以来的五年所取得的成就。上海就在郊区进行上海郊野公园的实践，把它当成上海整个生态网络中的节点，也同土地整治进行制度、政策作为保障来推进建设，这在上海已经有相应的，大家可以看出有相应的 21 个郊野公园的选址和建设，这里面有不同时期，有一些是现状的，一个是现状的生态空间、一个是近期、一个是远期。这是上海在建设郊野公园的一些主要的策略，第一个策略是针对农用地为主进行整治和利用，第二个是多部门的整合，第三个是政策导向，这些是非常重要的。从实践来说，这上面标的是已经初步建成对外开放的，已经有实际的效果，所以这个郊野公园总面积 130km^2，这里面不仅仅是传统概念上的城市公园，还是跟郊区的生态空间的建设连接在一起。比如说刚才说的金山的廊下的郊野公园的建设，2015年第一次开张，它的项目和规模我们简单看一下，这是廊下的整个郊野公园的内容，有51km^2，这是在乡村的状况。这是在金山的另外一个，也是通过土地整治，开始从建设苗圃到建设郊野公园的生态园的项目。

第四个方面是土地整治和农村居民点建设，这个数据来自国土部的土地整理中心。从2004年到2014年的十年中，整个趋势是不断城镇化，人口从农村进入到城镇，在十九大报告中说到，在十八大以来，这五年每年的城镇化率的增长是1.2个百分点，有八千万的农村人口进入城镇，但是通过这些数据可以看到，在2004—2014年的十年，农村居民的用地反而增加了，人口减少用地反而增加，这些用地要占到所有建设用地的比例超过一半，这也是非常大的量，所以我们说节约土地、节约土地资源，不仅仅是节约城市，农村的土地也是很重要的资源。上海在做的就是把整个市域分为集中建设区和非集中建设区，对集建区进行农村宅基地的整治，整治的重点是工业用地，就是在198km^{2}的低效的这些工业用地，还有要保留的是104块在城区当中的规模化的工业用地，还有195km^{2}的工业用地，这主要是以保留为主，198是一个，同时对于农村居民点当中，沿高铁、高速公路等地区，就是居住条件比较恶劣的地区，闲置和零星的宅基地，以及农民有意愿，所以这是进行相应的调整，这是其中一个小昆山镇的案例，当然它是按照小城镇的建设，但是在城镇的建设这些宅基地的农民安置基地的同时，它依然有部分保持了原来的建制，同时保留了部分村的集体资产，用于集体的一些收入的分配以及农村人口进入到城镇来以后增加的生活成本的方面，这是一方面。另外一个案例是在廊下镇针对粮食，针对万亩良田进行居民点的安置，采用集中安置的方法，这是另外一种方法，这种方法有几个特点，就是一补、二换、三不变。一补就是农户提出自愿搬迁的基础上，对原有的进行补贴。二换就是以住房换安置房，原来的宅基地换新的宅基地。三不变是保留原来的户籍性质不变、宅基地性质不便以及流转费不变等。这和前面不一样，并没有集中到城镇来，还是在农村地区集中。这个案例和上海没有关系，是在成都做的调研，这是很典型的一个案例，同类，在成都下面有个崇州白头镇，也是通过增减挂钩开展新型农村的建设，这是我们春天去调研时看到的现象。这里有两张图可以看到在实施之前和实施土地整治之后他们的变化，就是可以看到一是居民点分布的变化，另外一个是人均居民点的标准的变化，这是整个村庄实施土地整治前后的土地利用结构的变化，可以看出更多的是规模经营的土地增加了，产业用地也在增加，因为通过农村包括居民点的整治，加上增减挂钩的方式。同时也有一些相应的体制机制的保障，比如说成立一些合作社，有些相应的土地合作社、粮食银行等机构来促进农村的发展，主要是农民的发展，这是大家可以看到，在这里实施项目前后的农民收入的变化，还是非常明显的。

第五个是通过上海的案例做一些交流，在城乡人居环境的规划编制中的内容，和土地整治相关的内容。其中里面很重要的是对于城乡的人居环境作为整体来做，前面提到了在上海的案例当中，其实就是把地域分成两大类，就是郊区的地、集中建设区包括以外的地，就是郊野单元，这两类，一个是在郊区，把城镇和农村作为整体全覆盖，第二个是规划的全覆盖，这里面有两个，上海的特点就是规土合一，这样两个系统从城乡规划的系统和土地利用的系统，在规划层次的层面上，总体规划的层面和详细规划层面打通，在上面这个层面县市镇的规划和镇乡土地利用总体规划，但是到详细层面是按照控规的编制划分为若干个单元，在郊野单元做郊野规划，所以控规大家要熟悉，郊野单元很重要的内容就是对郊区的土地进行整治，包括农用地、建设用地、增减挂钩和各类规划的整合，因为在郊区的地域规划的类别要比专项的复杂很多，最后进行规划的引导，来落实到建设。这几个方面有了，郊野单元的规划要做的内容，最后可以看这张图，是把整个上海的规划全覆盖，这个全覆盖并不是说有些地方说的控规全覆盖，其实城区和郊区的重点不一样，在这里面看到红颜色的不管是中心城还是郊区的区域，有998个控制性规划编制单元，在外部有104个郊野单元，黄颜色的，一般来说，每个乡镇是一个单元，但是有些比较大的乡镇最后还是分成两个到三个，这是全覆盖的过程，体现了乡村的发展要以整个地域、整个城乡地区作为整体。

  最后总结，乡村发展涉及城乡经济、社会、文化、生态的各个方面，不能够简单地就乡村讨论乡村的发展。在乡村发展当中，土地是非常重要的基础要素，所以土地资源的合理配置是未来发展的关键。通过土地整治、增减挂钩来实现土地资源配置和利用结构的改变。当然最后的目标是全国的目标，也是我们所有从业人员的目标，振兴乡村，是实现社会主义现代化强国的必由之路。

（本文未经作者审定）

回归乡村本质，促进乡村振兴

刘 健
中国城市规划学会乡村规划与建设学术委员会委员
清华大学建筑学院副院长、副教授、博导

各位专家、各位同仁，老师、同学大家好，我今天选的题目是《回归乡村本质，促进乡村振兴》，是想在这跟大家从理论和历史的角度探讨乡村到底是什么，还有未来怎么振兴的问题。这个演讲是从乡村概念的基本共识开始，就是到底什么是乡村。

亚里士多德在两千多年前曾经说过一句话，人们为了寻求安全来到城市，为了更好地生活留在城市，那显然城市是一个客观的目的，人在进入城市之前在哪？其实是乡村，所以很明确地说出乡村和城市是两种不同的人类的聚落的形式，而城市的发展是源自乡村，城市和乡村是一个对立的统一，其实共同构成了一个整体。乡村作为不同于城市的人类聚落，它有一些什么样的特点？或者说它在地理位置上表现出什么样的特点？我想在座的各位可能都很容易就说出来，乡村人口规模小，乡村的人口密度低，乡村的开发建设的强度小，乡村一定要有很大面积的空间，可能是农地、林地，也可能是很多的自然空间，比如说在安徽很多像黄山那样的地方，那么大面积的农用地，有很大面积的自然空间。

图1

图2

这图 1、图 2 可以看出城市和乡村两种地理现象在空间上表现出的不同特点，乡村作为不同于城市的地理现象，它在地域上如何总结基本特征？一是一种人类聚落，小规模、低密度、低强度的人类聚落。二是有相当面积的农地林地；三是一定数量的农业人口；四是有一定比例的农业经济。如果说这四个方面一个都没有，那我想它大概也和城市差不多，很难被认作是乡村。

当这样的地域特征在空间上表现出来我们怎么去界定？在古代这个地域的划分很简单，古代的城市有城墙，所以非常简单，城市和乡村之间有一个物质化的边界，城墙以内是城市，城墙以外是乡村。

图 3 是巴黎的图，因为他们做得很好，这个大概是公元前后罗马时期的图，黄颜色是农地，深绿色是林地，浅绿色是草地，红颜色是城市，我们可以看出农业的面积越来越大，城市的范围也越来越大，不同的时期，巴黎的城墙在不断地扩展。

但是随着城市化进展的发展，红色的城市完全突破了行政的边界，也突破了城墙的限制，在整个大区域里，实际上是漫无边际地发展，所以我们在界定的时候就出现了困难，在这种状况下，为了作一些客观的研究，各个国家从统计的途径上来描述它，什么样的地方是乡村，什么样的地方是城市。我还是举几个例子，比如在法国，最小的行政单位是市镇，用这个作为统计单元，如果满足三个条件就是城市：人口超过 2000 人、建成空间连续且相邻建筑物的最大距离不大于 200m，超过一半的人口居住在上述连续建成的空间范围里。满足这三个条件就是城市，只能满足其中一个就是乡村，所以很明确地说可以有一个统一的标准界定城市和乡村，我们是说得清楚的，所以基本上是把人口规模、建设密度和聚集程度作为标准。

在日本也同样统计，把 50 户相邻的土地权属所在的地域组成的基本单位区作为统计单元，满足以下特点才是乡村：一是人口总量不足 5000 人；二是人口密度不足 4000

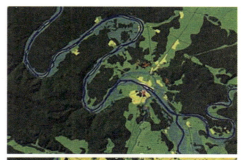
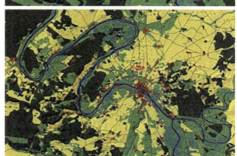
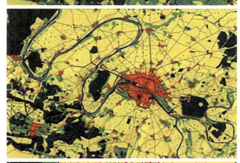

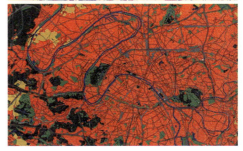

图 3

人。我们国家也有这个标准,其实统计局从 2000 年开始做人口普查的时候就出标准,现行的标准是 2008 年的,规定以民政部确认的居民委员会和乡村委员会辖区作为统计单元,有两类被认为是城市,剩下的就是乡村,城市包括城区和镇区,城区是在市辖区和不设区的市、区、市政府驻地的实际建设连接到的居民委员会和其他区域;镇区是在城区以外的县政府驻地和其他镇,政府驻地的实际建设连接到的居民委员会和其他区域。在这里看不到任何数据,唯一的划分标准就是实际建设,包括已建和在建的公共设施和其他设施,也有一个边界,居民委员会和村民委员会,反正我知道我们要做规划的时候,很少拿居民委员会和村民委员会的辖区作为我们规划的边界,也很少能找到一张图得知居民委员会和村民委员会的辖区有多大,所以很难去界定它的边界,没有数据来界定,实际上是不是这样?其实不是,我们是有其他的制度来界定。

城乡二元的制度,城乡二元制度是我们 20 世纪 50 年代建立起来的,怎么去理解?我简单从两个方面来说,城市和乡村在我们国家是两种不同的行政建制。

行政建制　　　　　　　　　　　　　　　　　　　　　　　　　　　　　表1

行政等级	地方行政单位	市镇建制	乡村建制
省级	省,自治区,直辖市	直辖市	—
地级	市,自治州	市	—
县级	县级市,县,自治县	县级市	县,自治县
乡级	镇,乡,民族乡	镇	乡,民族乡

这是国务院颁布的规定要设立市镇建制,划分成了省、县、乡,后来又加了一个所谓的地级,但是宪法里没写。但是在各级行政单元里有一部分行政单元被赋予了市和镇的建制,从这个定义上大家可以知道这是主要的城市化地区。但是什么样的地方行政单元能够称为市和镇?其实在这里规定它的人口规模,同时很重要的是要根据行政等级,人口 10 万以上的镇可以去申请成为市,人口不足 10 万但是是省级地方国家机关所在地,也可以去申请成为市。镇也是一样,县级或以上的地方国家机关所在地可以申请,不管规模有多大,但是如果说不是国家机关所在地,人口规模够大也可以申请。这种设置实际上从行政的角度把各级地方单元分成了两类:市镇建制和乡村建制。国家也出台了相关的统计规定,和今天说的差不多,一方面是分成城镇和乡村,城镇里市政府的驻地和城乡以上的政府驻地,其次就看居住规模,还有非农人口的划定,由此来划分,这本身变成了一种行政上的建制。这期间经过了很多的变化,非常有意思的是市镇的标准越来越复杂,越来越细化,除了最早对行政和人口规模的规定以外,还增加了很多对于经济发展、城镇化、公用设施方面的指标。相对应的,我们对于统计上城乡划分标准反而是变得越来越抽象,至少在 1955 年的标准里还能看到人口规模的要求("四类地区被规定为城镇:作为市政府驻地和县以上政府驻地的地区;常住人口超过 2000,且居民 50%

现行镇的设置标准 **表2**

不同情况	标准	设置指标
Ⅰ	行政级别	县级地方国家机关所在地
Ⅱ	行政级别	乡
	人口规模与城市化水平	总人口 2 万以上，乡政府驻地非农业人口占全乡人口比重 10%
		总人口 2 万以下，乡政府驻地非农人口超过 2000

现行地级市的设置标准 **表3**

标准			设置指标
行政级别			县级市
人口	市区人口	非农产业人口	>250000
		市政府驻地非农人口中从事非农产业的人口	>200000
经济	工业产值	总量（亿元）	>30
		占工农业产值比重	>80%
	国内生产总值	总量（亿元）	>25
		三产比重	>35% 且产值高于一产
	地方财政收入（亿元）		>2
地区作用			成为若干市县范围内的中心城市

现行县级市的设置标准 **表4**

标准			情况Ⅰ 设置指标	情况Ⅱ 设置指标	情况Ⅲ 设置指标
行政级别			县		
人口	人口密度（人/平方千米）		>400	100-400	< 100
	全县非农产业人口	总量	>150000	>120000	>100000
		占比	>30%	>25%	>20%
	政府驻地镇的非农产业人口	总量	>120000	>100000	>80000
		非农户籍人口	>80000	>70000	>60000
经济	工业产值	总量（亿元）	>15	>12	>8
		占工农业产值比重	>80%	>70%	>60%
	国内生产总值	总量（亿元）	>10	>8	>6
		三产比重	>20%	>20%	>20%
	地方财政收入	总量（万元）	>6000	>5000	>4000
		人均（元）	>100	>80	>60
公共设施	总体水平		较为完善	较为完善	较为完善
	自来水普及率		>65%	>60%	>55%
	道路铺装率		>60%	>55%	>50%
	排水系统		较好	较好	较好

以上为非农人口的居民区；常住人口为 1000—2000，且非农人口超过 75% 的城镇型居民区；毗邻市区的近郊居民区"），后来完全就是政府驻地、人口规模等所连接到的居民委员会、村民委员会，所以两次调整多是这样的发展规律。

　　这里稍微列了一下 1955 年以后我们国家历次调整标准，表述关于镇的设置标准，关于地级市的标准，关于县级市的标准，这是非常复杂的，你想记住是很难的，只能不停地去查，但是我们把乡村和城市作为客观对象对待的统计方面的标准，反而变得越来越抽象，这是二元体制的第一个表现。另外一个表现是城市和乡村是两种完全不同的行政管理，我想说到这个的时候，大家一定是知道的，一方面是我们在户籍管理上是同样的，这也是从 20 世纪 50 年代开始的，非常有意思，我们的户口管理在出台管理条例的时候基本目的是为了方便人员的流动，从一个城市到另外一个城市，从一个地方到另一个地方，为了能够保证你自由迁徙的权利出台了这样的管理条例，到 1958 年以后从城市扩大到了乡村地区，从此以后真正发挥的作用反而是限制了人口的流动而不是保障了人口的流动。这样的户籍管理实际上是根据一个人的出生地和家庭成员的关系，分成了城市户口和农村户口，就把人分成了两类，城市人口和农村人口，特别是在计划经济时期，所有的户口最大的作用是跟社会福利联系在一起，所以在 20 世纪 90 年代之前，城市是有很高的福利的，但是在农村是没有的，基本上没有任何国家提供的福利，在过去的十多年里，我们国家通过改革以后，把福利向农村地区推广，但是显然比城市低很多，这是在户籍方面。

户籍管理　　　　　　　　　　　　　　　　　　　　　　　　　　　　　　　　　　　　　　表5

户口类别	人口类别	户口包含的社会福利
城镇户口（非农户口）	城镇人口（非农户口）	1990 年代前，包含就业、住房、养老、教育、医疗等在内的全套社会福利
城镇户口（非农户口）	城镇人口（非农户口）	2010 年代后，包含养老、医疗、工伤、失业、生育等方面较高标准的社会保险
农村户口（农业户口）	农村人口（农业人口）	2000 年代前，不包含任何社会福利
农村户口（农业户口）	农村人口（农业人口）	2000 年代后，包含养老和医疗方面较低标准的社会保险

　　土地是另外一个表现，也是在 1956 年，国务院颁布了示范章程，明确提出了农村的土地是归集体所有，在此之前，我们国家甚至包括宪法里对于土地的所有还都是说归农民所有，对于城市的土地是没有说法的，对于城市的土地和农村土地区别对待是 1982 年的宪法规定，明确了相关概念，在乡村除了法律规定的国家所有之外其他都是集体所有，集体经济组织有权利来决定土地怎么用。到了改革开放以后引入土地市场的概念，出现了一个更大的变化，就是说城市里特别是建设用地，是可以在

土地管理　　　　　　　　　　　　　　　　　　　　　　　　　　　　　　　　　　　　　　表6

所有权	区位	主要用途	代理人	可否出让转让
国有	主要在城镇	城镇建设	各级政府	可以
集体所有	主要在乡村	农业生产/乡村建设	农村集体经济组织	农业用地可以建设用地不可

图 4

图 5

市场上自由流转的,在农村还做不到,现在的农业用地开始做流转,但是还没有任何的支撑说可以做流转,实际上从土地上又分成了两个概念。

城乡二元制度有很大的变化,因为随着我们的户籍制度的改革,包括在农村的改革,特别是农业的一系列改革,出现了很多的变化,但是它的影响直到今天还是非常深远,甚至是非常深刻,我自己总结了几个方面。一个是这种制度的设置让这个社会对城乡的认识是有偏差的,一方面我们从国家垂直的行政体系里来说,城市的行政地位是高的,我们都会说市长的级别一定比县长的高,城市的权限也是大的,甚至在相当长的时间里,我们国家整个的政策上是有利于整个城市的发展而不是对乡村有支持。最后的结果导致城市到今天可以看到非常快速的发展,取得了非常伟大的成就;乡村也有发展,但是显然发展的进程、速度和今天达到的水平是相对滞后的。

这两张照片图4是在北京,图5是离北京开车出去两个小时的一个小城镇,还是个镇区,所以对于社会的认识来说,城市代表着先进,乡村代表着落后,这至少从社会和文化的层面来说是不合理的。

其次就是城市和乡村其实是人类社会的两个方面,是唇齿相依的关系,因为我们的制度设计变成了两个分离的世界,我也是后来才发现中国社会是这样去管理的,农村是一个完整的社会,城市是一个完整的社会,农村里的设置和城市的设置基本上是相类似的,导致的结果是真正有利于经济发展的生产要素,特别是人和地在城乡之间是没有办法做到自由地流动,至少从制度上来说,我们现在可以把农村户口转成城市户口,绝对不可能把城市户口转成农村户口,不可能的,所以基本不可逆。所以人口也就是从乡村向城市流转。另外我们要做土地整治,整理出很多农村的建设用地,其实效率很低,这些用地没有办法通过流转来发挥更高的效益,所以它没有办法做到和城市建设用地的同步,尤其对乡村来说,很困难,很难吸引人才和资金,也很难吸引技术,这在一定程度上是到今天发展相对滞后的很重要的原因。

另外,如果看乡村的发展,有正常的发展,还有很多异化的发展,比如说城中村,就是说建制上还是村,但它从其他各个方面已经完全是城市了。

图 6　　　　　　　　　　　　　图 7　　　　　　　　　　　　　图 8

　　图6、图7是我最近去深圳看了著名的城中村的改造，我非常有感触。这个村做改造，一个楼盘的收益高过其他片区的一个区的收益，可以想象它带来的钱有多少，但是那个村还存在，那些村农业户口还存在，已经没有人从事农业生产，也没有任何一片土地和绿地相关，所以在这种情况下，你说它是城市还是农村？应该是城市了，但是在建制上还是农村。现在有很多人在城市打工，像安徽省是人口输出的大省，有很多农民有的进了城，有的进了镇，甚至有的人都买了房子，但是不愿意放弃农村户口。其实已经实现了城镇化，但从行政上来说人口城市化是没有实现的，就是因为大家发现现在农村人口是有优势的，有自己的宅基地，可以有自己的农田承包权，这是谁也拿不走的，是国家法律保护的，但是也有很多的情况，但是因为进了城，宅基地也不会用，所以基本上是荒废的现象。

　　图8是张家口的一张图，农村的房子根本没有人住，土地也是荒废的现象，这也是一种非常异化的现象。当然还有其他更多的，我只是举这样的例子。

　　如果说在这种状态下，我们今天再去谈乡村发展，是不是该思考乡村振兴，该振兴什么样的乡村，要振兴到什么方向，是不是把所有的乡村振兴成和城市一样，还是要乡村还是乡村。所以我就提出能不能重新回归乡村的本质。当然从人类城市化进程来看，其实城市和乡村的发展都会经历一个兴衰的变迁，所以今天农村的衰落可能只是特定阶段的客观现象，需要我们怎么去认识它？我想今天整个人类社会都进入到了城市社会，在城市社会的背景下，乡村要变成城市吗？还是说乡村就是乡村，我想人类社会还是由城市和乡村组成的整体，城市和乡村之间是唇齿相依的关系，乡村作为人类聚落的原形，应该是城市发展的基础，从本质上来说，乡村只是区别于城市的一个聚落形态和一个地理现象，这个应该说是最本质的特点。另外在我们国家，当我们今天说我们的社会经济发展进入到这个新时代的时候，我们是不是应该重新思考一下城乡之间的关系应该是什么，是过去的城乡对立状态，还是应该组成一个整体。还是那句话，城市和乡村相辅相成，缺一不可，城里人要生存，至少要吃饭，要吃饭就得有乡村，没有乡村就没有饭吃，城市和乡村各有千秋，缺一不可，很难说城市一定比乡村高端，从这个角度来看，至少我们在政治层面上是不是可以给它们一个平等的地位关系，应该是一种相互尊重的关系，这在国外是比较普遍的。比如说在巴黎的市镇是基本的单元，很多的市镇规模很小，巴黎作为国家首都也是市镇，但是在法律上它们的地位是完全平等的，这在法律层面上是很清楚的。在政策层面上，我们应该努力让城乡都有均等的机会，并不是说意味着你们都是一样的，因为大家要有合作，所以我们要有合作，从长远的发展目标上来说，是追求城乡的均衡发展，相互之间应该是相互协调的关系，真正要求我们重新去想，要强调在发展过程中去强调乡村的特性，而我们今天说的发展是不断地强调它的特性，同时去提高它的品质。它的特性表现在用地方面，它聚落的特性一定是小规模、低密度、低强度的，它在经济上一定还是有一部分是跟农地和林地的使用相关，后来我又想了一下，把自然空间加了进去，未来很多的乡村未见得完全以农业为主，但一定和自然空间有关。从社会的角度来说，一定有些人从事和土地利用相关的工作。这就意味着当我们在新的发展时代，我们要考虑新的乡村，这是经过发展以后重新构造的，很多的结构会发生变化，比如说过去的乡村人口就是农民，我们在想我们今天说乡村的时候，可能会有很多非农民出现，这是一个规律，比如说像法国、美国、日本这样的国家，很重要的趋势就是年轻人进城，年老的人回到乡村，而且回去的很多人都是教育水平很高，甚至很多是大学的老师等，他们回到乡村，会带来很多新的思想和机遇。

另外，我们说新时代的新农村，它其实是从过去的传统农业出现很多新的乡村经济，我们会有很多的新型经济类型进入乡村，比如说这次竞赛中有同学提到利用互联网的技术带来的创客的工作，还有包括新的淘宝村的出现都是利用网络来做的，从空间聚落本身来说，我想这是一个继续的使用，在此同时也会根据新的需求来做一个新的建设，达到新老建设的和谐共存。所以我在想，我们今天探讨这个乡村振兴的时候，我们的土地是为了突出乡村的特性，促进乡村的现代化，而不是促进乡村的城市化。我还是那句话，如果把乡村都建成城市，这个社会也不一定美好。另一方面，我们国家地域很大，条件差别很大，所以我们因地制宜的多元发展是将来发展重要的路径，从规划的角度来说，我们也是从很多方面做我们的创新探索，比如说经济方面，刚才已经提到了怎么能够帮助地方从传统的农业经济加入很多非农的经济，同时自己农业的发展也还是要有自己的特色。从社会的层面来说，将来的乡村不仅是农民的生活家园，是不是也有可能成为城市居民的家园？这些人下乡就叫人才下乡，你们可以设想，比如说各位教授退休后到合肥来，到三十岗乡去待着，他能带来的资源和新的思想，我相信是不一样的。另外一个更多的是从我们空间的角度来说，现在农村其实有很多的空间资产，一方面是我们保留下来的农宅，这在安徽很突出，我们怎么去使用这些农宅，还有土地整治的问题，都需要对产权做更深一步的理论上的探讨，我们也在讨论这件事情。所以我相信在这些方面，也是需要我们从规划的角度出发，提出我们的思考。我这没有什么结论，我就是说在这个过程当中对一些理论问题的思想，放到这和大家一起讨论，希望提出更好的思路，谢谢大家。

（本文未经作者审定）

乡村振兴背景下传统村落建设发展路径研究

储金龙

中国城市规划学会乡村规划与建设学术委员会委员
安徽建筑大学建筑与规划学院院长、教授

尊敬的各位专家、各位领导，来自省内外各位高校的同仁和同学们，还有来自各个地市的同行，非常感谢各位利用周末的时间来参加我们这样一个学术会议，对我们也是一个很好的敬意。我的题目是《乡村振兴背景下传统村落建设发展路径研究》，有四个方面：发展背景、主要特征、趋势研判、路径探讨。

一、发展背景——乡村振兴与传统村落保护

习近平总书记非常重视农业发展，提出产业兴旺、生态宜居、乡风文明、治理有效、生活富裕的要求，在十九大报告当中可能有两点特别值得我们关注：第一个就是我们国家现在的矛盾发生了变化，从过去的对基本生活的需求转变到对美好生活的需要，再一个就是不平衡和不充分发展之间的矛盾；第二个可能就是乡村振兴战略，所以这次研讨会的题目就叫做乡村振兴规划研讨会。其次是当前的乡村建设受到普遍的关注，这次活动得到全国各地高校的关注，也得到地方政府和相关部门的关注，也说明了这一点。从乡村建设的演变过程来看，从过去的新农村建设到美丽乡村，到今天的乡村振兴战略，从某种意义上说是以往乡村发展建设理论基础上的战略升级，但是乡村振兴，我们仍然不能忘记乡愁和传统文化的传承。从传统村落保护发展来说，一直被关注，由于传统村落有悠久的历史和丰富的文化、优美的环境和独特的建筑造型，所以说受到长期的关注，从各个方面提出了一些政策和要求，比如说传统村落的保护规划。从另外一个方面来说，传统村落目前也受到一些影响，比如说数量在逐渐减少，第二个就是传统村落的质量在下降，由于受到城镇化等方面的影响，传统村落的特色在逐渐丧失。从传统村落建设和保护的角度来说，矛盾是比较突出

图1　城镇过程中环境的恶化与风貌的破坏

图2　从人口、经济、产业等多方面，传统村落在城镇化过程中失去了社会基础

图3　建成环境与村民对新的生活方式的向往脱节，博物馆式保护难以从整体上遏制衰败

的，在城镇化进程当中，传统村落正在面临被破坏甚至消失的压力。

另外一个方面农村的进步和经济社会发展的需要是一种必然的趋势，传统村落的居民对美好生活品质的追求也是不可避免的、也是应该得到保证的。所以说我们从两种思路的比较来看，建设思路下的普适性乡村规划，主要是重技术、轻文化，重干预、轻调控，重经济、轻传承，重数量、轻质量，重近期、轻远期，重建设、轻保护，重共性、轻个性。从保护思想来看是重保护、轻发展，重封闭、轻开放，重刚性、轻弹性，重指令、轻引导，重静态、轻动态，重规章、轻需求。这是有很大的差距的，从这个角度来看，传统的思路并不能完全适应传统村落的保护和发展，博物馆式的保护无法满足乡村振兴驱使下的居民的美好需求。

二、主要特征——以徽州传统村落为例

大家都知道在座的有外地的一些专家和师生，还有很多都是来自本省的，讲到安徽文化少不了徽州文化，徽州文化影响下，出现了大量的徽州传统村落，从2012年至今，住建部公布了四批中国传

古徽州传统村落资源统计　　　　　　表1

市级名称	市县名称	中国传统村落
黄山市	歙县	25
	休宁县	15
	黟县	31
	祁门县	8
	黄山区	5
	徽州区	8
小计	—	92
宣城市	绩溪县	9
上饶市	婺源县	23
总计	—	124

图4　呈坎"八卦"形　　　　　图5　渔梁"鱼"形　　　　　图6　宏村"牛肚"形

统村落名单,在古徽州地区有124个传统村落,这些传统村落主要分布在黄山市的歙县和休宁等地区。

徽州传统村落主要特征。一是村落选址考究。自然生态与人文生态相结合,形成独特的"仿生"型环境,这里有三个例子,除此之外还有很多其他的类型。这跟所在的自然生态是有密切的关系的。

二是资源本底优越、传统村落的自然本底都非常好,像徽州传统村落具有"八山半水半分田、一分道路和庄园",形成与自然环境融为一体的生态共同体,这是美观的一种描述,显得非常漂亮。

三是文化遗存的延续。徽州文化内涵丰富,内容也非常多,新安理学、新安志学、新安医学、新安建筑、新安朴学、新安教育、新安画派、徽菜等,这都是徽州文化的组成部分,所以徽州文化在某种意义上来说是中国传统文化的一个标本。

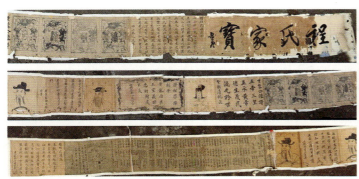 

图7　族谱完整　　　　　　　　　　图8　徽骆驼文化

四是非遗传承延续。实际上,徽州文化有很多体现在非遗方面,辉煌的徽州文化影响深远,本土化、乡土化的特点相结合,在徽州传统文化、徽州建筑的保护当中,非遗文化的保护也是受到重视。

五是建筑风格独特,徽州建筑特色体现在村落民居、祠堂庙宇等,从选址、设计、造型、结构、布局都集中反映了徽州的山地特征、风水意愿和地域美饰倾向。

六是特征元素丰富,我这里梳理了一下代表徽州建筑的一些特征元素,包括粉墙、瓦黛、自然山水、祠堂、居民、牌坊、书院、街巷、石板路、石桥,包括水系、水口、天井、马头墙,这些都是我们徽派建筑的一些特征元素。

图 9　徽墨　　　　　　　　　图 10　歙砚　　　　　　　　　图 11　万安罗盘传承人
　　　　　　　　　　　　　　　　　　　　　　　　　　　　　　　　　　吴水森

图 12　徽派建筑风格　　　　图 13　屏山村舒氏宗祠　　　　图 14　牌坊群

图 15　徽州三雕　　　　　　　　　　　　　　　　　　　　　图 16　马头墙

实际上这些地方梳理得并不全面，因为徽州文化博大精深，徽派建筑很有特色，村落的构成元素很丰富，所以这是它的六个方面的特点，从地域特征来说，可以有这样几个方面：有机整体、显山露水、自由伸长、淡雅简约、亲切宜人、开放兼收、宗族聚居。

- 有机整体　与自然大地环境紧密结合，充满秩序感、整体感、统一感
- 显山露水　乡村聚落、建筑空间与山水相融相依，引水入村，引山入村，相生相安
- 自由伸长　以天井空间为扩散节点，变幻建筑体型结构，适应并充分利用地形
- 淡雅简约　建筑色彩：黑、白、灰。建筑元素：点、线、面。建筑空间：外实内虚
- 亲切宜人　建筑空间以人为本、尺度相宜、至理人性、表情丰富、文化融入
- 开放兼收　对外来文化包容和兼收并蓄，包括室外空间开放性和室内空间外向性
- 宗族聚居　以徽州氏族为社会基础，宗族观念重，有较强的凝聚力和社会责任感

图 17　村落地域特征

从规划的思想来说，可以有三个方面，宗族礼制是规划思想理念、风水环境是规划思想内涵、田园生活是规划思想主题。具有实用性、象征性、环境性，这是我们徽州传统村落在其他的传统村落同样也反映的特点。

在这几年当中，我们长期关注徽州文化，做了大量的调研，通过调研工作来做进一步的论述。我们这些年来长期对徽州地区 62 个传统村落开展调查，通过调研全面摸清发展史和现状，这是我们长期在这方面做的研究。

图 18　古村落调研

第二个方面是这次非常有幸参加了全国第五批中国传统村落调研申报工作，要求非常详细，不像以前的申报工作，这次要求从八个方面对传统村落做工作，特别是没有列入名录的传统村落，做出详细的调研，形成材料上报，这个目前还在申报阶段，没有结束。

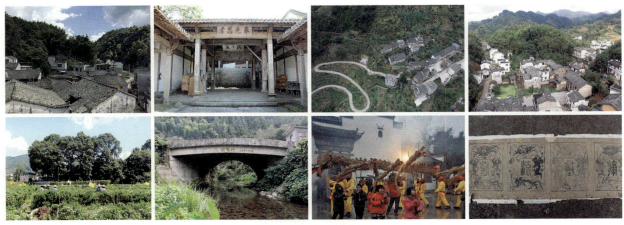

图 19　传统村落申报

但是通过调研我们发现没有列入传统村落名录的这些具有历史价值的传统村落的一些需求和愿望，我们也简单做了一些分析，比如说从受访年龄，是 30—70 岁，有代表性，第二是从满意程度来说，评价传统村落，实际上很多居民对他所居住的环境还是非常满意的，对交通环境的满意度很高，但是对一般的公共服务设施和一些基础设施满意度并不高，也就是说徽州传统村落的资源价值很高，但是在满足当今居民的生活需求的时候还有很多不足的地方。当然还有一些标志性的建筑如祠堂。但是现代生活气息不足，出行方式主要是步行和非机动车。最应该保护的对象是生态环境、聚落的布局结构和代表性的建筑。目前认为这个发展和保护中比较欠缺的是管理和投入，所以村民在村落的发展方向上选择以发展旅游为主，相对比较单一，这是我们通过居民的调查问卷发现的问题。所以总体上来说，一个是对基础设施、公共设施和生态环境等生活品质的提升有很高的渴望，同时也期望通过旅游带来资金，推动村落的发展。

图20 问卷

从问题和矛盾来看，可以总结成这样几个方面：从地域特征来看历史遗存多，分布较散，发展不平衡，村落发展动力单一，历史文化传承难以为继；二是资源利用方面，非物质文化丰富，但缺少传承展示空间与场所；产业更新无序，经济动力反哺保护难以实现；村民保护意识较薄弱，对本土历史文化认识欠缺；从城市化与村落发展角度来看，城市化推进下，原有的村落肌理和格局逐渐消失，矛盾突出，传统经济结构快速解体，原有的生活方式由于受到社会和外来文化的影响濒临消失，特别是有一些村落的空心化也是非常严重的；所以从保护机制来看，乡村规划体系应该在传统村落上与传统村落的发展互相适应，存在机制需要完善、保护资金匮乏等。

三、趋势研判——当代乡村规划建设

从第一个方面来看，乡村规划理论与实践，第一个是城镇化趋势与乡村收缩的矛盾，从某种意义上来看城乡统筹被异化，乡村用地被掠夺，持续"空心化"传统社区无序解体。研究环境的破坏、基本公共服务设施和基础设施的不足，特别是在一些乡村的改造过程当中，换血式的改造，实际上存在原有村落的这种特色在逐渐地丧失，原有文化被破坏。产业发展与乡土社区的矛盾，大量人流的商业对传统村落的侵入使格局发生了变化，地域差异化的多样化需求，传统村落由于处在不同的地理位置、不同的文化背景，所以发展阶段不同，文化支撑不同，所以说出现了多种类型的需求，我们这次以三十岗乡作为一个基地让大家来参与，实际上在同济大学马上要举行自选基地的评选当中可能出现各种各样的、不同类型的方案，那个评比的难度很大。

图21 呈坎村保护范围划定

图22 呈坎村文物古迹分布图

图23 建筑保护整治措施

第二个是对传统村落来说，既有的规划保护体系是有矛盾的，现行的传统村落保护规划的相关法律、法规、规章制度，对于传统村落的发展有一定的限制，都是保护，在发展上没有更好的措施，所以说对传统村落的发展会或多或少的产生比较多的限制。在保护思路下的规划主要是注重村落的保护，各种法规制度不同程度约束了传统村落的发展。

我们举一个例子，就是呈坎村的一个规划，图21是保护范围，这里面要去改造或者是更新，难度是很大的，是需要各种手续才能进行建设的。实际上在外部是有一个协调区才是传统村落的建设区域。

现有的建设思路下的普适性的规划编制标准并不适宜传统村落的保护发展，要配套使用，与一般的自然村要配套各种设施，这对于传统村落的核心保护区来说实际上是很难实现的。

从这两个不同的技术路径来看，乡村规划的技术路径最终落实在村庄村貌的整治、公共服务设施的背景、住宅的建设、基础设施的配套等，所以既有的乡村规划都是对村庄空间建设提出要求。比如安徽省的农房建设规划要求有具体的内容，对村庄整治规划有明确的规定，包括基础设施、公共服务设施的整治，这些都是物质性的、工程性的建设思维，对这种非物质的文化遗产对于地域文化的特色相对比较缺失。从传统村落的保护规划路径来看，最终核心的内容是落实到保护区的划定，保护的范围、保护的原则、控制地带等方面，所以使得传统村落难以适应现代生活的需求，传统村落的保护需要协同建设来发展。

从当前的乡村规划来看，研究的成果非常多，提出了各种各样的理念和经验。这里简单总结，第一个就是城乡一体化，包括空间一体化、市场一体化、产业一体化，包括现在田园综合体概念，生态农业是田园综合体的基础，田园社区是田园综合体的立足点，通过这样的建设来实现都市人的田园梦，带动新农村的建设。

图 24 安徽省村庄规划编制标准

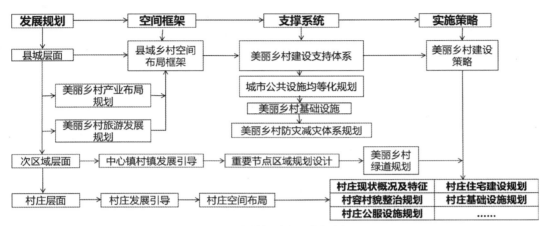

图 25　乡村规划建设技术路径

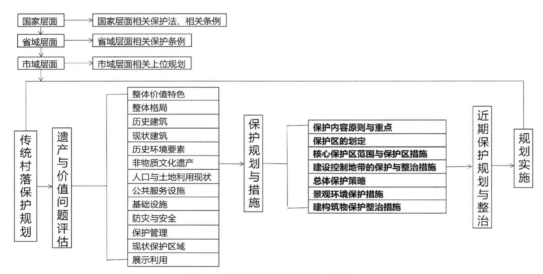

图 26　传统村落保护规划技术路径

图 27　城乡一体化建设

第二个是沟通方式，希望通过尊重当地居民的意愿，通过加强与村民的沟通来实现村民的参与，使得我们的规划能够接地气，和村民更好地融合，我的规划能够更好地落实。

规划主体	多元化的利益相关者
规划师角色	（1）作为管制者；（2）预先调节和协商；（3）作为一种中立的资源；（4）穿梭式外交；（5）积极的调解；（6）分解工作
规划过程	（1）构建关系；（2）相互倾听；（3）相互学习；（4）共识构建（不一定有既定的目标，而是可以根据参与者的需求进行调整）
规划方法	（1）重视主体的多元化，促进公众参与；（2）保障民主机制，利益相关者必须平等赋权；（3）保持沟通的开放性；（4）尽量保证信息的真实性，所有主张和假设都可以被质疑
规划成果	（1）同时重视物质空间设计和社会经济发展；（2）强化社会动员，舞台建构，制度创新

图28 沟通方式

第三个是乡村多元化活化和社区复兴，是这种基于传统村落精神的文化，通过维护传统村落的完整性和地域关系的领域性来实现乡村多元化活化和社区的复兴。这是当前的三种趋势。

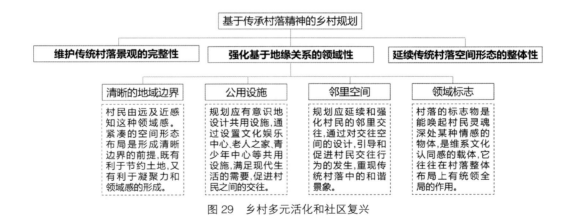

图29 乡村多元活化和社区复兴

四、路径探讨——乡建趋势下的传统村落发展

乡村有产业发展型、生态保护型、休闲旅游型、资源整合型、高效农业型、文化传承型，不同类型的发展重点不一样，基于传统村落的主要特征和特殊的需求，我认为传统村落应该主要是以文化传承型、休闲旅游型、生态保护型呈现，这种发展的模式是对于传统村落的发展是很有意义的。

乡村规划对传统村落保护与发展规划的启示。第一个方面是乡村规划实际上和传统村落的主体一致，都是以农民为主体，使农民受益，并满足居民对美好生活的需求。第二个方面是乡村规划就传统传统村落因其主要特征，未来的发展多以**文化传承型、休闲旅游型、生态保护型**乡村形态呈现，探索这些类型的乡村发展路径具有重要意义

图30　乡村发展的类型

村落"多元针对性活化空间"做出科学安排，是实现城乡统筹，实现村落的特色化发展、个性化发展，提倡特色指导下多空间、多人群、多元素的融合。第三个方面是乡村规划在对乡村空间生态网络进行评估时有明确的地域范围，以自然生态为主形成网络，但是传统村落网络性没有得到重视，传统村落的发展也有显著的地域网络特征，没有得到重视，有时候受到行政边界的影响、限制。第四个方面是乡村规划更关注社会空间物质空间融合，更全面的发展手段，这是从规划内涵的比较来说，可以从乡村规划获得一些启示。基于这样一种启示，回过头看传统村落发展的一些局限，主要体现：一是针对传统村落发展缺乏理论创新；二是缺乏社会空间与非物质空间研究；三是缺乏区域整体性研究和统筹。

基于这样的背景和前面的经验，我想可以从三个阶段入手。

第一阶段是讲故事。首先对传统村落来说，实际上传统村落的数量很多，现在发展参差不齐，大概有三种类型：得到很好的保护、正在被转型、逐渐在消失。由于数量非常多，像黄山地区的传统村落有几百个，这次申报了几百个，数量非常多。但是在现在的经济发展、社会发展水平很高的情况下，实现全面的保护有很大的困难，在这种情况下应该做一些加法和减法，对于有活力、有资源、有特色

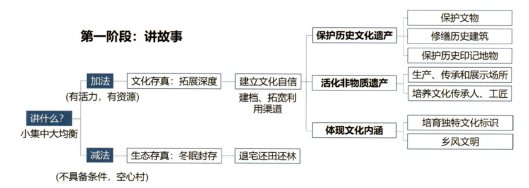

图31　第一阶段

的要采取加法，从拓展深度、建立文化自信，从保护的角度推动发展。另外对一些不具备条件的，特别是衰败型的要实行减法，从保护的角度来说，重点是要保护历史文化遗产，活化非物质文化遗产，体现文化内涵。

第二个阶段是改善乡村功能，实现社会空间及非物质空间融合。对于传统村落来说，可能作为规划师，应该比一般的传统村落花更多的时间，深入到村庄了解文化背景和居民的民俗和需求。认识本地的社会关系，掌握重要的关系和人群，再就是提高沟通效率。

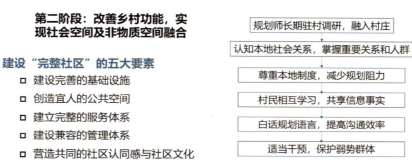

图 32　第二阶段

第三个阶段是区域以单元推进，资本进场，乡村进入自主运营，讲好发展的故事，从多方面推进传统村落的发展。

图 33　第三阶段

以上是我的报告，主要是提供一种思路供大家参考，谢谢。

（本文未经作者审定）

以乡村群规划为核心深化县域乡村规划

陈 荣

中国城市规划学会乡村规划与建设学术委员会委员
上海麦塔城市规划设计有限公司总经理，教授级高级规划师

非常荣幸和大家一起分享，之前的各位教授主要从宏观和理论方面来探讨我们目前乡村以及小城镇规划过程中面临的问题，我想从更实际的角度来探讨一下目前的乡村规划面临的课题。

我们都知道，从2012年这一轮美丽乡村开始，实际上在近几年整个中国乡村规划和乡村的研究工作中，应该说发展很快。2015年，住建部提出到2020年全国所有的县要完成县域乡村规划编制，同时也要在县域乡村规划的指导下加快乡村规划的进度。2014年、2017年，住建部分别公布了一些相关示范试点，所以从去年开始，在各个省开始一些安排，就是对于县域乡村规划编制工作，同时也开始要求做村庄规划，在近期我们面临很多这样的需求。前几个月某一个省住建厅和我们联系说这里有好几千个村做村庄规划，不知道怎么做，至少100个为单位来进行激发，你们看怎么做，我们觉得这种事情不知道该怎么办，因为我们之前美丽乡村一个都要花很长时间，费用也很高，这样报出去把我们自己都吓死了。所以在这个过程当中，我们就来思考对于目前县域乡村规划和需要编制的这种村庄规划之间的相互的关联性以及有没有一些可以替代的方法来进行有效的解决。但是从这两个层面，就是县域和村庄规划两个层面，现在住建部都提出了明确的要求。

在这个过程当中，在上一轮的美丽乡村的建设过程当中，我们已经探索了很多的经验，所以我们就和很多地方形成了良好的合作关系，包括青岛市，在青岛市，我们在很多地区做了美丽乡村，尤其是即墨，在2016年编制了18个美丽乡村试点，其中有11个是我们公司完成，在这个过程中积累了很多经验和合作的良好的基础。有各种不同类型，比如说保护型的，这是完全以保护为主的。也有完全以渔业为主的，它的产业以及村民的发展在这里面也需要得到非常深刻的研究。同时也有以农业为主的,像这个院上村是花卉基地,所以叫作院上花开。在编制过程中,对于一些有产业基础或者政府作为试点来进行有效投入的这些村庄,我们去给它做村庄规划,包括后面的乡村建设是比较容易的,就像我上午点评的时候说到的,刚才的村庄从规划到后面的设计,甚至建工都会跟村民一起做。但是到2017年,山东省住建厅提出对全省进行两个试点,一是整个市域层面的试点,另一个是在2018年做村庄规划,我们和青岛市规划局合作做研究,这个工作到底怎么样去做。如果说按原有的试点模式,比如说在青岛市每一个美丽乡村试点建设、规划费用不一样,可能一个美丽乡村规划费用高的要100多万,甚至更高,低的只是刷外墙,只做环境整治,只有20来万,这个标准怎么统一,再加上和市域乡村规划如何衔接,这里面就有一定的问题。而且在此之前,我们在全国很多地方做规划的过程中,也发现,村庄规划在上一轮其实已经编制过,有很多地方编制过大规模的村庄规模,比如说上海和新疆,我们参加过新疆的村庄规划,我们知道在2015年以前都已经编过规划,是由各个省对口扶贫的,各个省出资金、技术去编制的,每个村庄的成本不一样。但是这一轮做的时候前一轮的规划都没有任何意义,连调研的深度都达不到,就是说如果我们这一轮再这样铺开数千个甚至上万个村庄去做规划,那么意义到底何在?如果不做,和我们一系列的政策要求可能又有些违背,所以我们怎么样来思考这个问题?

在这种情况下,我们希望找到一种路径,就借鉴城市规划体系以及村庄规划的现状,探讨在法定的市域和规划之下能不能加一个城市起到承上启下的作用。第二个就是在大批量的、重复性的村庄规划的开展能否通过中间层次在一定的技术上进行替代,我们可以看一下,《中华人民共和国城乡规划法》(以下简称《城乡规划法》)《村庄和集镇规划建设管理条例》以及各地的规章,出台的背景都不一样,真正的《城乡规划法》在我们做城乡规划的时候很少遵从,这是国务院的条例,我们正常在依照的都是地方的各种规章和行政命令,所以这就使得我们有这样的政策空间,也就是我们可以从地方,无论是立法还是规章的角度,探索一下适应我们这个地区的村庄规划用什么样的体系去涵盖。在这个基础之上,我们也检索和对目前在村庄规划理论体系上面尤其涉及市域和村庄之间的理论体系上的探索做了一些研究,这里面包括王鹏、王健他们提出来的关于村庄群落的概念,以及叶红在《珠三角村庄规划编制体系研究》中提出的问题,表明这个思考并不是不存在了,而是之前在理论上已经有了一些探索,而且我们都知道美丽乡村的发源地的县域规划建设中也提出了这样的群落概念,进行分类的引导,而且对于村庄群众的划分、引导的内容、导通的方式都有一些界定,但由于每个地区的特点不一样,所以我们并不能马上直接引用到其他地区。

同时,安徽滁州在县域乡村规划里也提出了"片区-组团-单元"的体系,这里提出了乡村建设控制单元以及形成了图示化的管理单元和规划建设导则的理念,其实从管理单元的划分已经借鉴了城市控规的很多技术理念,这是很直观的感受,这是原来没有的,这些都是在城市控规里面有的,我们在一些工作中已经开始应用,所以这些都给了我们这个工作一个比较大的启示,包括广东增城,搭建了宏观-中观-微观的体系等探索,都没有人敢于提出不用乡村规划。我们现在要做的事情就是要回答这个问题：在未来，青岛市的 1025 个村庄，可能有一半以上不做村庄规划，我需要在乡村群里把原来想要解决的内容给解决掉，而这个内容在之前所说的每个中观层面探索里还没有涉及。还有一些其他的案例我就不说了。在这个基础之上，我们希望在即墨的市域规划里引入这个概念，我们借鉴了学术上的一些研究成果和其他单位的经验，同时最主要的还是针对我们这个地区的一些实际。首先是针对整个即墨城市化的进程和行政单元的划分，我们把它整个中心城区之外的，也就是所谓乡村地区，按镇为单位，在镇下面划出乡村群，划了 50 个，乡村群不跨镇，按照这个原则。在此基础之上依据相似的产业、地理环境或者说是自然边界来划分，集中若干个村形成片区，而在这个片区内我们选取了 12 个我们认为近期可以发展或者需要导控的、各种不同类型的重点乡村群，我们在市区乡村规划时就重点研究，为下一步工作做好基础。针对乡村群的建设单元进行控制性内容和引导性内容的建构，包括在建设单元的导则，包括区位、现状、空间意向、土地利用、空间发展等一系列内容，包括公共设施与市政设施的指引，其中对于服务设施的配件指标是控制性的内容，对于产业和功能引导、空间发展指引、村庄整治等作为引导性内容。在引导性内容里我们针对一些突出性的问题，有一些强制性的条款，比如说有一些负面清单，我们基于整个山东半岛地区的乡村建设过程当中常见的使用琉璃瓦和瓷砖的情况，我们在未来的村庄建设中就明确提出来，禁止使用，或者是减少使用琉璃瓦和瓷砖，至于建成什么颜色是不管的，因为我们对重点村庄还是有规划，是不同的层级。我今天说的乡村规划是希望在一定层面上替代一般性的甚至是在衰退中的村庄，不要逐个再去编制村庄建设规划。在这个基础之上，我们面临的问题就是在市区层面的研究无法落实每个村庄的发展要求，也很难指导每个村庄的规划编制，在市域层面的资料收集难以完全落实全域的范畴，导致指导的准确性不足，同时在市域层面量化指标的统计难以对接微观层面，这里面会有比较大的误差。

在这种情况下，我们希望增加乡村群规划编制层面，对接市域、乡村规划体系两个法定层面的规划，整合乡村规划体系。第二是探索乡村群规划需要解决的问题，替代广大具有重复性的村庄建设规划。结构就是这样，宏观的是已经存在的，叫乡村建设规划，微观是村庄建设规划，增加了乡村群规划，尺度、关注重点、对应规划层次、法律程序、审批等方面都有分析。我们注意到县域村庄规划建设本身是法定的，是需要审批的，它是负责区域统筹；微观村庄建设规划原则上也需要审批，主要负责建设管理；村庄规划在中观层面上希望它的主要使命是完成规划的管控，从整个区域层面到下面的具体层面增加一个中观层面的区域导控。比如说我们都知道乡村的发展和衰亡是个动态的过程，我们的乡村人口越来越少，但是我们的村庄为什么没有减少？村庄的建设用地甚至还有所增加？因为这个过程是间接性的，是需要时间的，意味着有些村庄甚至整个衰亡了，但是村庄很难一下子拆掉，那么我们会在整个乡村群里把这些村庄当成一个空置村去考虑，这个地方是禁止新建的，另外它的人口或者新建的需求会往乡村群里其他需要引导建设的区去集中，同时整个以乡村群为单位来配套基础设施，这样的话会形成乡村地区基础设施更规模化的配置，比针对每个行政村去配置更有效，而且能够减少未来的浪费。所以从中观层面去研究的话，实际上有很大的意义，比如说我在这个乡村群里甚至可以实现土地整体的占补平衡。这是我们这次增加的中间比较重要的一个层面，这个就是我们中观层面的最主要的需求。在这个基础之上我们希望一是对接宏观层面，指导微观层面，中观层面主要是提出解决各种问题的策略，确定在乡村群层面的规划理念、原则和目标，同时对乡村群的整体发展战略，包括功能结构、空间布局、产业体系、道路以及配套设施来进行导控，形成一个编制单元规划。在这个里面要落实住建部的相关文件，所以我们对各种文件本身要进行响应，还有要解决好几个边界划定等问题。在这个基础之上，我们对整个即墨市域共划分51个乡村群，12个为重点，我们进行了一系列的工作，包括前期的规划成果，在规划的过程当中要有系统性的内容，包括控制单元和村庄规划管理单元，乡村群的控制单元类似我们的控规，我们这里借鉴了城市控规的技术，用控规管理单元的方式来编制乡村规划单元，同时对下一步要做的提出要求。这是它的整个系统，包括产业规划，这是非常重要的，因为我们划分乡村群的最重要的依据就是产业的集聚性，因为当地都以农业为主，所以这一块是比较重要的，包括后面一系列的细化。

这是一个案例，是在镇区的范围内划分了四个乡村群，这是其中一个。在这个里面我们编制两个群，一个是控制单元，一个是管理单元，在控制单元里除了刚才说的一些原则、产业等，最刚性的有两条：一个是整个区域范围内的建设，就是村庄建设用地边界线，第二个是生态控制线。另外就是它的整个区域性的基础设施，包括道路系统的协调、生态系统的协调以及市政设施的协调。原来每个村庄要改水，要做小型的污水处理厂，有了这个之后可以根据流域来做，可以增加规模，这是水厂的位置。这个是往下的控制单元。在管理单元里以"一书四图"的方式替代一般的村庄建设规划，每个村庄还是有图的，只不过不是单独的一个规划，整个一片交给你这个院，从乡村群的角度进行工作，有四张图，解决村庄用地布局、道路、产业以及配套设施的核心性问题，不需要每个出一套本子，花大量的成本，很多核心的问题都没有解决，最核心的就是这些，向上对接我们的区域，向下指导我们的乡村建设。

时间的关系就交流这些，谢谢。

（本文未经作者审定）

互联网时代的乡村治理转型：
淘宝村和网红村的观察

罗震东

中国城市规划学会乡村规划与建设学术委员会委员
南京大学建筑与城市规划学院教授

非常感谢中国城市规划学会乡村规划与建设学术委员会和安徽建筑大学给我这样的机会来分享我们团队这几年一直所关注的一些比较小众的问题。我们大家也知道互联网已经在深刻地影响我们的整个生活，在来安徽之前我刚参加了第五届全国淘宝村的高峰论坛，今天淘宝村已经到了 1218 个，这个数据相比中国的行政村还是非常小的比例，但是我们看到了一种来自边缘的革命，互联网正在改变我们的生活，现在互联网已经变成一种非常重要的基础设施。在座的各位可能觉得今天停电了大家无所谓，但是今天没有无线网大家可能会很着急，所以我们不能用过去的思维看待互联网，互联网不仅在影响城市，也在影响乡村。我想从另外一个视角分析一下。

过去我们分析乡村治理，有一个基本的框架，我们会理解乡村社会的一些力量，然后根据力量的不同组成去构成不同的结构，在乡村的社会里有行政嵌入、村庄内生的力量，这两种力量代表自上而下和自下而上的组合，外生的力量比如说是体制内的，比如说书记、村主任，也有体制外的，更多的是经济力量所形成的一些村庄的新兴势力。这种体制外和体制内的精英在乡村内重新组合就会有新的时代背景下出现的新的力量。乡贤一般是在当代乡村政治、经济、文化和社会等方面居于优势地位的乡村精英。基于这样的构成和村里的主要决策者，可以看到四种类型。原生型治理，最早通过宗族所构成的传统的村庄。次生秩序型治理，掌握在村两委为代表的嵌入式权威人士手中，村两委有很多种的来源，有可能是原来村的大家族，也有可能是新的进入力量。新的乡村治理结构是乡贤，进入了乡村治理的结构里，在共同辅助村两委工作的时候，构建了更为有力的治理结构，这样的治理结构在推动新的乡村面对更加复杂的互联网时代的挑战的时候，具有新的生命力。最后如果没有这些乡贤，仅仅是依靠过去的传统结构，甚至村两委也没有足够的权威，就会陷入无序型的治理。按照这样的结构我们来看两类村庄，这两类村庄其实都是近几年在中国乡村里出现的非常特殊的新的村庄类型。一类是淘宝村，是根据阿里研究院的测算，每年交易量一千万以上的村子，如果同时有50多家的网店就认定为淘宝村，每年都由阿里的大数据研究中心发布数据。这类村庄从2009年的三个到今年2118个，每年以两位数、三位数的速度增长，这是一种非常快速和强大的力量，这是互联网对乡村的一种应该。另外一类是网红村，有很多人问我什么是网红村，我说没有这个界定。你去百度网红是什么概念，网红是在网络上生活，因为某种事件或者行为被网民关注而走红或者由于长期的输入专业知识而走红的人。乡村是什么？用这个概念同样可以得出，因为某个事件或行为在网上被关注的村庄，同时这些村庄不断输出新的景观和信息被大家关注的时候就会成为网红村。有些不是自发的，有些是有人推动的，但为什么要拿这两种村庄比较？因为它们都是信息时代的新型乡村。

我过去不是做电商的，最近两年很多人问我是不是做电商研究，我以前是做区域研究的，过去我做城镇化规划将近十年。每次到乡村调研的时候，比如在武汉、南京，到中西部地区，从武汉的中心城区走出去20km是非常破败的乡村，而且各种要素在流出乡村的时候，我们都觉得还有必要做乡村规划吗？当我看到淘宝村的时候，我发现这是一种结构性的改变。在过去三十年里乡村的资金、要素、人才都在从乡村单向地流向城市的时候，淘宝村和网红村在改变这个结构，我们看到人回来了，资金回来了，技术回来了，甚至人才回来了，这在过去是没有的，虽然它还比较少，但是我觉得我们需要关注。淘宝村是"互联网+实体经济"所形成的一种内省自下而上的经济所形成的新的村落，当然可以转换成网红村。网红村更多的是一种"互联网+旅游经济"所形成经济外生型的乡村，但它不是淘宝村。这两类村庄在治理上有什么不一样？这两个村庄有不同的故事，第一个像湖北省的下营村，是2014年发现的湖北省的第一个淘宝村，王家岭村是在黄金周期间被中央电视台播报的村庄，因为整个村庄的墙壁上都进行了壁画的绘制，有很多的创意，所以吸引了很多人关注，可以从他们网络上的搜索量看到明显的差别，淘宝村的识别度和网红村的识别度，淘宝村更多的是数字，网红村更多的是图片。

第一个故事，十堰市的下营村，如果在地图上找不到这个村，我从西安开了三个小时的车到了这里，而且没有其他的交通方式。这个村庄300多户，1000多人，从2010年开始销售绿松石，在网上的销售额迅速增加，短短几年的时间实现了经济发展和村民生活水平的全方位变化。绿松石大家可能很陌生，这种产品很少，过去并没有作为玉石进行销售，如果大家熟悉的话会在西藏旅游的时候看到几百块钱、几十块钱的旅游纪念品。最早在西藏卖绿松石的就是这个村的村民，挖了这个石头去西藏卖，在2013年，村里有年轻人在网上卖，而且很多玩家喜欢绿松石之后，加工工艺发生了很大的变化。他们告诉我过去一个卖100块钱，但现在在好料好功能卖到一克一千块钱以上，比黄金还贵，所以很多在拉萨的村民都回来了，甚至在全国其他地方卖绿松石的都回来了，所以村子里的淘宝一条街建起来了，全部都是店面，村民自己建设的。建设了这个阶段，村里发现有了这个淘宝产品之后更多的人来旅游，买玉石，可能第二天才想走，但是没有地方住。然后村书记就开始考虑我们可以发展旅游，既然有人来买玉石，有人来住，我们当地的生态也很好，为什么不可以搞旅游？所以当年就请孙军给他们做美好乡村规划，规划费用很高，几百万，但是村里投了，而且村里在这位村书记的引导下开始自己集资做这个事情，这个村书记很厉害，从原生性的权威型治理到乡村合谋型治理。这个书记就是过去偷偷卖绿松石的人，他看到年轻人搞电商形成这样的规模之后把他做生意的很多理念跟年轻人说，因为卖玉石很怕是假的，所以他们的口号是"电商＋诚信＋沟通＋勤奋＝成功"，所以在这样的村书记领导下非常成功地把这些年轻人，都是他们的后生，组织了起来，用口号和实干支撑。还有口号，比如说"生态、人文、新经济，绿水、青山、真农村"。这两个小伙子就是村里的年轻人，20多岁，现在都是身家千万。我的研究生每次调研淘宝村的时候都没有继续读研究生的欲望，都想做淘宝。最左边的小伙子是在淘宝峰会被表彰的十大带头人之一，他们最早回来做电商，同时告诉他们的亲戚、小伙伴，一起培训，所以这个村做成了淘宝村，在这样的基础上，村书记、村两委把这些人组织起来了，通过这些村民形成了非常好的结构，所以整个村子形成很好的氛围，在他们组织电商协会还有修路和美化环境等方面，都在不断地发生变化。这些年轻人重复进入到村庄治理之后村庄面貌发生了变化，而且在他们的感召下很多的年轻人回来了。这个小伙子是一个女婿，其实不是这个村的原村民，这些现象都让我们看到了巨大的变化。我把他们村的结构做了模式图，淘宝村3.0，过去野蛮生长发展得很快，产业形成了，但是淘宝村最终能够存在下来是因为你是美好乡村，你要实现多方的控制和各个主体之间的现代化治理才能使这个村庄持续发展下去。这张图片是我在现场拍的，把村前面的玉米地种成了河塘，买了非常漂亮的荷花，包括旅游的过道，这两个小孩就是村子里面的，他们也不害怕，自己在里面走，整个村庄的环境面貌发生了变化，这是我们在很多调研村庄看不到的。同时我们看到以村书记为核心的村两委和重要的电商年轻人的参与，形成了非常好的结构，他们积极去推动各级政府，邀请高水准的设计团队，和媒体联系，把很多的外部资源整合，同时也获得了自上而下的各种投资和优惠政策，推动了这个乡村向一个更好的方向发展。

第二个故事，是我刚才说的网红村，王家岭，非常普通的村庄，这样看不会有什么了不起，他们通过国庆节时候的壁画迅速红了，游人很多，节假日都是川流不息。这种是次生秩序型结构，但是不稳定，因为村子里面是通过这样的创意而被外界关注，这个创意是通过电视台的一位记者和本土的一个非常著名的画家以及这个"80后"的村书记一起做的工作，这个项目做完之后，记者和画家就撤出了，村书记不知道下一步怎么做，就是说并没有产生内生性的作用，这个村书记还是他们村里最年轻的书记，村里基本没有50岁以下的人，而且在长三角这种地方，村庄里小学生都没有，很多地方甚至连孩子也看不到，这就面临着非常危险和脆弱的结构。在此过程中，他们组织了很多的活动，包括和镇里的旅游机构合作，来引入人流。但是引入人流之后如何进一步发展？他们也邀请我做规划，我没有做太复杂的，我说太复杂的也做不了，我说做公共空间，现在别人看了壁画就走了，没有公共空间。我们做了两个条件，一个是主干道，一个是小溪，我们就发动村民来整理这个河川的计划，把河川作为一个新的空间来做，我们做的第一期的广场的设计，原来他们的广场是直接一马推平，形成高坎临着小溪，我们改变之后形成了很好的关系，以后来的很多小朋友能在广场贴近自然，不能亲近河川，可能会带来更好的效果。我们是从 9 月份开始现场放线，我去放的线，大概在国庆节前，这个广场的初级面貌已经形成，这是国庆节前的样子，我们说后期还要装修，因为现在都是水泥，但是设计效果已经有了。刚才我的学生做第二轮的时候给我发了照片，但是无法放到这个 PPT 了，学生说他们在这里搭了戏台唱戏，我说挺好的，你们要做访谈，因为最初的设计是给外来的游客亲近自然，但现在村民把这个空间变成了集会的空间，我觉得很好。后面还做了很多东西，包括空地，也是基本农田，所以改成一些花卉的田地等。即使做了这么多工作，他们现在对我们形成了很多依赖，做什么事都来问我们，过一段时间微信群问我什么时候再来，我觉得这样下去我就变成你们村的村民了。但是我还是觉得很不稳定的是，一个不稳固和脆弱的乡村合谋型治理结构，虽然我们可以去做很多事情，也可以利用学生的实习机会做，但是它没有原生型的权威，这个"80 后"的书记是行政嵌入型的，没有大的投资，对我们的支持很有限，同时没有自上而下的支持，我们最终走的不是真正的乡贤，大家不可能长期驻村，而且它很有可能滑向无序型的治理，这种风险始终存在。就像画里一样，那是他们村的一幅画，大家觉得这个画面很美，但是这个村子并没有在经济、社会上发生变化，就像早上说的从经济创新到社会创新到制度创新，我觉得都没有做到，但是淘宝村做到了，这种新的治理结构不能形成的话，我们对它的发展就有很多的困惑。

通过这两个案例可以看出，互联网正在迅速改变中国城乡的面貌，同时乡村规划也要面临变革。我们过去的城市变化是基于工业化时代的构成，比如我们思考的是铁路、公路、飞机，但是新的基础设施是互联网，是云计算，是移动端，所以我想这都是值得我们思考的。我提几点：第一乡村治理，权威的形成是很重要的内容，在中国的乡村如果不能形成权威，这个村庄是没有动力的。内生性乡贤的形成以及主体的多元化有利于乡村治理的现代化转型，特别是现在接受了新的互联网精神的年轻人如果进入乡村的治理结构，我们的乡村就有很大的活力，包括刚才我们储院长说的传统村落，如果这些传统村落有新的青年进入，我想一定在文化创意上会更精彩。第二是关于乡村规划，乡村最需要的是策划和实施，刚才陈总也说了，乡村规划很重要，但是它是保守、防守的规划，村民需要策划和实施，所以真正的乡村规划可能不是我们现在看到的样子，我们要有核心。最后是乡村振兴，要呼应我们的主题，我比较谨慎，我觉得我们的政府，不管是中国的还是外国的，都是一样的，整体上都会选择"锦上添花"，不会"雪中送炭"，因为任何的政治家都会考量政治风险，所以在这种前提下真正的乡村复兴是小概率事件，要想变成大概率事件只能靠我们自己，就靠真正的乡村的青年人能够返乡这才是关键，如果有更多的青年和新的力量、血液回到乡村，乡村振兴一定是可以期待的，如果没有这些，我们觉得它就是一个小概率事件。

谢谢大家，如果感兴趣可去关注我们。

（本文未经作者审定）

浅谈我国乡村的功能及乡村规划的本质
——基于全球多国的乡村田野调查

张 立

中国城市规划学会小城镇规划学术委员会秘书长
同济大学建筑与城市规划学院副教授

感谢组委会给我机会跟大家一起分享我的工作，我想今天的报告不能说是学术报告，主要是这几年相关的农村调查工作的体会和心得。今天冯老师和大家分享了关于特色小镇的概念以及相关的理解，其实我在想，农村关于乡村和乡村规划本身，也存在这样的问题，就是乡村的功能、乡村规划的本质，我们在讨论的时候其实对这个定义，什么是乡村规划、乡村规划到底做什么、属性是什么这些内容也不是很清晰。

我们首先来看乡村中的几个悖论，农村人口在减少，但是我们的乡村建设用地在增加，而且增加的速度很快。这是我们调研中的农村中的很多无人居住的楼房，一层住人、二楼、三楼都是空的，这种现象很普遍。第二个悖论是农业的产出比在下降，但是农村仍然重要，我们仍然在做退地还垦的工作，还有土地整理工作，上海市在做违法建设的整理，退出土地去恢复耕种，上海的工作做得比较温和，不像北京引起全国的关注。第三个悖论是农村地区的人居环境在改善，但是农民仍然在持续地向外流出。2007年至2014年间，污水处理率从2.6%提高到11.4%，集中供水率从43%提高到66%，规划编制率从34%提高到61%。第四个悖论跟刚才储院长说的传统村落的保护一致，他说面临的危机，我放几个照片，这个危机非常严重，我们的传统村落保护工作在推进，但是传统村落的破坏也在加重。这是前两年调研的一个村落，在南方某省，这是一个刚刚入选传统村落，有资金配套两千万、国家三百万，还有地方配套。这是建成之后的样子，当地领导带我去看，"张老师你一定要到个村落去看，我们去看了很久，也没有找到传统村落的感觉，但是我又不好说"。我们在村委会调资料的时候看到这个桌面，他说这是两年前拍的，没有入选国家传统村落的情景，这是入选之后的样子，整个村都没有了，这是一个简单的案例，整体性破坏以及局部性破坏非常多。这是浙江省的一个网红村，我不点名，斑驳的白墙黑瓦，经过整治工作之后，墙体刷白，但是做了一半觉得不好就停了。这是我在上海挂职时去乡村地区看的电源景观，应该说非常好，但是这个是建筑的背面，整个乡村风貌都不错，如果走到建筑的正面去看，正面已经被不断地装饰。第五个乡村中的悖论是乡村规划法定化，在城市规划转变为城乡规划时，我们很兴奋，乡村规划终于有了法律地位，包括审批程序等，但是乡村规划是什么？包括我们今天竞赛的获奖同学，你们做的就是真正的村民需要的乡村规划吗？是符合社会需要的吗？我们做的成果能够真正落地吗？这个问题其实也很难回答。

乡村规划工作虽然有这么多悖论，但是摸着石头过河，我们一直在探索，我们的乡村规划要推进全覆盖，西藏、云南都推行过全覆盖，应该说按照当时的规定，也已经全覆盖了，江苏省的实践，镇村布局规划也叫村庄布点规划，推行过程中实施的程度很低，但是江苏省实际调整方向，开始了村庄环境整治，取得一定的效果。浙江省的实践探索，浙江比较富裕，是探索管用的乡村规划，进行体系化的设计，规划和设计相分离，建立了四个层次的规划体系，因为浙江强大的经济实力，有能力推进这项工作。上海的探索，把土地规划进行整合，土地减量化，这和浙江的五水共治有点相似，环境在改善，人口结构在改善，上海的总人口中常住人口的比例在下降。那么问题来了，我们现在的物质空间规划能不能解决乡村中的问题，大趋势是人口减少，这是不可逆转的，这是城镇化的必然趋势。

今天的主题是两个问题：乡村规划是什么？乡村的功能是什么？这两个问题可能我在讲完的时候也没有理清楚，但是我想通过我们考察的经历和信息一起去思考一个问题。我们这几年在做什么？2015年前我们都在做零星的农村调查研究，结合总体规划等各方面的工作，进行一些零星的调查。2015年为住建部服务，承担课题，组织全国的13个省480个村的调查，这480个村的分布非常广泛，应该说某种程度上能够反映中国农村的面貌，这是当时的调查设置，相对比较严密，所有参与的高校都经过培训，都是深入农户当中进行半开放式的问卷、访谈。我们积累的素材，也加深了我们对农村的理解。2016年我们协助住建部组织121镇调查，同济大学有很多老师参与，出了书稿，这个影响是很大的，初步把小城镇说清，从人、生活、经济空间来讲，小城镇是很重要的节点。2017年夏天我们做进一步的研究，2015年工作面向农村调查，2017年的研究是选择少量的点进行深入调查和剖析，我们研究乡村空间的差异性，选择7个县15个村进行调查。后天的研讨会将会进一步地推动。这是空间调查的相关内容。

仅仅调研就能充分认识中国的三农问题吗？我做了一段时间，包括2015年之前，我觉得我还想不清楚，比如说农村的功能，农村是农重要还是村重要？是物质规划还是空间规划？农村的村庄会消失吗？农村的人口哪里是归宿？解决这些问题的途径，我们在国内就是走出去、找经验、找规律、拓实业，所以我们这几年走访了韩国、日本、中国台湾、美国、法国、德国等国家和地区，我们后面还要去印度等国家，去看看其他国家的乡村建设是什么状况，其他国家乡村的功能是什么，乡村规划是怎么编制的，是否有这么一说。首先我们跑了东亚，因为它和中国相近，经济发达，值得借鉴，又是高人口密度的地区，2014年、2015年、2016年，还有2017年寒假都要去日本，我们把这个农村调查拓展到国外，是真正深入到农户和政府相关的职能部门去做调查。总体上来看日本的调查，乡村的房屋空置很多，即使经济这么发达，基础设施建设也有不完善的地方，但是公共服务城乡基本没有差异，学校教育设施确实很好，但是它也在不断面临财政压力。更重要的是地方的社会组织非常发达，整个村庄的运行或者是村庄的相关工作，地方的社会组织发挥了很大的作用。什么是地方社会组织？我们在国内做调查的时候，当地填的问卷是村委会之类的，不是这样的，例如妇女协会、农业协会等，甚至是羽毛球协会、书法协会都是，生态保护协会等，这些社会组织发挥了非常大的作用，更重要的是尽管日本的农村人口在减少，农村在空置，但是我们了解到几十年来日本的村庄消失的很少，应该说1%、2%左右，尽管村庄人口减少，但是村庄还是存在的。

更重要的一个问题，其实我们在调查中在任何一个地方都要问这个问题，就是日本有没有乡村规划。我问了几位留学日本的教授，每次都说有，但是我再问他的乡村规划是什么形式，再问有什么内容这个问题就很难回答了。我自己跑了很多地方，我感觉这个乡村规划如果从我们的语境来理解的话，或者是我们的物质空间这一块，我认为日本可能没有很系统的乡村规划，这是我这几年的调查所得出的判断，至今还没有完全确认，因为日本有乡村规划学会等各个组织。我们在东京周边的村问有没有村庄规划，他说有，我说是什么，他说是整个村子的发展计划，和政府相关工作的统筹，有点像我们的政府工作报告或者是"十三五"规划的东西，它是在具体的实际询问中发现的。尽管如此，乡村地区运行还是有秩序的，因为背后有非常完善的纵向法律体系保障，比如说生态保护法、水资源保护法以及物业法规等，纵向的法律在约束着乡村的建设，甚至约束城市人到乡村中去从事农业等，很多事情都被法律规范所约束，这个现象在很多国家都存在。这是日本非常有名的村，是个传统村落，这个村落的保护规划是村民做的，怎么保护这个村落，怎么保护建筑，全是村民做的，就是一个扩大版的村规民约。

我们去考察韩国的乡村的时候，由于韩国的经济发达，我们想学到一些东西，但是看下来最值得我们学习的还是20世纪70年代，有新村运动，但是这个运动很有特点，整个过程中国家和地方投入的其实比较少，虽然是一个自上而下发起的运动，一个乡村建设、改造运动，但是农民自身的投入是最多的，占了50%以上。乡村运动的特点可以从网上搜索到：居民的自发参与、基础适用单位村庄、优先支援村庄、培养新村领导人支持体系等。新村精神：勤勉、自立、合作。这是对村民精神的改造，我之前没有看到相关的很系统的规划。其实整个韩国的研究将韩国新村运动总结为国民精神改造的一次运动，不仅仅是改变了农村的建设面貌，而是彻底改变了韩国的形势，所以韩国的新村建设和国民的精神改造有非常重要的关系，激发了韩国村民的建设家园的斗志。

20 世纪 80 年代以后随着朴槿惠父亲的去世，这个运动基本上停止。20 世纪 80 年代之后他们在做的事情和我们现在的乡村振兴有点像，促进激发农村的活力，我们还没有搞清楚是不是政府派来的，他说不是，说是要带领村民改变村庄的面貌，第一件是要集中村民的精神，作了一首曲子让村民听，所有村民听到我们来都来为我们唱歌，还有这些绘画和山中萤火虫等策划，他们在做这些工作。无论是韩国、日本还是其他国家，我们考察团去了都受到了欢迎，因为国内很少有人去他们村里，去的都是大城市，所以他们给我们介绍的内容也是比较实在的。但是尽管如此，韩国当下的农村面貌并不乐观，20 世纪 80 年代之后的政策总体上也不算成功。当下韩国碁在寻找失落的韩国新村精神，碁就是还想重新找到碁当时新村运动时期的精神面貌，使韩国实现经济社会的第二次腾飞，所以农村建设不仅仅是一个空间建设的问题，还是一个精神面貌的改造问题，这是我们最大的启发。

台湾地区，我们知道台湾的社区营造很典型，影响力很大，核心思想是台湾社区的改造重视人的改造，重视对人的精神的改造，让人重视家园，有这种家乡根的意识，所以最新的政策是农村再生政策，和我们的乡村振兴很像。这是台湾的一个社区，通过村中的能人，就是左边右下角的村庄给我们介绍村中的复兴怎么实现，我们在听。他们的工作带领村民去建设家园的时候，这张图是做技能培训的时候，只有几个人去听宣讲，慢慢的人越来越多，也是逐步形成的一个过程。这是台湾地区。

我们同样在 2017 年去了法国，我们去法国的农村地区考察，我们看看欧洲的地区发生了什么，因为我们知道日本的乡村规划都是从欧洲学习过来的，我们去原产地做什么事。这是法国的公园，有镇长和规划师，这是当地的图纸，跟我们讲这个小镇的规划，特意指出法国的乡村风貌和城市风貌一样，保护得很好。我发现了一个很核心的问题，法国任意的文化保护单位就是保护建筑周围 500m 的建设行为都要经过法国国家建筑师签字，所以我们可以看出这个保护都是一保护一大片，是整个 500m 范围内所有的地区，要国家建筑师签字。这是我们访问农庄，给我们介绍相关的情况，这里面有很多的农庄，我们也考察图纸的历史演变。法国的乡村规划建设过去实际上是上级政府所管控的，有点像地级市和省级政府去管理的，经过几十年的时间，现在已经把权限下方到最基层的行政单元，就是市镇，这是最基层的行政单位，再下面没有了，法国从行政意义上说是没有村的，只有统计意义上划分了城市和乡村，只在统计意义上有意义。农庄规划建设要景观师签字。这是在农庄中，我们通过几个小时的步行去感受整个的环境。村中的能人给我们介绍村里的情况，发现法国村民的教育素质很好，不是只讲村庄的发展，而是说整个法国的逻辑体系，我们听着很清晰。这个村庄中的历史建设再利用，改造成民宿，美丽乡村，法国这样的美丽乡村人口也在流出，住房也是大面积空置。法国农民也生活得跟城市一样，农业收入不能维护这样的生活水平，但是有一个最低工资保障。农村工业在今天也还是存在的，我们在农村地区访问了植物粉末加工厂，访谈了事故汽车解体厂、山区牛羊肉家工厂、村子的能人镇长。法国的总体特点是农业从业人口小于 5%，没去之前了解是 10%，准确地说是 2%，农民的教育水平高，农村的风貌保护好，农村活力不足，总体可以接受，我们没有发现清晰的农村规划，因为城乡不分，农村工业是存在的。

德国的考察，我没有亲自去，我们团队去的，我不多说，但是从德国同样印证了我们的一些思考，这是在乡村的镇长，都是一直在这生活了很久的，但是总体上人口也在流出，面临着和今天很相似的问题。

这是美国，我们去了镇政府等地，规划图中值得注意的区划是到了农村地区，就是说农村也是受区划体系控制的，或者说我们在思考用城市的方法管理农村，这是过去很熟悉的，但是这句话应该客观地看待，城市的某些管理方式在农村也是需要的，我们从乡村规划管理这一块管底线，怎么管，还是城市的方法，村庄的建设，这是村庄的农户和规划，这是县域的一张规划图，没有很细节的。这是一些访谈，这是税收的分析图，这是零售等，拿到了很多的材料，后面还会组织相关的研讨会做更精细的研讨。访谈了养牛户等一系列农群，了解了一系列工作特点。

从国际视角看中国，我们的乡村功能是农还是村，过去总是把农放在和农相关的产业，但是其实我们这么多国家考察下来，农村可能更重要的还是村，所以农村很重要，但不是全部，农村作为居住的聚落功能是非常重要的。美国农村人口 6000 万，农业人口 600 万，加拿大农村人口 500 万，农业人口 50 万，占比不到 10%。我在墨尔本留学一年，我在这生活过，所以相对了解，这边的交通体系，黄色的体系列类似上海的外环线，往外就是农村，但是也有边界的交通体系去跟上。所以我说乡村的功能村字很重要，作为城乡一体化的居住单元这是很重要的一块。再一点，乡村规划的本质是物质空间规划还是其他的规划？我们了解一下，物质空间规划好像没有明确的规划体系，当然会分散到各个层面、各个条线，比如说韩国是社会规划，回到我们的理论层面，我们去对比城市规划和社区规划会发现，过去把乡村纳入城市规划当中，今天的规划是柔性的，是自下而上的，是非物质的，不排除物质，它是一个公众过程，是一个利益协调的过程，不是成果成效，它是满足公众的满意度，并没有太强的社会经济目标，是基层单元管理，自组织单位。属性上，农村的规划是不是公共政策，公共政策是自上而下、权威性、强制力，社区共识是自下而上，居民意愿、主动为之。这是我们从国外和未来的导向来说农村规划更多的是社区规划的工作。但是仅仅定义为社区规划能否解决我们的问题，这是我们农村的一些情况，有一些西部落后的贫困村有这样的情况，我们有过失败的经历，联合国 20 世纪 50 年代就在全球推行社区运动、规划，推行自下而上的力量建设自己的家园，对于特别不发达的地区是失败的。我们落后地区的瓶颈在哪？经过调查，我觉得乡村的教育是非常重要的一块，日本明治维新的时候就完全普及了小学教育，其他的欧美国家更不用提，从工业革命之后教育程度就很高。我们的农村第六次人口普查的时候，小学以下的留守儿童占了 21.48%，发展能力等方面都会有相当大的困难。其次就是农村的基础设施建设，这是一个基本面的工作，是国家的一个义务，不是说我们社区规划去解决的，要把基础的、前提性的工作满足、做好。所以我们农村的问题为什么这么复杂，就是我们的区域差异导致多阶段的并存，对发达地区来说社区规划是主导的方向，但是对落后地区可能我们还在处于基础设施建设的阶段，还有环境治理、田园乡村等方面，欧美国家是线性的发展过程，我们是多阶段并存，所以导致我们的认识存在了很多的偏差，总是要寻找好的方法去解决，但是是存在差异性的。

以上的思考其实仅仅是一个开端，后面相关的思考还在路上，还要继续思考完善。谢谢。

（本文未经作者审定）

保护型村落美丽乡村规划建设实践探讨

程堂明

安徽省城建设计研究总院股份有限公司副总经理
安徽省村镇建设学会理事长
安徽省城市规划学会常务理事
安徽省风景园林行业协会副会长
教授级高级规划师

非常高兴有这样一个机会和大家一起交流，对于我来说是一个学习，因为前面发言的嘉宾都是重量级，我作为一个晚辈，更多的是从这几年我们团队的一些思考和大家做一个交流。

今天我和大家交流的主题主要是基于我们安徽在2012年推进美好安徽的建设、美好乡村的建设到现在发展美好乡村，经历了很多阶段，在这个过程中有一种类型，就是刚才储院长和各位专家都说过，传统村落的乡村建设到底怎么做，我们是想通过这样的案例和大家探讨一些方向。

第一，前面说了，我们美丽乡村的建设是安徽五大发展美好安徽的重要组成部分，在2012年安徽提出美好乡村的建设的同时，提出了美丽乡村建设的内涵：生态宜居村庄美、兴业富民生活美、文明和谐乡村美。包括国家的领导人在前几年的时间里多次提出对于美丽乡村、对于乡村建设、传统村落建设的一些要求，一直到十九大报告里提出来的乡村振兴战略的总体目标，都是一脉相承的。安徽从2012年9月实施美丽乡村建设以来，做了很多的探索，从前期的这种研究到乡村建设标准的出台，到2015年出台我们省的村庄规划标准，都在不断地阐释和完善我们的乡村规划编制体系，在我们的体系当中，明确了我们乡村的类型，包含我们的整治保护型、提升拓展型和新建型，我们的保护型村庄在安徽的广大地域空间里很多。自2012年实施以来安徽的美好乡村建设经历了几个阶段：点状中心村、"中心村+自然村环境整治"、"村庄建设+政府驻地环境整治"，这几年我们安徽的村庄建设适合了农民的期盼，带动效应是很明显的，在这个过程中，尤其是2015年，随着中国对传统村落的重视，安徽的资金更好地整合引导到传统村落的建设中，提出把传统村落优先选为每年的美丽乡村建设的规划点，从这个过程中想到两套体系之间的矛盾，刚才储教授也说了两种矛盾的关系，更多的是建与保的矛盾怎么在建设过程中化解，我们怎么去实施，传统村落的保护发展规划更多注重的是核心价值的保护。

第二，采取什么样的思路。首先我们要对传统村落有一个认识，我们的传统村落更多的是乡愁，载体丰富、文化内涵突出，我们也看出老年人、中年人在这张图片里相得益彰，这是非常典型的代表，从此可以看出传统村落有它的特性，比如说生态本质良好，有传统的村落选址格局，有地域建筑风貌的地域性，有文化传统的丰富性，而且在原有的村庄的回忆，这些老景，相信在座的各位你们对于村庄的回忆可能就是一棵树或是水井。这是我们最坚实的基石，对于这样的基石我们进行建设，首先要对问题进行把脉，相对于很多村落来看，保护型的传统村落更多是贫穷落后的，由于贫穷落后才得以保护和保存，传统记忆才能保存。人居环境相对比较差，往往是乡村建设的重点，交通不便、设施落后、水体污染、建筑衰退、公共活动空间不足、人口流失，这是存在的共性的问题，对于保护型的美丽乡村的建设，我们的重点是什么？应该从三个方面解决，第一个是进一步挖掘价值，传统村落既然让位我们的重要的文化基石，或者说乡愁的承载地，它的价值一定是我们在建设之前需要去尊重或者说挖掘的，在挖掘的同时，我们更要守住底线，传统村落的底线是什么？应该说要守住乡村的格局，守住乡村的风貌，守住村落的肌理，还有乡村的特色。在这样的基础上做一些改善人居环境的任务，从环境设施的完善、环境的建设改善以及产业发展的引导、外出人口的回流方面，这是我们发展重点的思考。

在此基础之上我们的发展策略，保护型村庄的传统村落有缺失的地方，所以对基础设施、人居环境的整治，还有对产业发展的引导，从保护的要求来看，我们的这些设施、环境、风貌和产业，我们有保护规划或者说保护在这种乡村的要求，比如说对于基础设施，一定是不改变风貌的情况下的整治，我们的人居环境不能失去乡土味道，风貌塑造一定是在风貌协调的基础上去做，因此我们的建设内容与我们的道路、村口有节点，在此基础之上，延伸出我们的建设策略。我们觉得对于基础设施的完善，我们更要搞肌理，守尺度，这样的建设设施的方式，对于我们人居环境的改善，一定是现代技术和传统的工法的运用去传承人居环境的改善。对于建筑风貌的塑造更多是保修并举，强调风貌的延续。对于产业的发展，我们的罗教授也在说，乡村的规划更多是策划＋实施，对于产业的发展，我觉得我们更多是预留空间给未来产业的进入提供空间载体。所以在此基础上，我们整体的发展思路是以复兴乡村文明为基本立足点：以保护传统建设、提升村庄环境为规划重点，以改善人居环境、提高村民收入为最终目的。

第三，结合一个案例，因为龙潭肖是美丽乡村的示范点，是第三批中国传统村落，在规划编制上，因为这个项目的谋划也是我们这个团队去做的，后来在做美丽乡村建设的同时，我们团队就随之进驻了现场，开展了我们的美丽乡村的建设全过程的指导。在之前的这些发展策略的基础上明确了这次的核心发展思路，还是以保护传统为核心，以村民自愿为前提，以村庄发展现状为基本立足点。为什么这么说，因为这个点我们只是做了我们该做的事情，没做不该做的事情，反而给未来产业的注入提供了非常大的可能，以保护传统建筑作为重点，以改善人居环境、提高收入为目标，做整体思路的延续。

在此之前，我们觉得做一个乡村的规划，详细的调研一定是基础，曾经有一个领导说过，村庄规划不是靠规划师画出来的，是靠脚量出来的，我觉得调研工作很重要，再一个农民主体的地位也是关键，专家学者在过程中的全方位的参与也是提供了很好的保障，所以我们在这个过程中强调了与我们村民的互动，我们强调了建筑专家和团队对我们这个规划的指导，我们更强调了村民的全过程的参与。这是它的基本状况，从这个来看是一个普通的村庄，人口规模不是很大，位置是在铜陵市的 4A 级的风景区的边缘区域，是一个尽端式的传统村落，但是就是因为它这种交通的闭塞，导致它的风貌保存很完整。所以我们要延续传统，我们遵循保护发展规划所确定的保护区和保护要素，明确我们在建设过程中的核心保护范围，我们在建设地带该怎么做。再价值的挖掘基础上还是提炼价值为重点，遵循保护规划的理念，是我们传统古村落选址营建的典范，更是徽文化古村落的特征，因为它是徽州地区，是沿江片区的古村落。所以我们还是强调底线的把持，一定格式格局，就是在四面环山、树前临水、建筑群居、脉络清晰、环境优美、独具特色，所以我们更注重环境的提升和整治，并没有破坏。第二个是守风貌，我们可以看出它的特征很鲜明，有皖南古村落的建筑形式，对于马头墙的形式和我们的墙面是不一样的，这是我们需要继承和延续的风貌性质。再一个就是肌理，我们的保护发展规划里做了提炼，其实是一个龙潭为心、九方有道的格局，中间是水塘，周边有九条道，沿着这个脉络进行住房格局的布局。同时我们还守护特色，主要是继承传统工匠技艺，传承习俗文化，尤其是乡土的食材，因为这个村是依山而建的村落，更多地把村和山有机结合，以及村里的山石有机作为活动的重要物质载体。在此基础之上我们来完善基础设施，我们也对现状的基础设施做了充分的研判，有比较完善的雨水系统，但不足的就是环卫设施和照明系统的缺乏，以及我们未来为了产业发展需求的电信系统对整体风貌的破坏。我们第一个做的就是改厕，改善人居环境，这和安徽的三大革命工作密切结合。同时我们对于公共的环境做了一些整治，比如说对原有的公共厕所，我们利用建设的性质结合未来的旅游建设来实施，还有强电弱电造成的蜘蛛网，整体空间和环境得到了显著的提升。同时我们对于未来旅游产业发展的可能，特别是外来的停车设施，我们采用一种生态化、分散化、小型化的处理措施，我们现在在做合理的停车场位置的选址，因为村落的体量不大，过大的停车场环境是对风貌的破坏。这是我们在村口做的比较小型的效果图。同时我们对于整个建筑的整治还是延续原有的风貌，采用一种守旧如旧的方式，下面的是我们第一期做的实景的房屋建设，这是建设的一种模型，也是利用当时一个废旧的房屋做了一个材料再利用。这是我们对于这种建筑整治里如何保持风貌，提炼延续，上面一张是我们做的效果图，右边的是现在的照片，实践还是有某种契合度，还是按照我们的要求去做建设的。包括我们对于节点的空间，其实比较注重打造，对于村部分的入口更多地强调环境和协调，这是我们的改造前改造后的效果的照片，应该说我们在整个过程中起到了很好的指导作用。这是我们在村里的广场，叫芭蕉广场，我们更多提取它的元素，利用乡土的一些材料形成我们的公众活动的空间，再用一些片墙和绿色的树，这一张是丝瓜，是今年 8 月底去的时候拍的一张照片，应该说我们对于空间的这种协调性是非常好的。还有就是传统记忆场所的继承，包括我们对于皮蒸锅，这是非物质文化遗产，在我们村的周边还有一些农民正在用一些当地的树皮做宣纸的一些获取工作，我们对于这些节点，在充分保证手工业工作环境的前提下做微环境的改造。对于这种巷道，也是保持原有的肌理和尺度，运用传统材质，把我们的污水、弱电怎么落入到巷道里去，这也是一些效果图。包括我们对于整体的道路的修缮，更多的还是强调尺度和传统材质的应用，这也是现在已经建成的效果，包括对我们这些登山路的整治，因为有很多的类似的环境，我们用树和山石来增加这种融合，进行空间环境的营造。这也是空间上的改变，我们可以看出它就是通过自然山石的简单处理，就变成了我们进入到一个空间的登山道。再一个就是村落的环境卫生，也是进行整治和整洁，这一张照片是我们入村的公路节点，这是我拍的照片，这个节点空间其实没有做过多的现在的材料的运用，也没有花更多的钱，只是做了适当的平整，种了一些绿化植物，增加了人停留的空间，去看的时候还是非常好的。这是对于节点的一些打造的手法，或者对于这些手法我们的要求。说到这个，我们还是强调一个乡村规划如果想更好地反映，更多地强调实施过程中规划设计师的技术上的辅导，包括这个垃圾的转运房，我们也是把传统的徽墙方式放在里面，包括这些水系的整治以及对于节点空间的整治，其实更多地强调融入这样的空间里。

最后我们对它的产业进行谋划，前面说了这个村坐落于 4A 级风景区中间，作为一个景区的参观节点加以预留和产业空间的预留，其实一个村的旅游不是规划建设者能够完成的，我们更多地强调实施，对于策划我们更多地强调给未来的策划留足空间，所以刚好有这样的契机，就是浙江卫视的《漂亮的房子》选取我们这样的村作为取景地，在这个节目播出以后，它的明星效益很大，百度搜条达到 27.7 万条之多，就因为有它的存在在旅游产业的发展中取得了非常大的成效。

下面是我的一些思考。作为这样一个具有传统村落文化的机制的村落，我们对于这样的乡村建设该怎么去做它的一些规划或者说实施，我觉得以下四个方面是我们要关注的：一是守住底线是前提，保护型村落的重中之重就是避免大拆大建；二是坚持特色，运用当地传统的工匠手法，实施中全程跟踪服务指导；三是减法为主、慎重加法，核心保护区内，以保护减量建设建筑物、构筑物，改善环境为主，对于产业发展不成熟、不合理的慎重引入，给产业预留发展空间；四是多元助推，政府、企业、媒体、村民要共同行动起来，注重保护，有序建设，加大宣传。

非常感谢组委会给我机会，作为协办单位我真诚地邀请在座的各位专家领导和城乡工作者和我们共同参与到安徽美丽乡村的建设中，为乡村振兴贡献我们的一些微薄之力，谢谢大家。

（本文未经作者审定）

第二部分

乡村规划方案

竞赛组织及获奖作品
2017 年度首届全国高等院校城乡规划专业大学生乡村规划方案竞赛（安徽合肥基地）任务书
2017 年度首届全国高等院校城乡规划专业大学生乡村规划方案竞赛（安徽合肥基地）参赛院校及作品
2017 年度首届全国高等院校城乡规划专业大学生乡村规划方案竞赛（安徽合肥基地）评优专家
2017 年度首届全国高等院校城乡规划专业大学生乡村规划方案竞赛（安徽合肥基地）获奖作品

参赛院校及作品

评委点评
高校代表：刘　健
设计院代表：陈　荣
规划管理部门代表：王东坡

调研花絮

竞赛组织及获奖作品

2017年度首届全国高等院校城乡规划专业大学生乡村规划方案竞赛（安徽合肥基地）
任务书

一、活动目的

通过该项乡村规划设计教学方案竞赛，推进全国高等学校城乡规划专业（或相关专业）乡村规划课程教学的交流；吸引国内更多高校以及社会各界关心和支持乡村规划教育与城乡规划专业人才的培养，引导城乡规划专业学生更加关注乡村发展，并投入到乡村规划和建设事业。

二、任务要求

根据竞赛承办方提供的相关基础资料，通过调查研究，分析三十岗乡的区位、资源禀赋特征和未来发展可能性，在符合国家和地方有关政策、法规和规划指引的前提下，提出三十岗乡的未来发展定位、发展策略和乡域空间利用方案，并选取一个片区进行深入规划，再对某一村庄或节点进行详细规划设计。

三、成果要求

本次方案竞赛重在激发各高校学生的创新思维，提出乡村发展策划与设计创意，因此规划内容包括但不限于以下部分：

1. 发展规划

应根据任务要求，提出三十岗区域的发展定位和策略，并基于区位、资源禀赋和发展条件等进行分析论证。根据地形图或卫星影像图，对于区域现状及发展规划绘制必要图纸，并重点从区域统筹发展的角度提出有关空间规划方案，至少包括用地、交通、旅游、风貌特色、生态保护等主要图纸。允许根据发展策划创新图文编制的形式及方法。

2. 片区规划

根据三十岗区域发展策划和规划，任选三十岗集镇、崔岗或桃蹊片区，对其中一个片区展开创意性规划设计，探讨片区发展定位，并对村庄、产业、交通和景观风貌等方面提出规划设计方案。

3. 村庄规划或节点设计

根据以上发展规划，对片区内一个村庄或节点展开深入规划设计，原则上应达到详细规划设计深度，成果包括反映村庄或节点意向的入口、界面、节点、区域、路径等设计方案和必要的文字说明。

四、成果形式

竞赛方案要求立足现状、立意明确、构思适宜、表达规范；鼓励采用具有创造性的技术、分析方法与表现手法，大胆创新；成果要求图文并茂。为适应后期出版需要，组织方提供统一图版底图给各参加单位，对基本版式的各级标题、正文字号和图版规格进行统一要求，其他排版和字体等不限，鼓励各家单位创新。主要成果形式与要求如下：

（1）每份成果，应有统一规格的图版文件 4 幅（图幅设定为 A0 图纸，应保证出图精度，分辨率不低于 300dpi。勿留边，勿加框），应为 psd、jpg 等格式的电子文件，或者 Indd 打包文件夹，该成果将用于出版。具体要求：规划设计方案中的所有说明和注解均必须采用中文表达（可采用中英文对照形式）；图纸中不得出现中国地图以及国家领导照片等信息；成果方案的核心内容必须为原创，不得包含任何侵犯第三方知识产权的行为。

（2）每份成果，还应另行按照统一规格，制作两幅竖版展板 psd、jpg 格式电子文件，或者 Indd 打包文件夹。该成果将统一打印，以便展览。

（3）能够展示主要成果内容的 PPT 等演示文件一份，一般不超过 30 张页面。

五、时间安排

1. 总体安排

（1）2017 年 6 月 4 日：同济大学举办竞赛启动仪式，发布竞赛通知。

（2）2017年6月10日：竞赛报名截止。
（3）2017年6月20日：公布特邀参赛团队、定点自由参赛团队与自选基地参赛团队。
（4）2017年7月1日—9月1日：发放技术文件、完成定点基地现场调研。
（5）2017年11月15日：所有参赛团队提交成果。
（6）2017年11月30日前：参赛成果分别完成评审，产生入围方案。
（7）2017年12月20日前：入围方案完成最终评审并举办乡村规划论坛。

2. 调研时间

本次调研活动安排三个时间段进行集中调研，每个时间段调研时间为四天：

第一时间段：2017年8月15日（周二）—19日（周六）；

第二时间段：2017年8月22日（周二）—26日（周六）；

第三时间段：2017年8月29日（周二）—9月2日（周六）。

3. 成果提交时间

各参赛单位的设计成果，最迟应于2017年11月15日（周三）下午4点前发送至指定邮箱（××××××××@qq.com），并在微信群中提醒提交成果信息和联系人方式。

工作小组当天将予以验收，所接收文件经专家评审符合竞赛要求的视为有效参赛作品。

六、评优方式

本次活动组织，重在激发各校师生积极性和研讨交流。原则上在收集各单位成果后，由主办方与承办方邀请有关专家学者，以及省、市相关规划主管部门领导，共同组成评优工作小组，完成竞赛成果的评优工作。具体安排如下：

（1）评优时间：2017年11月30日前完成初评，产生入围方案；2017年12月20日前完成最终评审，具体时间另行通知。

（2）评奖形式：展板+PPT展示（如参赛团队汇报则不超过15分钟）。初评入围方案的最终评审方法另行确定。

七、组织单位

1. 主办方：中国城市规划学会乡村规划与建设学术委员会、中国城市规划学会小城镇规划学术委员会

2. 支持方：安徽省住房和城乡建设厅、合肥市规划局、合肥市庐阳区人民政府

3. 承办方：安徽建筑大学建筑与规划学院、三十岗乡人民政府

4. 协办方：安徽省村镇建设学会、安徽建筑大学城乡规划设计研究院

八、工作小组

1. 设计成果接收人

肖铁桥：安徽建筑大学建筑与规划学院。

2. 竞赛组织等其他事宜

邹海燕：中国城市规划学会乡村规划与建设学术委员会。

杨新刚：安徽建筑大学建筑与规划学院。

九、其他

1. 各参赛团队所提交成果的知识产权将由各参赛团队（单位）和竞赛组织方共同所有，组织方有权适当修改并统一出版，各参赛团队（单位）拥有提交成果的署名权。

2. 所有参赛团队均被视为已阅读本通知并接受本通知的所有要求。

3. 本次竞赛的最终解释权归竞赛组织方所有。

2017年度首届全国高等院校城乡规划专业大学生乡村规划方案竞赛（安徽合肥基地）
参赛院校及作品

序号	作品名称	参赛院校
1	乡农·乡浓·香秾	安徽农业大学
2	结庐人境，创 xiang 归园	同济大学
3	城市折叠	合肥工业大学
4	树人田序	安徽建筑大学
5	溯 yuan	安徽建筑大学
6	养生·慢城	安徽科技学院
7	桃园结忆	苏州科技大学
8	田甜媄美	浙江工业大学
9	自然 & 科技 = 重生	安徽农业大学
10	田栖文旅乡 康养三十里	安徽建筑大学
11	永吾乡	南京大学
12	桃渡东风过 蹊径缘客来	南京师范大学
13	边缘聚焦 多缘联动	安徽农业大学
14	三生三世三十岗	河南大学
15	桃·之间	南京工业大学
16	链——连恋	黄山学院
17	从共生到复兴	华中科技大学
18	结庐于皖·而有灵焉	华中科技大学
19	乡伴而归 悠然田居	安徽建筑大学
20	修一栖与共	华中科技大学
21	归去来兮·十里桃花 驻	华中科技大学
22	—	安徽大学
23	八方之人·四时之境	西安建筑科技大学
24	乡连 乡联 乡恋	上海大学
25	艺创三十里 云网智慧乡	安徽建筑大学
26	桃蹊影绰	河南科技大学
27	诗意田园，乐居崔岗	哈尔滨工业大学
28	半桃半水 慢岗三十里	安徽大学
29	艺术崔岗	安徽大学
30	田园变奏	青岛理工大学

2017年度首届全国高等院校城乡规划专业大学生乡村规划方案竞赛（安徽合肥基地）
评优专家

序号	专家姓名	专家简介
1	冯长春	中国城市规划学会乡村规划与建设学术委员会副主任委员 北京大学不动产研究鉴定中心主任 北京大学城市与环境学院城市与经济地理系系主任、教授、博士生导师
2	刘 健	中国城市规划学会乡村规划与建设学术委员会委员 清华大学建筑学院副院长、副教授、博士生导师
3	陈 荣	中国城市规划学会乡村规划与建设学术委员会委员 上海麦塔城市规划设计有限公司总经理、首席规划师 深圳市政府特别津贴专家 教授级高级规划师
4	范凌云	中国城市规划学会乡村规划与建设学术委员会委员 苏州科技大学建筑与城市规划学院教授
5	王东坡	合肥市规划局副局长 合肥工业大学建筑与艺术学院副教授
6	时 坤	合肥市庐阳区三十岗乡长
7	叶小群	安徽建筑大学建筑与规划学院教授，城市规划研究所所长
8	程堂明	安徽省城建设计研究总院股份有限公司副总经理 安徽省村镇建设学会理事长 安徽省城市规划学会常务理事 安徽省风景园林行业协会副会长 教授级高级规划师

2017年度首届全国高等院校城乡规划专业大学生乡村规划方案竞赛（安徽合肥基地）
获奖作品

序号	获奖类型	作品名称	参赛学校	参赛学生	指导教师
1	一等奖	永吾乡	南京大学	周思悦 陈文涛 唐婕 朱旭佳	罗震东
2	二等奖	八方之人·四时之境	西安建筑科技大学	王茜 李紫旋 陈晨 陈思菡 赖敏 熊井浩	段德罡 蔡忠原
3	二等奖	乡伴而归 悠然田居	安徽建筑大学	张琬滢 张子璇 陈雅歆 潘浩东 张愿 徐敏	杨新刚 杨婷 肖铁桥 陈晓华 叶小群
4	三等奖	诗意田园，乐居崔岗	哈尔滨工业大学	刁喆 王碧薇 郑颖 张东禹 胡乔俣 罗紫元	冷红 袁青
5	三等奖	桃园结忆	苏州科技大学	黄林杰 龚肖璇 石娟 王笈 薛智婕 马晓婷	潘斌 彭锐 范凌云
6	三等奖	田栖文旅乡 康养三十里	安徽建筑大学	闫闫 王文欣 张青青 胡韵蕙 王丽宸	杨新刚 杨婷
7	优胜奖	艺创三十里 云网智慧乡	安徽建筑大学	王羽轩 程龙 赵煜彤 王雅玲 裘萍	杨新刚 杨婷
8	优胜奖	结庐于皖．而有灵焉	华中科技大学	屈佳慧 谢智敏 金桐羽 张致伟 周玉龙 张阳	邓巍 王智勇 丁建民
9	优胜奖	结庐人境，创xiang归园	同济大学	周天扬 吴怡颖 韩硕 邵馨瑶 张宇洁	杨帆 栾峰 张尚武
10	优胜奖	田园变奏	青岛理工大学	李豪 牛琳 秦婧雯 苏静 罗晨 彭裔麟	李兵营
11	佳作奖	乡农·乡浓·香秋	安徽农业大学	刘罡益 王皓 罗坤 朱一诺 齐凤 孔玉莲	殷滋言 李冉 张婷婷
12	佳作奖	田甜媒美	浙江工业大学	何芊荟 朱灵巧 方俊航 李入凡 程正俊 陆洋	陈玉娟 周骏 张善峰 龚强 吴一洲 武前波
13	佳作奖	边缘聚焦 多缘联动	安徽农业大学	张茹 李王洁 廖欣宇 刘汉雄 王大东 周锦生 李唯	张云彬 朱萌 丁文清 洪长瑾
14	佳作奖	修—栖与共	华中科技大学	周子航 邓弘 陈昱宇 何乃翔 曾霞 郑越	万艳华 潘宜 洪亮平
15	最佳表现奖	永吾乡	南京大学	周思悦 陈文涛 唐婕 朱旭佳	罗震东
16	最佳研究奖	八方之人·四时之境	西安建筑科技大学	王茜 李紫旋 陈晨 陈思菡 赖敏 熊井浩	段德罡 蔡忠原
17	最佳创新奖	艺创三十里 云网智慧乡	安徽建筑大学	王羽轩 程龙 赵煜彤 王雅玲 裘萍	杨新刚 杨婷

参赛院校及作品

乡农·乡浓·香秾

【参赛院校】 安徽农业大学

【参赛学生】

刘罡益

王 皓

罗 坤

齐 凤

朱一诺

孔玉莲

【指导教师】

殷滋言

李 冉

张婷婷

一、初遇三十岗

作为合肥市的"都市后花园",三十岗乡的特殊区位对乡域内的产业选择和生态建设提出了较高的要求,同时便捷的交通及近郊区位也给该地区发展带来了诸多红利。近年来,三十岗乡立足城郊优势,充分整合区域自然和人文资源,积极打造东瞿美食村、崔岗文化村、王大郢音乐小镇等特色村庄,"养生休闲地,慢城三十岗"已成为三十岗乡休闲旅游的标签。如何迎接挑战,进一步提升4A级景区品质,平衡发展和保护的关系,成为三十岗乡面临的一个重大课题。

二、调研风采

8月15日下午两点,我们小组抵达孟德山庄,短暂休憩后,我们伴着夏日明媚的阳光,开始了调研的第一站,骑行前往田园与文化相结合的崔岗艺术文化村。

八月的崔岗隐藏在蜿蜒的绿荫路之后,五彩斑斓的田园和建筑让人眼前一亮。没有城市的喧闹声,没有城市的车水马龙,乡村显得宁静干净,可以听见鸟儿清脆的叫声。

8月16日上午,来到了第二站——即将成为合肥市乃至安徽省的第一座音乐小镇的王大郢音乐小镇。悠扬的音乐伴着田园的微风汇成大自然的乐谱,咖啡屋的浓香合着草地的清香穿过整个小镇,音乐学院里孩子们时而嬉戏时而沉浸在音乐的海洋里……美好的憧憬正在这令人心旷神怡的田园中孕育而生。

8月16日下午,小组成员前往音乐小镇,指导老师陪同我们查看导览图,了解区域相关节点的位置分布与特色。

崔岗艺术村

桃蹊水果农场

自行车漫道

小组成员在前往姚庙的途中,为了看区域边界状况,有段迷路小插曲。

8月17日,桃花岛

8月17日，在清晨的微风中，整顿好旗鼓准备开始深入调研的我们来到了第三站——姚庙。骑行在田野边的自行车道上，伴着身旁潺潺的流水，不由得心生惬意。

8月18日，伴着天光云影，三天的充实的调研结束。结束不是终结，而是新的开始，是我们学习成长的开始，也是乡村发展的开始。抬头望望天，向前义无反顾，新的旅程开始。

慢趴客栈——为情怀

一条通往艺术之村的柏油马路；
一家充满匠人之气的素陶工社；
一幢弥漫自然之韵的民宿客栈；
一个四口之家的悠然园田生活。

经过几天的实地调研，对崔岗片区有了大致了解，在休闲之时，小组成员在咖啡馆探讨方案；晚上回宾馆成员们依旧彻夜讨论方案，整理前期的相关资料，以小组为主，组员各自分工，最后共同提出构思方案。

三国故垒，生态之乡——是三十岗发展的品牌因子，随着城市近郊旅游的开发，"一乡一镇、以城带乡"的格局凸显，新一轮的城镇建设浪潮已经来临。三十岗村基于自身的优势，已经得到了初步的发展，元旦民俗文化节期间游客逾万人。轻松自由的人文氛围、怡然自得的生活态度、相互包容的多元文化，这些都是崔岗乡村的特质。然而对现实的迷惘和对未来的憧憬，如何做锦上添花的规划设计，并能对崔岗片区的发展提供宏观把控与细节的指导，是我们在方案设计时主要解决的难题。

三十岗乡是庐阳区生态农业发展和环境资源保护的重点区域，其集镇是镇域有限的建设空间，如何利用优质资源条件建设新型产业基地，是未来城镇发展的重点。在方案设计过程中，安徽农业大学团队集思广益，通过与老师和各组员之间的多次讨论，以基地内的"山·水·田·村"为依托，以"体验式度假和游憩需求"为导向，以"乡村风物"为载体，以"音乐文化、艺术文化"为底蕴，以"城郊生态田园和特色人文互动场所"等为主要物质载体，建成物流商贸、农业科技生产、休闲养生、文化体验等并行的现代化生态旅游特色村。

崔岗片区是三十岗乡西北门户，有大面积的农田与林园地，其规划发展直接影响三十岗乡的第一、三产业经济，如何打造三十岗旅游新名片、凸显特色产业是核心。

用地：规划区有优良的用地资源，应在省级生态村的基础上进行提档升级，对用地进行整合优化，分期对环境污染严重的企业进行产业提升，用地置换，与生态旅游村定位相适应。

交通：规划区目前道路硬化工作较好，基本户户通水泥路；但是内部交通与通过性交通相混杂，存在交通安全隐患，是本次规划急需解决的问题之一。

公共设施：艺术村、音乐小镇目前未设置社区级公共设施，地块现状公共服务设施欠缺，如垃圾集中收集点以及管理方面等；缺乏公共活动空间，村内文化、娱乐等公共服务设施缺乏；未来应为旅游服务需要设置相关公共服务设施。

基础设施：艺术村、音乐小镇市政基础设施还需完善，特别是污水处理方面不能满足未来旅游发展需求。

建筑：规划区现状居住建筑质量良好，但风格杂乱无特色。建筑立面改造是本次工作又一重点。

环境：缺乏中心广场景观、村口景观、田园景观，后期应注重村庄亮化、美化，村内空闲地、空宅基地的整治，房前屋后的整治以及庭院环境治理，村口景观的布局与田园景观的安排。

三十岗乡是合肥市的一块"旅游瑰宝"。应打造成合肥周末休闲旅游的重要目的地，休闲养生养老旅游基地，乡村旅游发展的样板区，以合肥城市居民为主，周边地省市游客为辅，开发农家美食、农耕民俗园、农家乐、文艺商业街、民俗文化、音乐文化、配套居住等项目，以满足城市日常休闲消费、家庭式双休日游憩、体验农家生活为导向，完善商业服务功能为主要方向，打造成"影响皖江城市带，辐射合肥市，服务庐阳区，带动三十岗乡"的有自然人文特色的现代知名新村。

合肥市三十岗乡崔岗片区村庄规划 乡域分析

乡农·乡浓·香秋

SYMBIOSIS AND SHARING 共生共享

参赛学校名称：安徽农业大学　指导老师：殷滋言、李冉、张婷婷　小组成员：刘罡益、王皓、罗坤、朱一诺、齐凤、孔玉莲

基地区位分析

三十岗乡位于合肥市城西北部，庐阳区区内；合肥市主城区西北门户，乡政府距城市中心22 km。东临大杨镇，南与自然河相隔，西临董铺水库与蜀山乡井岗镇相望，北隔滁河干渠与长丰县接壤。乡域总占地面积为32.4 km²。

现状自然资源分析

资源优势
- 资源优势：三国古遗址　汉风文化源
- 品牌优势：生态三十岗　城市后花园
- 产业优势：水城乡中过　农林成公园
- 生态优势：天然氧吧区　生态原始化

■ 土地利用现状图及分析
现乡域内部道路走向主要为南北向，东西走向仅靠三条县道支撑；三十岗位于水源保护区，乡域内部地下水资源丰富；乡域内有九个行政村，107个村民组。

■ 产业分布现状图及分析
产业主要分布在中西部，第一产业比重较大，经济作物较少；第二产业发展受抑制，以农林业为主的产业所占比重最大；第三产业比重过低，尚未对此进行有效的引导开发。

发展定位策略

发展方向：南抑、北抑　西限、东扩

发展方式：以组团的形式进行发展

产业定位：夺农林发展　开工业之路　创旅游未来

产业规模：以旅游为引擎　以农林为主体

■ 乡域空间拓展图
地块南部有董铺水库，保护水资源，西部与肥西县接壤；北部有滁河干渠，与长丰县毗邻；故西适宜往东部发展，但要避免过度发展，导致与市区城市化。水源一级保护区大力发展生态旅游，保护南部的董铺水库；二级保护区可发展农业；水源准保护区可作为建设用地。

■ 乡域土地利用规划图

产业发展　工业　产业　旅游　农业

空间规划方案

■ 乡域功能结构规划图
■ 道路规划图
■ 交通体系规划图
■ 景观系统规划图
■ 生态保育规划图
■ 旅游发展规划图
■ 农业发展规划图
■ 产业发展规划图

乡域发展规划总结

功能结构：休闲旅游生态区域打造一组团化、主题化、综合化。除水源保护之外，形成三个空间结构板块——文化、服务、活动中心，在提供旅游生活服务的同时，能够使乡村发展目标更加明确。

交通体系：乡域公交线路加长，交通便利，滑步道的设置使人更加贴近自然，同时能够缓解交通压力，旅游站点的多数设置，为乡域内旅游发展提供了有效的保障。

生态保育：三十岗乡位于水源保护区，乡域建设对水源保护尤为重要，对于水源周边地块以一级保护区、为非建设用地；远离水源、影响较小地带为建设区域。

旅游发展：基于生态现状和产业布局，面向多元化需求进行多形式、多层次旅游项目设置，多方得益的乡村运营模式，从而实现整个规划区旅游业的滚动循环发展。

农业发展：在保护生态环境的前提下，特续发展农业种植面积，降低水田、油菜种植业占主导地位，扩大花果林植面积、花卉林木种植面积，形成以农林为主体的发展模式。

规划定位

A. 将三十岗开发为城市近郊旅游地带，形成"一乡一城，以城带乡"的发展格局。

B. 合理规划开发三十岗乡，以保护水源为主体，打造成绿色环保的水源保护地。

C. 坚持乡村农林业的发展，以旅游业为引擎，带动三十岗乡整体经济的发展，同时留住更多的人在乡村发展。

D. 大力发展创新产业，使三十岗源源不断注入活源。

合肥市三十岗乡崔岗片区村庄规划 现状分析

乡农·乡浓·香秋

SYMBIOSIS AND SHARING 共生共享

参赛学校名称：安徽农业大学　指导老师：殷滋言、李冉、张婷婷　小组成员：刘罡益、王皓、罗坤、朱一诺、齐凤、孔玉莲

基地区位分析

基地位于合肥市城西北部，三十岗村境内；合肥市主城区西北门户，距城市中心15km。东临瞿嘴村，南接堰稍村，西与刘老家接壤，北隔滁河干渠与长丰县相望；规划总占地面积为342.7 hm²。

资源特色

资源优势
- 区位优势：大湖名城北、汉风文化源
- 品牌优势：养鸡水源地、慢城三十岗
- 产业优势：合肥西北角、崔岗艺术村
- 生态优势：最美滨水文化、生态休闲园区

崔岗桃花是新兴的资源品牌。境内有崔岗艺术村、"桃花岛"、"鸡鸣三县"等悠久的历史遗迹和独特的人文景观。

现状自然资源分析

地形为岗冲起伏的残丘，属八岗九冲典型的江淮分水岭的脊椎骨，南低北高，东低西高，波状起伏。

社会背景分析

自然村：8个
人口：667户，1779人
社区面积：342.7hm²，其中村庄建设用地37.85 hm²（567.8亩）

问题：
村庄体系结构不合理；各级村集体经济基础薄弱，经济发展后动力不足；村庄布局凌乱，土地利用率低，自然村庄环境卫生差，庄内基础设施没有配套；用地功能混杂，居住、商业等各类用地相互穿插，功能分区不明确。

现状产业分析

崔岗企业情况表　　　　　　　　　　单位：万元

序号	投资单位	所在村	租赁面积(亩)	注册资本	主要品种
1	安徽兴业生物科技有限公司	崔岗村	719.09	100	苗木、瓜蒌
2	合肥顺风风水生态农业有限公司	崔岗村	292.14	100	苗木
3	合肥旭景农业科技有限公司	崔岗村	196.5	300	景观苗木
4	胡正平	崔岗村	10.56		苗木花卉
5	爱及时间西农业科技有限公司	崔岗村	193	50	苗木
6	安徽南阳圆林有限公司	崔岗村	651.9	200	苗木花卉
7	安徽生态科技有限公司	崔岗村	71	100	苗木花卉
8	合肥富春园林绿化工程有限公司	崔岗村	52.32	100	苗木
9	合肥小陈洲休闲农庄有限公司	崔岗村	120	200	餐饮休闲
10	安徽庭藏崔岗生态园林建设发展有限公司	崔岗村	170.6		经济林、示范林
11	合肥中慢栖阿农业科技有限公司	崔岗村	72.45		施方堂
12	安徽老马生态农业科技有限公司	崔岗村	300		
13	合肥绿恩生态农业科技有限公司	崔岗村	398.7	100	大棚蔬菜

产业分类

序号	产业分类	种植/养殖类型
1	传统种植业	水稻、油菜、玉米等基本农作物
2	设施农业、特色农业	西瓜、花卉、大棚蔬菜、桑园
3	林业	石楠、香樟种植林
4	养殖业	养鸡（鸭）场、养猪场、鱼（鳖）等养殖产品养殖

产品概念：农居、休闲、健康、绿色环保、艺术

产品定位：特色突出、优势明显、原汁原味、返璞归真、回归自然、体验生活

由现状一系列条件推导出，基地应是一个商业、产业、休闲旅游、生态湿地、文化艺术展馆多功能的集合体。

"1+2+3"产业体系

现状村庄分析

- 狐岗村：村庄户数63，村庄人口164，建设用地81.8亩
- 崔岗大郢：村庄户数185，村庄人口465，建设用地126.8亩
- 王大郢：村庄户数105，村庄人口261，建设用地70.6亩
- 下郢组：村庄户数79，村庄人口201，建设用地49.4亩
- 代小郢：村庄户数219，村庄人口687，建设用地68亩
- 小段组：村庄户数0，村庄人口0，建设用地5.5亩
- 王小郢：村庄户数55，村庄人口163，建设用地55.1亩
- 谢郢：村庄户数107，村庄人口296，建设用地108.9亩

基地特征分析

崔岗大郢
崔岗王大郢内现状房屋建筑以一、二层占地90%以上，大部分在村中心。三层建筑仅有几幢。建筑性质除一幢为教堂、一幢为咖啡馆外，其他均为住宅建筑。

建筑高度分析： 一、二层；三层

王大郢
王大郢以村民住宅建筑为主，建筑质量参差不齐；现状部分企业和新建的建筑质量较好。音乐小镇正在一期建设中，整体建筑形态良好，建筑质量一般。

建筑高度分析： 一、二层；三层

产业形态
农业生产 - 乡村生活 - 乡村生态

基地特征总结

- 现状用地性质分类
- 现状建筑分析
- 现状交通分析
- 现状高程分析

图例（用地）： 居住用地、行政办公用地、商业金融用地、特殊用地、对外交通、林地、农业基地、河流水系

图例（道路）： 乡道、镇区主干道、镇区次干道、支路

图例（建筑）： 协调建筑、保留建筑

图例（高程）： 高程60m以上、高程55-60m、高程50-55m、高程45-50m、高程40-45m、高程35-40m、高程30-35m、高程30m以下

用地：规划区有优良的用地资源，应对用地进行整合优化，分期对环境污染严重的企业进行产业提升，用地置换，与生态旅游村定位相响应。

交通：规划区目前道路硬化工作较好，基本户户通水泥路，但是内部交通与通过性交通混杂，存在交通安全隐患。

基础设施：艺术村、音乐小镇基础设施还不完善，特别是污水处理方面不能满足未来旅游发展需求。

建筑：规划区现状居住建筑质量良好，但风格杂乱无特色，建筑立面改造是本次工作又一重点。

环境：规划区生态环境优良，为未来生态旅游发展提供了良好的条件。

规划策略演绎

A. 村庄发展缺乏**总体规划**，没有协调好新、旧村的用地布局。

B. 休闲农业属于初级阶段，**农、林、田、山、水**等丰富的自然资源未充分挖掘利用。

C. 部分古建筑闲置破败，亟待修复；**新村风貌**与旧村风貌不协调。

D. 基地内缺乏**生活设施**。

山
打造合肥吃喝乐游一体农家乐
游山、茗茶、露营、度假

水
形成环境优美生态旅游景点
养生、慢行、垂钓、游船

田
提供更新更好宜居的生活环境
采摘、婚宴、摄影、科普

业
打造艺术工艺与音乐之都
商贸、物流、音乐、艺术

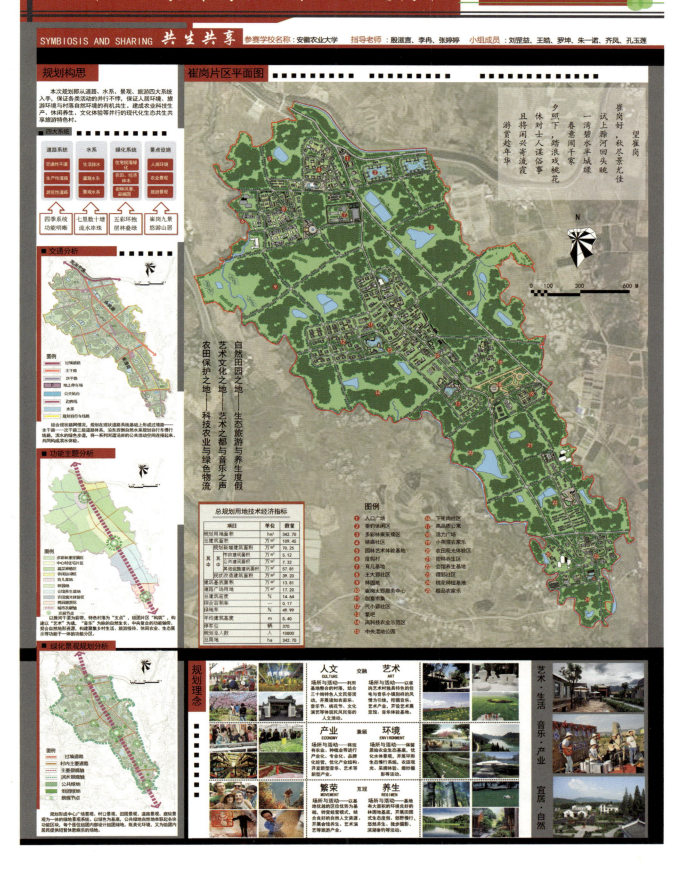

结庐人境，创 xiang 归园

【参赛院校】 同济大学

【参赛学生】

周天扬　　　吴怡颖　　　韩　硕

邵馨瑶　　　张宇洁

【指导教师】

杨　帆　　　栾　峰　　　张尚武

对于整体的发展主题，我们总结为结庐人境、创乡归园。结庐人境，顾名思义结庐于人声鼎沸之处，表达的是东瞿村这一近郊乡村在发展策略中和城市的紧密联系。创乡是一种手段，而归园则是最终的目的，无论是乡土的当地人、背井离乡者还是新都市群体，追根溯源都是从农村走出来的，所以我们希望通过"归园"的形式来重新了解、体验并且享受乡村生活。

那么创乡是什么呢？结合现场调查绘制了整个乡域的拼贴地图，按人、产业、空间的层次梳理了我们所见的现象问题与痛点。一言以蔽之，就是人口流动率高、资源利用效率低下，发展相对不可持续的特征。如何提高这些产业资源、服务设施的利用效率，怎么样使小作坊经营整合一致发挥规模效应是我们需要解决的问题。结合现状，我们在此提出的概念是创客（maker），且是农业创客（agriculcural maker）。从与传统农业科技和传统IT创客的定义进行辨析，提出了农业创客的定义，即立足乡村地区的、对接农业发展的、以农业创意产业为主要产出，以及以人为本的发展方式。从必要性和可行性两个方面分析论证了三十岗乡的现有资源，并由创乡引申为创飨（即丰衣足食）、创想（即革故鼎新）创享（即合享其成）的四重含义的共同发展。

那么三十岗乡作为发展农业创客的基地又有什么优势呢？从创客本身的创业需求、产业支持需求、生活需求和交往需求四方面出发分析，我们发现三十岗乡在合肥市域发展农业创客的合理性和优越性，并针对现在的农村、农民、农业问题提出策略性建议。

第二层面选择桃溪片区主要是因为与农业创客的发展关联度较大，且与崔岗片区相比具有发展农创优势，主要在于门户位置的区位优势，连接庐阳、蜀山两区的交通优势以及和科学岛、东华、桃溪科技农业的技术共享优势。结合现状，我们把它规划为以东瞿路为核心轴，规划为一轴四带，试图形成游客、村民、创客集体三元互动的共享空间。

在进行详细规划和节点设计层面，东瞿村在"一村一品"中主要经营农家乐，被打造成东瞿美食村。整个设计中以地形起伏为线索，以复辟的鱼塘和传统农耕排水系统为依据，以及现状的居民入住、出租、农家乐开设情况为依托，并将创客、游客和村民的居住生活空间按"大融合小分离"的原则来分布配置。主要强调的步行流线是贯穿了整个地势中较平缓的S形曲线，兼顾了两侧的池塘景观和水渠系统，并意图打破原本被东瞿路这一交通干道完全割裂的村落格局，并重新衔接起来，并将贯穿东瞿路的一列建筑作为兼具展览性、创作性和商业性的创客空间而设计。周边布置了主要的景观性空间、民宿及农家乐。两处创客基地分别设计在组团的尽端，有比较广阔的生产制造的腹地。

同时，从对乡村和中国传统聚落空间模式的归纳中，我们总结为舍院坊间四种空间形式，并和植入创客空间后的亲戚邻里关系相对应，希望能较好地应对植入功能后的亲疏关系。对于具体的功能置换的实施策略，我们提出了三种方式：针对具有居住功能的住房空间，保持其功能，并出租部分房间供创客使用；针对原本的农家乐、民宿等复合型功能住宅，则保留其功能并进行相应优化，使其满足创客空间使用要求；而部分闲置房和"钉子户"，可以通过政府补贴等手段将其迁至集镇或周边的汪艳村。整个节点设计空间表达了农业创客和居民、游客的生活共享模式，希望在微观的空间层面，也能实现乡创两者的共享共赢。

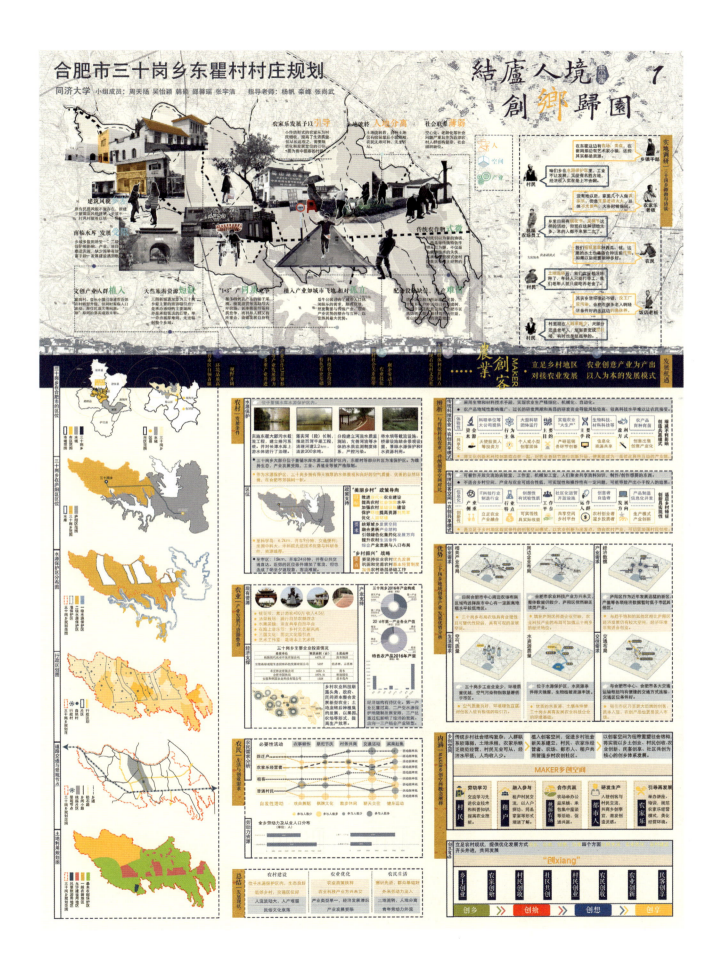

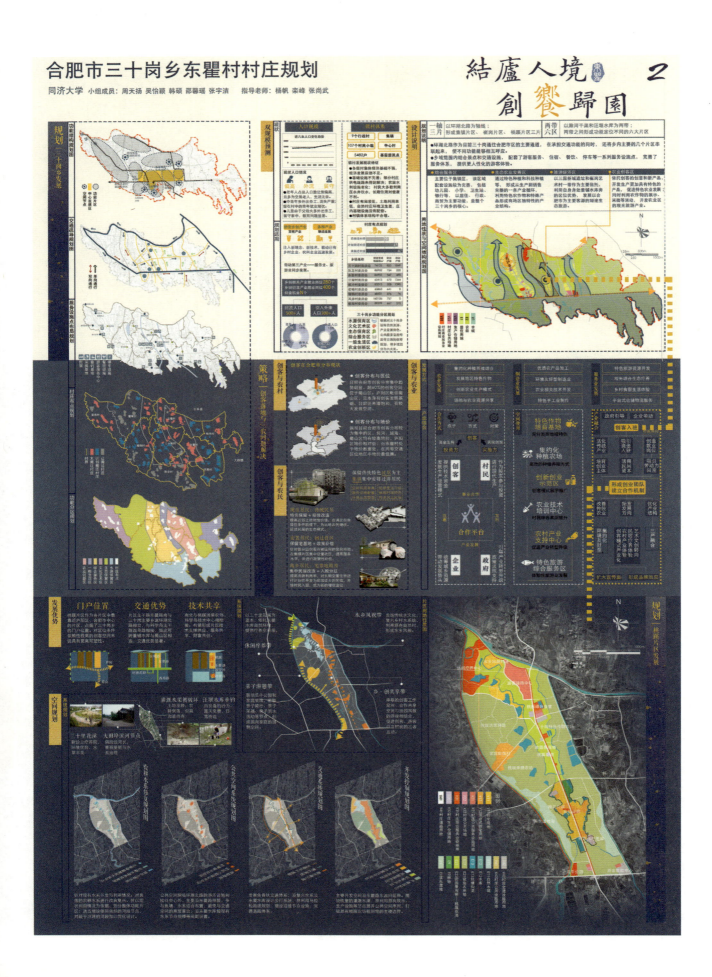

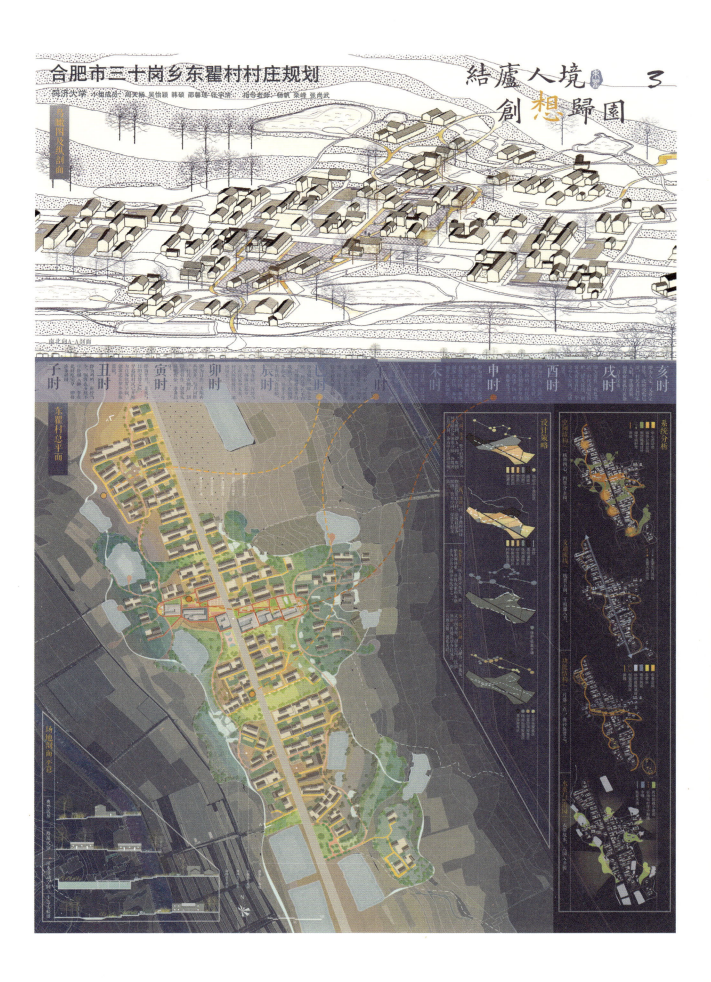

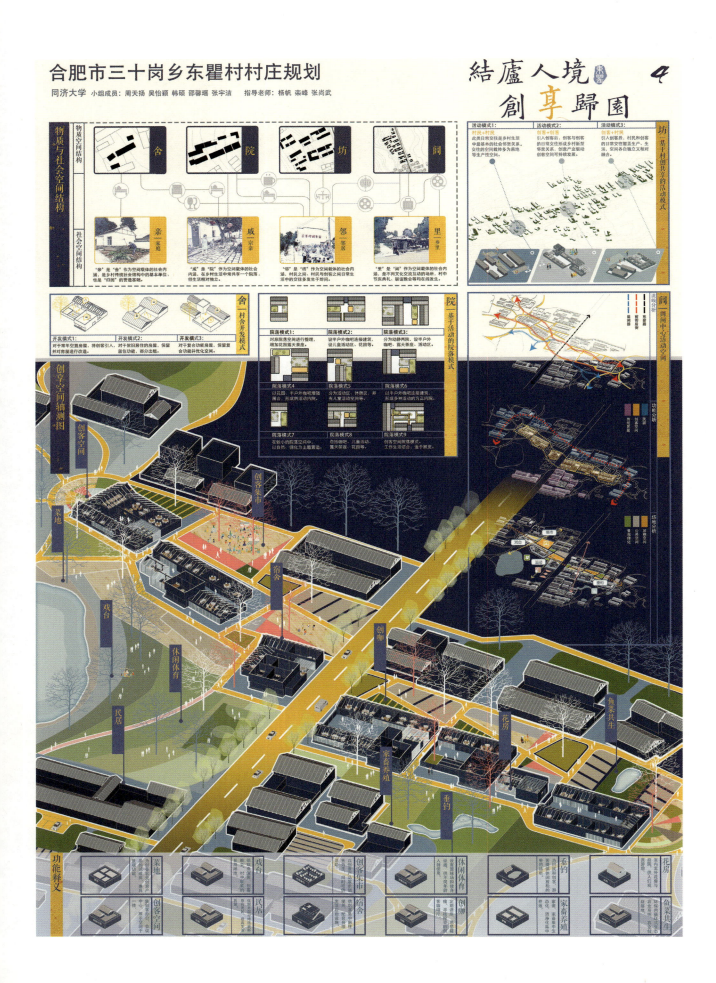

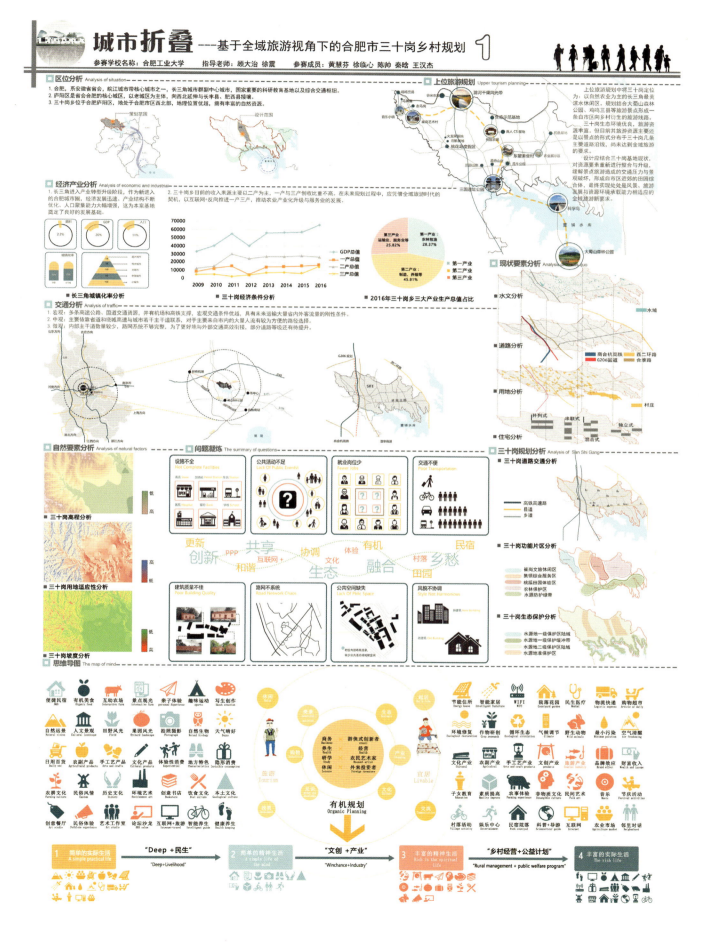

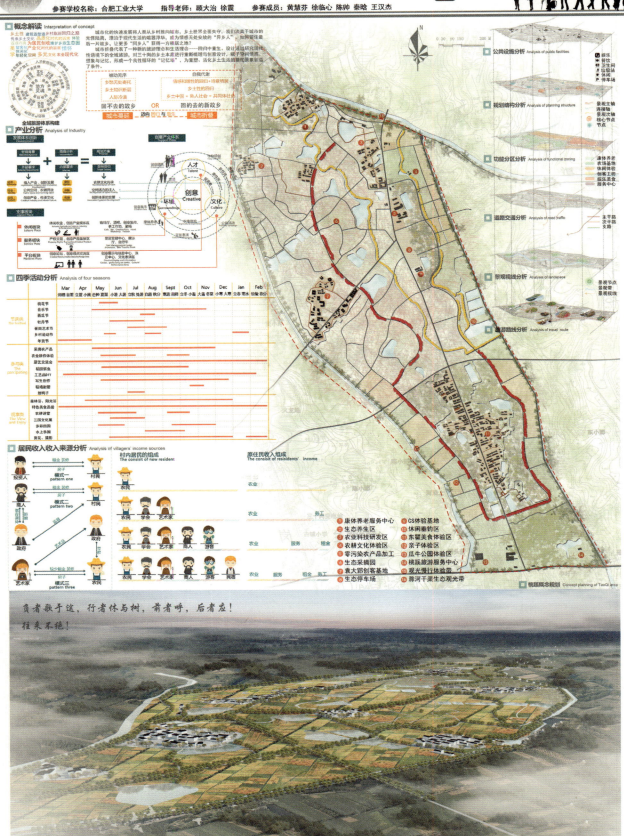

城市折叠——基于全域旅游视角下的合肥市三十岗乡村规划 4

参赛学校名称：合肥工业大学　　指导老师：顾大治 徐震　　小组成员：黄慧芬 徐临心 陈帅 秦晗 王汉杰

品牌活动1：拯救蔬菜

品牌活动2：稻田追忆

模式分析：创客空间

单体设计：展览馆

陌上花开　可缓缓归矣

树人田序

【参赛院校】 安徽建筑大学

【参赛学生】

徐　杰　　　汪兆煜　　　余帅华

沈世芳　　　莫心语　　　王子亮

【指导教师】

杨新刚　　　杨　婷

"树人田序"以教育理念为设计核心，"树人"取自"十年树木，百年树人"，用以指代教育育人成才的目的，"田"泛指乡村，"序"为"庠序"，古意为学校，设计希望用三十岗基地丰富的自然文化资源和科学岛的科教资源来向久困城中的城市居民宣传中国传统农耕文化的复兴和发展。

在对三十岗乡进行了系统的调研后，我们对三十岗乡进行了生态敏感性评价。桃蹊片区由于受到生态及水源保护区内的多重限制，并且现状桃园及环境质量较好，在基于评价结果的考量下，小组认为除了现状第一产业外，第三产业更适合此地区的发展，因此我们选择发展以主打教育产业为主的旅游服务产业。

在乡域层面，我们将乡域划分成四个主要功能区域——①依托三十岗乡音乐小镇和艺术家小镇的艺术教育区，主要针对青年人的休闲体验教育；②依托区域内部丰富的自然、农业资源的桃蹊自然教育片区，主要针对儿童的自然体验教育；③依托国家大科学装置的科学教育片区，主要针对少年的科学技术教育；④集镇内部老年人再教育社区，主要针对老年人的养老安居教育。四个片区依托沿渠慢行系统形成的观光廊道进行联系。

在桃蹊片区层面，我们的想法就是在田园乡村的环境下以可持续发展的理念打造教育活动产业。我们将可持续的理念分为两方面，一方面为自然田园可持续，另一方面为教育人文可持续。在教育方面，我们以"朴门永续"的设计手法来实施，并且以二十四节气这一传统理念来进行桃蹊片区的活动组织，在宣传弘扬传统文化的基础上打造适合桃蹊片区的文化教育、休闲类活动。在此基础上，既能够给桃蹊片区以致三十岗乡可持续的活力，也能给环境资源良好的保护，并且将教育文化理念发展传承下去。

乡村空间布局。东瞿村属于片区内部面积最大，设施最为健全，发展最快的村庄，适合作为重点开发村庄。东瞿村紧邻环湖北路，作为桃蹊片区的南大门，同时北邻杨岗路，与集镇的交通关系良好。东瞿附近有大量水系景观基础，利于生态旅游农业等产业发展，便于绿色廊道的建设。因此在设计时应逐步考虑东瞿的整体层面的转向。

节点改造策略。①入口：在入口处由原厂房改建成民俗博物，以其独特的建筑体量和风格吸引游客，起到引导作用。②文创农庄：分为东边的文化馆部分与西边的工坊部分，两者共同体现出东瞿的文创特色。③民宿区：位于东瞿村最北部，与文创区有绿轴相隔，保持了较好的独立性，便于游客休息。④农家乐：保留了东瞿村原本的特色，同时将零散的房屋整体修缮，使得其具有组团院落特色。⑤主打教育品牌的滨水路线设计：村中水系不成体系，且活动价值不够高，目前滨水景观设计仅考虑了沿线景观，未能从生态层面、教育层面全方位对水系系统进行设计做出整体设计。通过改造，让游览者近距离接触此空间，并以自然活动贯穿其中，潜移默化中传递自然教育的理念。

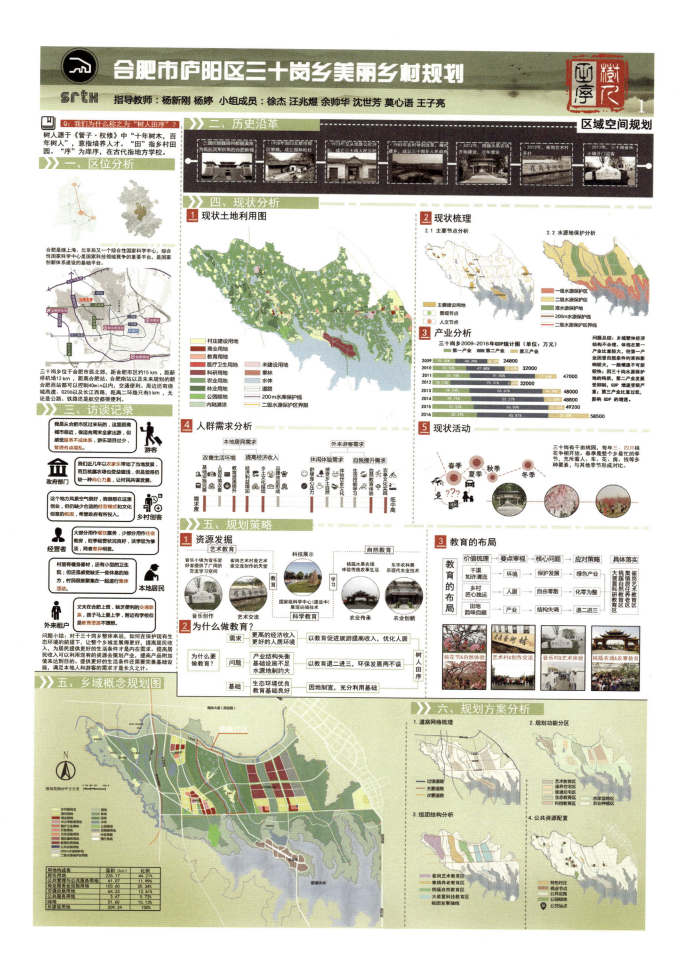

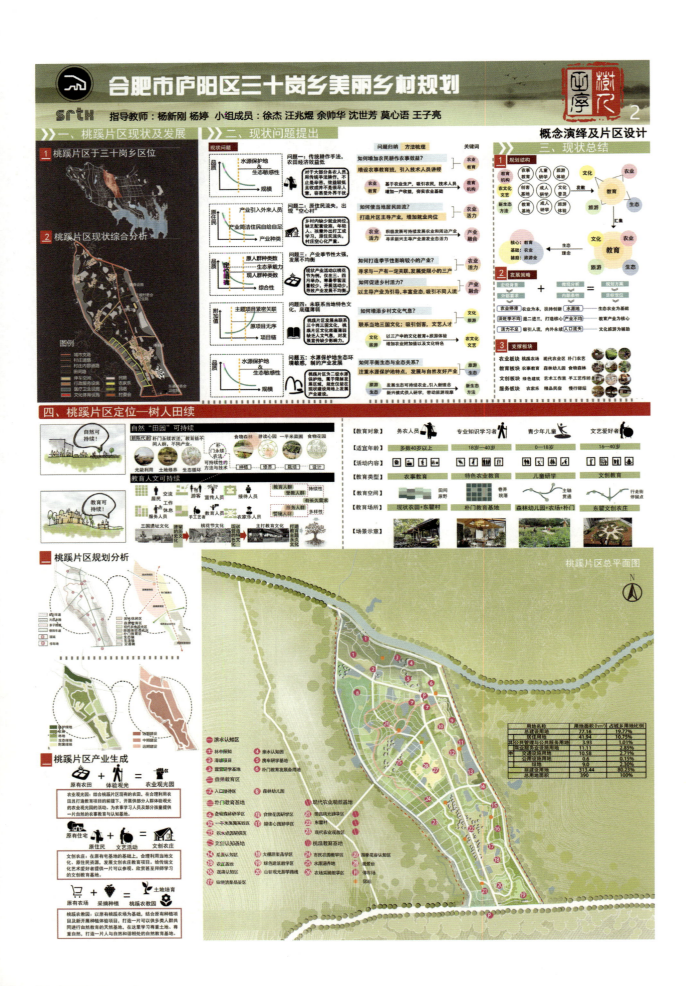

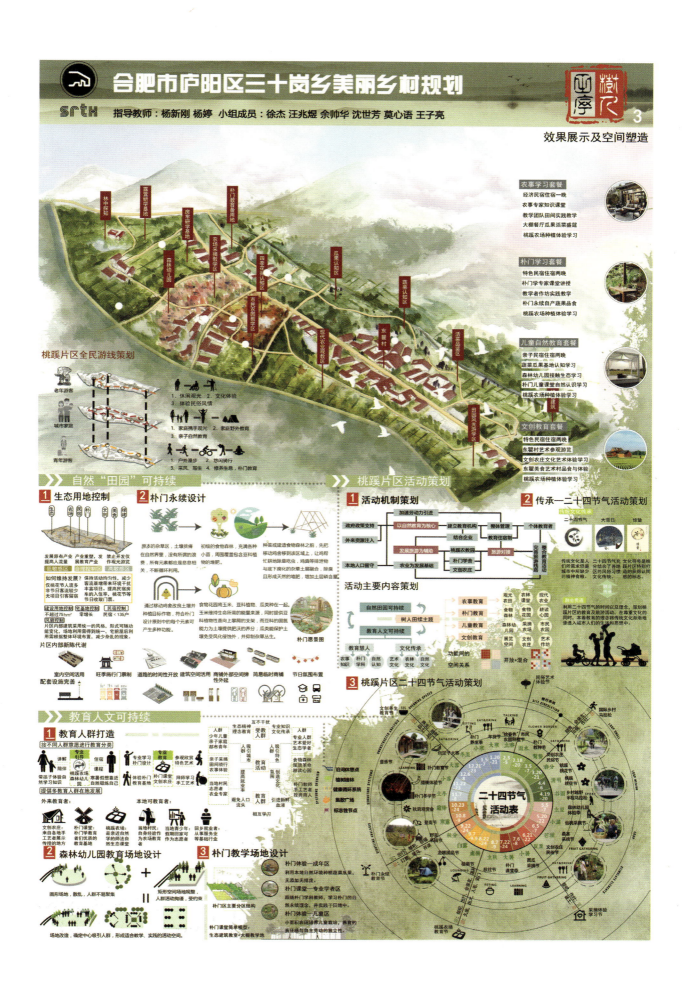

合肥市庐阳区三十岗乡乡村规划 发展规划

安徽科技学院　指导老师：张伟　小组成员：李雁冰、叶小芳、杨梦露、李梦楠

养生·慢城　1

区位分析 Location

三十岗乡有合肥后花园之称，位于合肥市区西北部，北与长丰以滁河为界，南临董铺水库，与蜀山相望，东与大杨镇相临，西与肥西县一条自然河流相隔。

合肥，是安徽省省会，合肥都市圈中心城市，皖江城市带核心城市，也是长三角城市群副中心城市国家重要科研教育基地、现代制造业基地和综合交通枢纽。

城市与乡村永远都应是一个联姻体。城市化快速发展，城市成为我国社会经济发展的主要载体，在这一过程中，乡村建设也不可忽视。

国家层面高度重视乡村发展战略，党的十九大报告提出要"实施乡村振兴战略"，这是在我国建设中国特色社会主义道路的新时代提出的一项重要战略。它是在过去五年我国全面开展"美丽乡村"战略基础上的又一次重大提升，它将对今后一个时期我国广袤乡村全面"强起来"、从而进一步为实现美丽中国奠定坚实的社会、经济、文化和生态基础。

村庄旅游资源分布 tourism resources

合肥是国家首批园林城市之一，有"绿色之城"的美称，是最适合人居的城市。合肥环城公园全长8.7km、面积137.6hm²，敞开式布局，像一条美丽的"翡翠项链"，抱旧城于怀，融新城之中，形成了"城在园中，园在城中，城园交融，浑然一体"的独特城市风貌。

合肥是一座历史悠久的古城。自秦朝置合肥县，合肥已有2200多年的历史，素以"三国故地、包拯家乡、淮军摇篮"著称。三国时期，魏吴逐鹿，在合肥纷战32年之久。作为三国故地，魏将满宠修建的"三国新城"遗址，至今流传着斛兵塘、藏舟浦、筝笛浦等动人传说。

历史文化资源 History and Cultural

吴国名将周瑜　　洋务领袖李鸿章　　著名物理学家杨振宁

三国时期　北宋时期　清朝时期　近代中国　现代中国

著名清官包拯　　国民党上将张治中

SWOT分析 Analysis

发展优势（S）：
便捷的区域和交通；
优美的生态环境；
优质的管理和服务；
城市的迅速发展。

发展劣势（W）：
经济基础薄弱；
工业发展受限制；
产业发展与建设要求还有差距。

发展机遇（O）：
区域内政策措施的支持；
合肥交通枢纽地位的确立；
支柱产业竞争力增强。

发展挑战（T）：
人力资源不足；
科技、信息技术水平发展滞后。

三十岗乡发展规划 development plan

合肥市庐阳区三十岗乡乡村规划 中心村规划

安徽科技学院　指导老师：张伟　小组成员：李雁冰、叶小芳、杨梦露、李梦楠

养生·慢城

慢行交通系统 Non-motorized Traffic System

桃溪片区内现状有一条慢行自行车道，宽度约为3.5m。自行车道沿着东瞿水库一直通到滁河干渠路。沿线的风景优美秀丽，令人心旷神怡。

根据片区内村庄和景点的分布，增设了这一条慢行自行车道。这条自行车道可以增强袁大郢和美食村的联系，同时还能分散一些东瞿主干道上的人流和车流。

根据片区内各种不同道路等级，以1000m和2000m为单位，在各个节点处布置休息驿站。片区内的现有停车场有两个，考虑到旅游旺季的车流量，在片区的入口增设一个停车场。

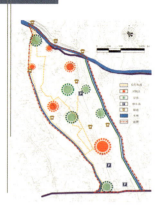

发展模式 Model

案例分析

一、安徽宏村

二、桃米社区

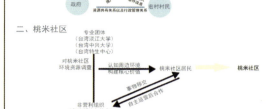

发展模式

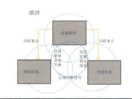

中心村规划 Central Village———"桃花源"民宿村落规划设计

基地背景概况 Background profile

区位分析 Location

袁大郢地处桃溪片区的西部，在其西部有一条生态慢行自行车道经过袁大郢，周围有东瞿路、袁大路以及杨岗路，交通便利。周边的美食村、桃溪农场和桃园为其带来旅游资源。

交通与环境 Environment

● 水体与道路环境

袁大郢紧邻东瞿书库，内部的袁大路与紧邻的自行车道相通。随着自行车道坡度的上升，东瞿水库的不同段位的污染程度不同。针对污染等级的不同，规划在道路和水库旁种植绿色植物，达到吸收污染物的作用。

● 周边影响因素

袁大郢周边的环境未完全开发，只有一些零散的景点和水塘分布在其周围。规划在其内部做一个环形小公园，一来可以让居民空余时间休息游玩。二来可以吸引外游客，促进村庄第三产业发展。

人文与自然 Nature Humanity

● 人文记忆环境

结合袁大郢先天的自然环境优势和后天的系统规划，将未来的袁大郢打造成国际旅游村庄。其主要功能有健体、养生、悦目、怡情、修心五个方面。

● 自然环境风格

村庄的周边自然景观资源丰富，但缺乏一定的规划，有点杂乱无章。计划把村庄的外部做一个环形统一的绿化。这样既可以美观村庄环境也能保护水库周边的水质。

现状分析 Status

道路分析：
袁大路为村庄主要对外交通道路，内部道路混乱无章，无系统的道路网。且有断头路出现，无停车场布置。

功能分析：
村庄多为村民自己建设，缺少明确的功能分区，缺少系统化的布局。

景观分析：
村庄内部多为农田景观，村庄密度较高，缺少集中绿地。且垃圾无集中处理。

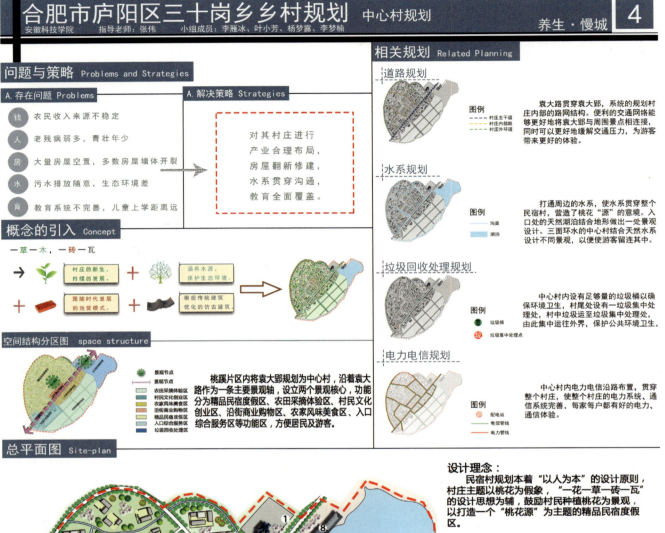

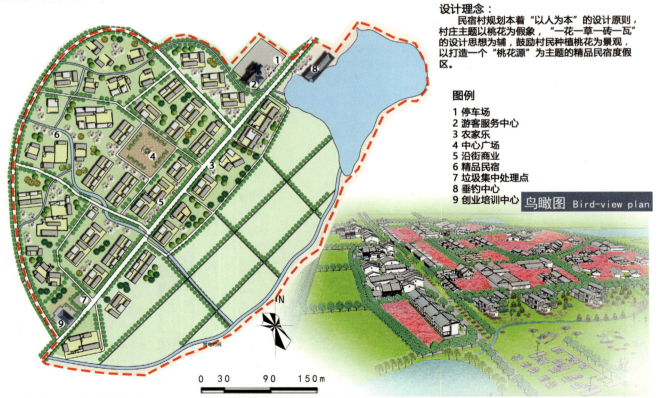

桃园结忆

【参赛院校】 苏州科技大学

【参赛学生】

黄林杰　　　龚肖璇　　　石　娟

王　笈　　　薛智婕　　　马晓婷

【指导教师】

潘　斌　　　彭　锐　　　范凌云

三十岗乡位于安徽省合肥市的西北部，地形多有起伏的残丘，乡内散植果木，田野连片。本次我们的团队选择了三十岗乡中部、名字颇具诗意的桃蹊片区展开了研究和设计，实地调研，进田入户，方案构思大胆，彼此交流踊跃，在一次次的思想碰撞中，收获了知识也增进了友谊。我们衷心希望能为这个美丽的乡村带来活力，贡献一分力量。

一、方案介绍

1. 理念生成

桃蹊片区之名源自"桃李不言下自成蹊"的古话。最初的方案构思时曾设计"以花造梦"——翕之梦，嬉之梦，蹊之梦，息之梦；但最终看到流失的农村人口，消逝的乡愁，村民们无处安放的恬谧的乡村回忆，最终我们将主题定为——桃园结"忆"。希望通过我们的设计来唤醒村民的乡忆，吸引在外拼搏的青年回归故土，共建"世外桃源"。

2. 方案演绎

桃园结"忆"，重点在如何"结"。我们构建了多个"记忆节点"，用多条游线进行串联。构建"车行+骑行+步行"慢行交通系统，秉承高效安全的原则，对现状道路进行梳理，打造慢行系统，设置自行车租借点。考虑到保留乡村特色，对道路不进行过分的拓宽，在旅游旺季时期控制机动车的进出，保证居民不受外来游客干扰。

游览主流线为步行体系流线结合原有的自行车道将美食、人文、自然串联，融于记忆，即口腹之忆，农耕之忆，风雅之忆。

3. 节点塑造

空间改造

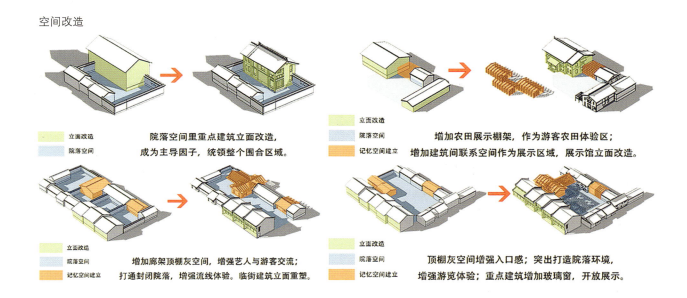

4. 方案总结

通过对桃蹊片区的片区规划和汪堰村的乡村规划，我们深入研究了未来桃蹊片区的产业发展模式，在记忆理论的指导下，致力于打造成为：

"看得见过去"——沿渠、穿越农田的游线使人们重拾农耕记忆，

"望得见未来"——产业多元发展小TIP，乡村振兴战略共建美丽中国，

"留的下记忆"——美食、生态、民俗体验三大门类共结美好记忆，

的一个美丽新桃蹊。

二、思考小结

随着社会经济的发展，我们每一天都体会着城市的逐渐崛起和完善，但与此同时，是很多像三十岗乡一样人口慢慢流失、留守老人渐多的乡村。这些村庄其实很美，而且往往有很多独具特色的物产和风俗，这些乡村记忆可能失去以后就很难找回或者重塑。我们希望能为三十岗乡匹配多元产业小TIP，给人们提供就业和改善生活的机会，留住村人，吸引游人，发展经济，存续记忆。我们的方案可能稚嫩，或许有很多不足之处，但感谢本次竞赛让我们开始关注和思考乡村的一些具体问题，我们将带上这份初心一路前行。

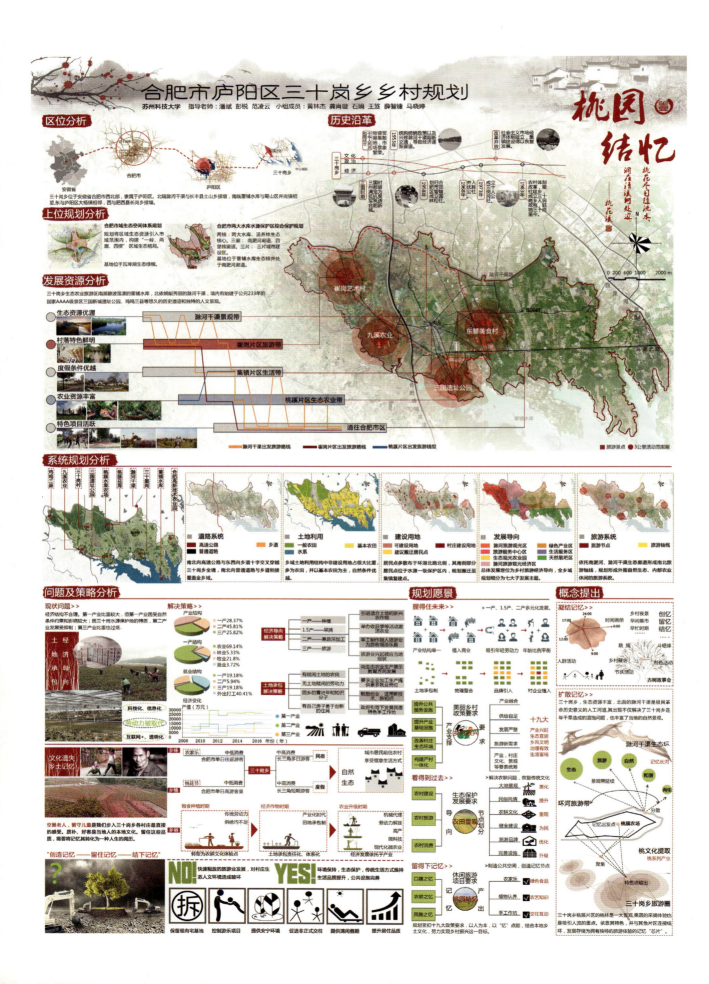

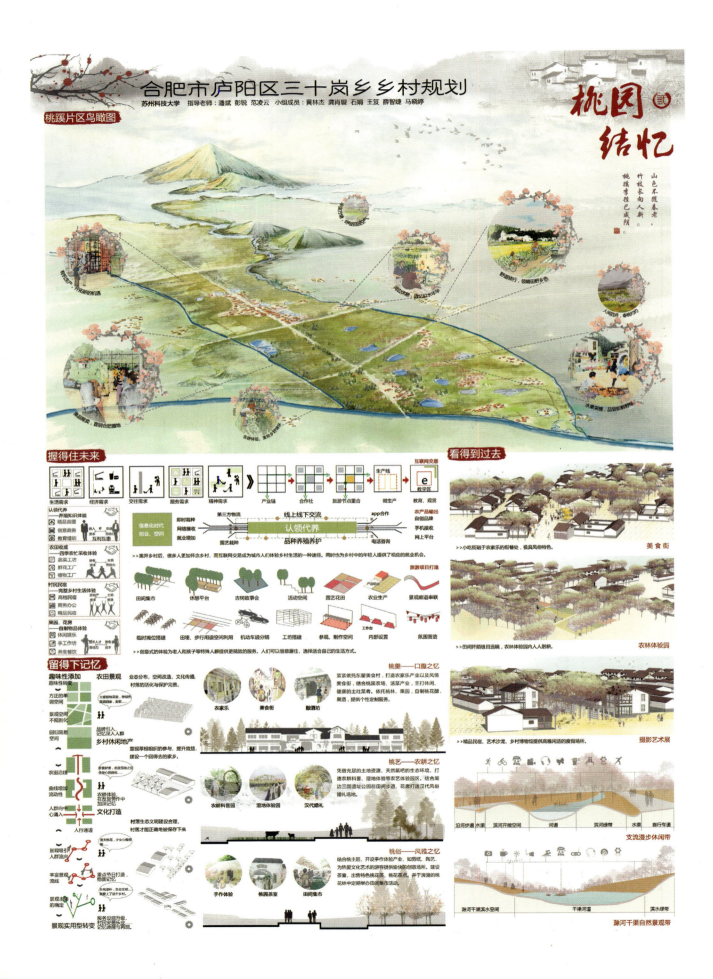

田甜媒美

【参赛院校】 浙江工业大学

【参赛学生】 何芊荟　朱灵巧　方俊航　李入凡　程正俊　陆　洋

【指导教师】 陈玉娟　周　骏　张善峰　龚　强　吴一洲　武前波

浙江工业大学团队于 2017 年 8 月初识安徽省庐阳区三十岗乡，在经过数天的调研之后，充分了解村庄的优劣势，并为村庄未来的发展描绘了一幅美好的蓝图。

三十岗交通便捷，位于两县两区接壤地，自然风光秀美，资源丰富，田园广阔而秀美，可谓是合肥西郊都市后花园。同时，三十岗乡地处董铺水库上游，生态涵养的要求限制了三十岗乡的发展。

通过资源战略评估与主要问题解析，该团队围绕在生态限制的情况下利用丰富的田资源发展三十岗乡这一问题进行了深刻的讨论，在对三十岗乡的文化、产业、人居等方面进行全面的评价之后，提出产业为骨、人居为肌、文化为魄的发展理念，并确定了携手大杨，融入庐阳，拥抱合肥的区域愿景，提出了"以田为载，以田为源，以田为媒"的"都市田园乡，甜美三十岗"发展战略。

乡域层面从生态、生产、生活入手，意在打造三十岗乡大品牌。在充分尊重地形的前提下打造三十岗乡大地景观，重拾三十岗乡文化，最终促进三十岗乡经济的发展。

集镇层面则是突出其在乡域内的核心地位。将其打造成三十岗乡居民的生活核心的同时，也突出集镇在三十岗乡文化旅游、旅游服务配套与生产服务配套方面的核心地位。

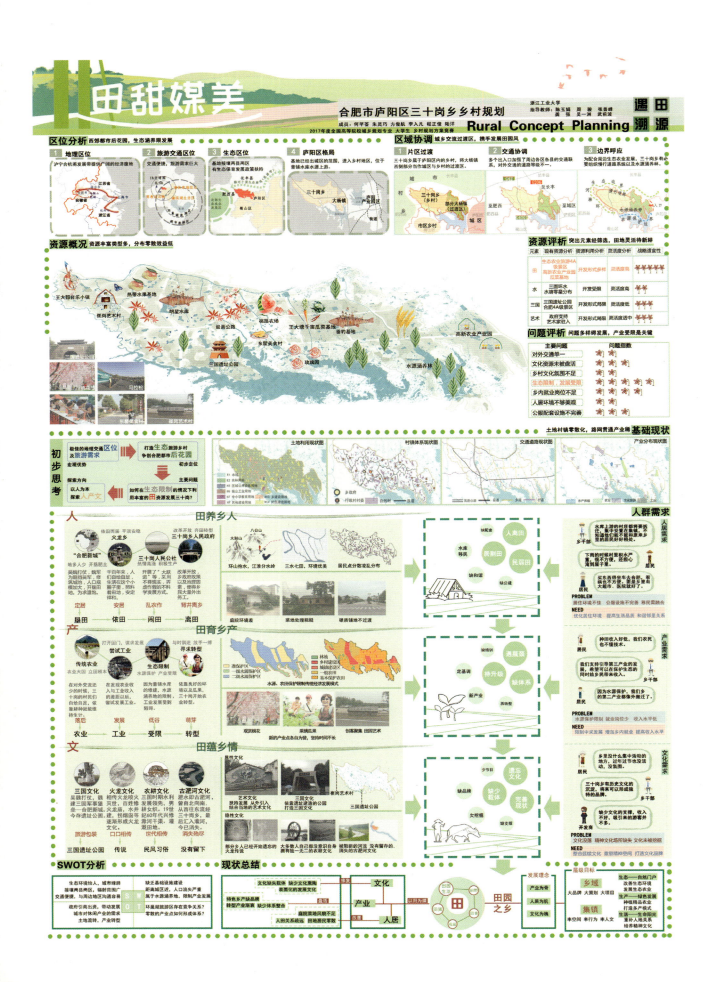

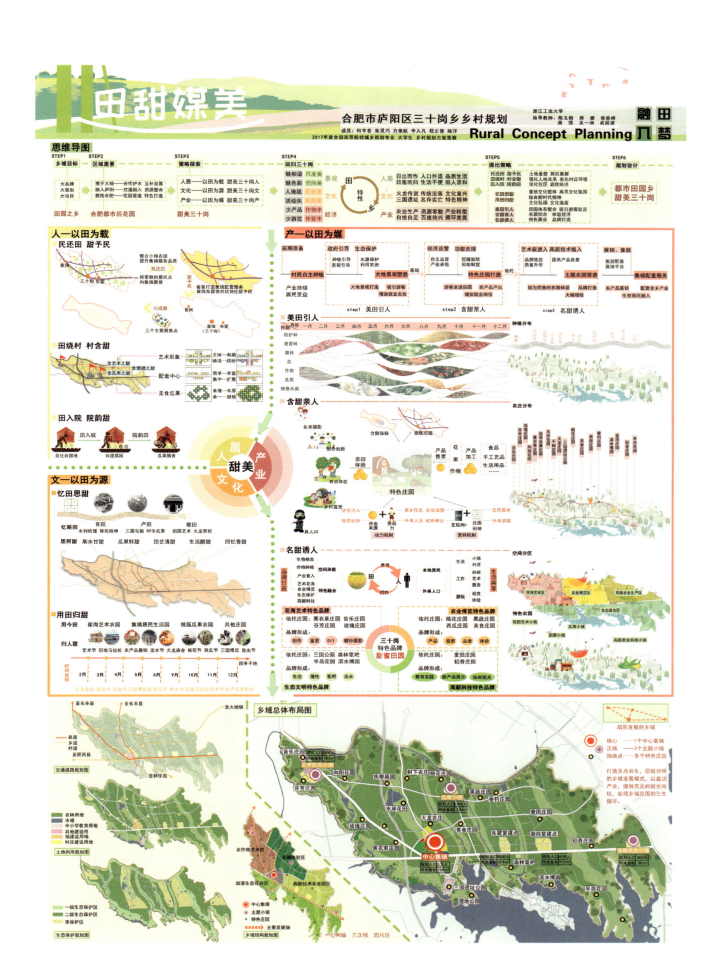

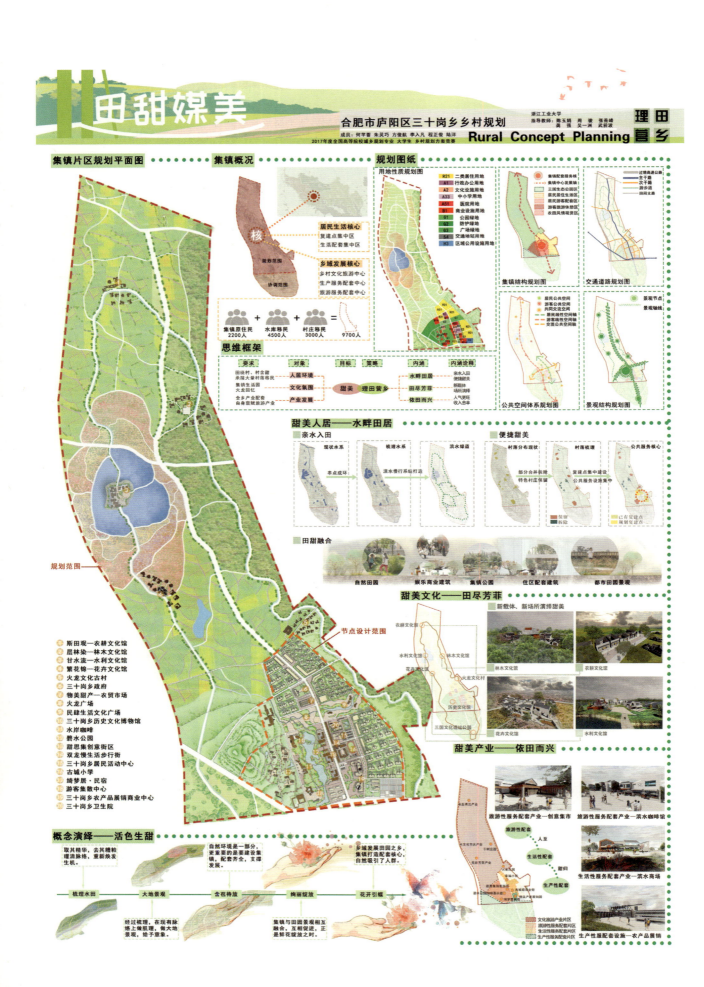

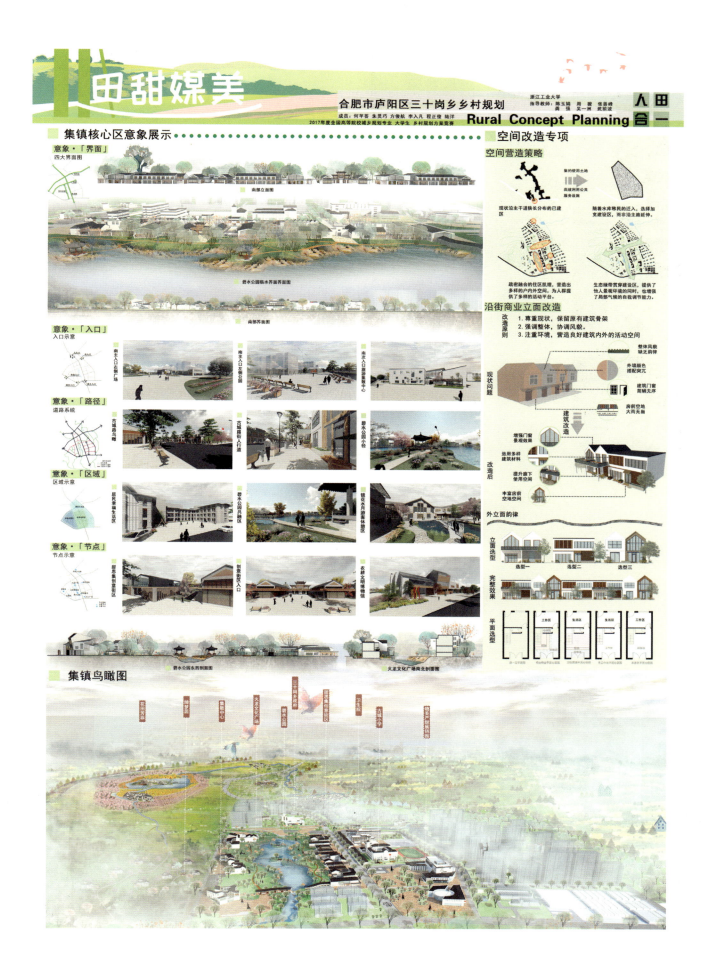

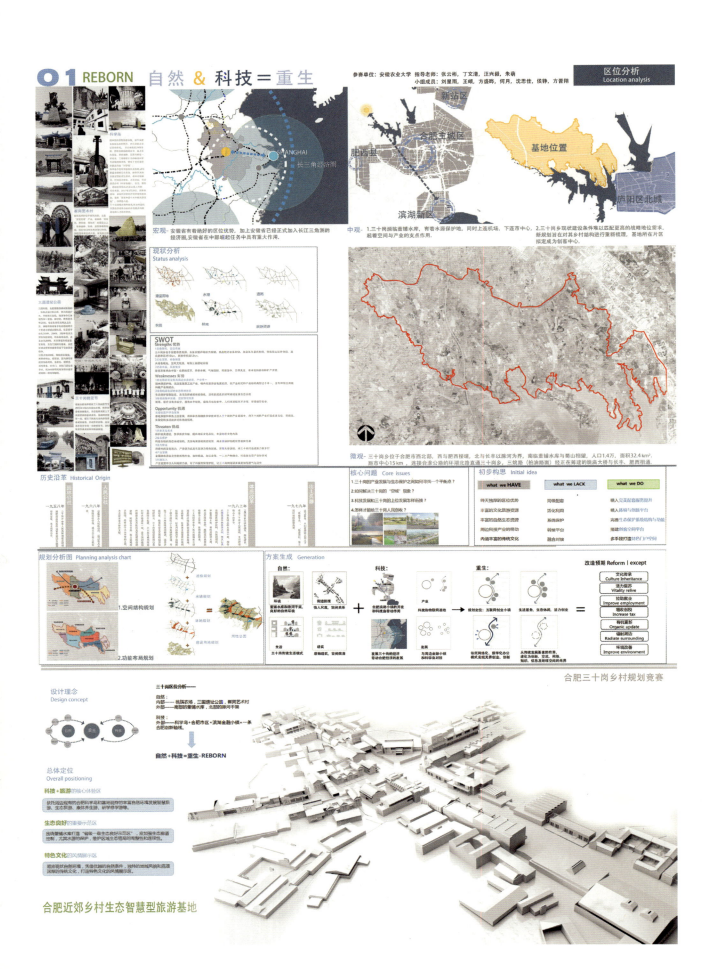

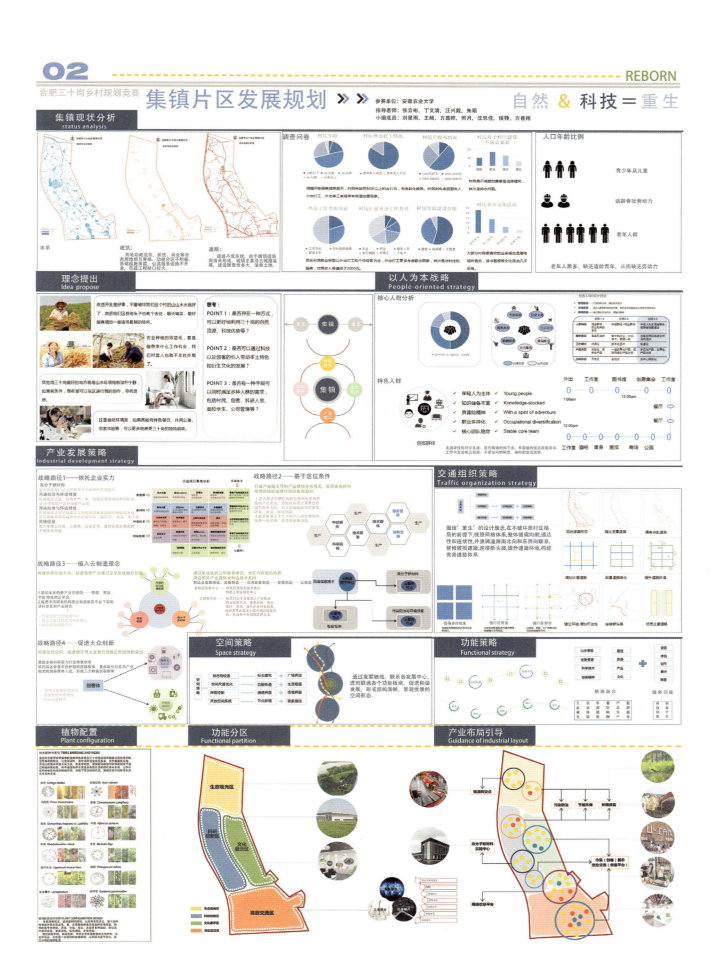

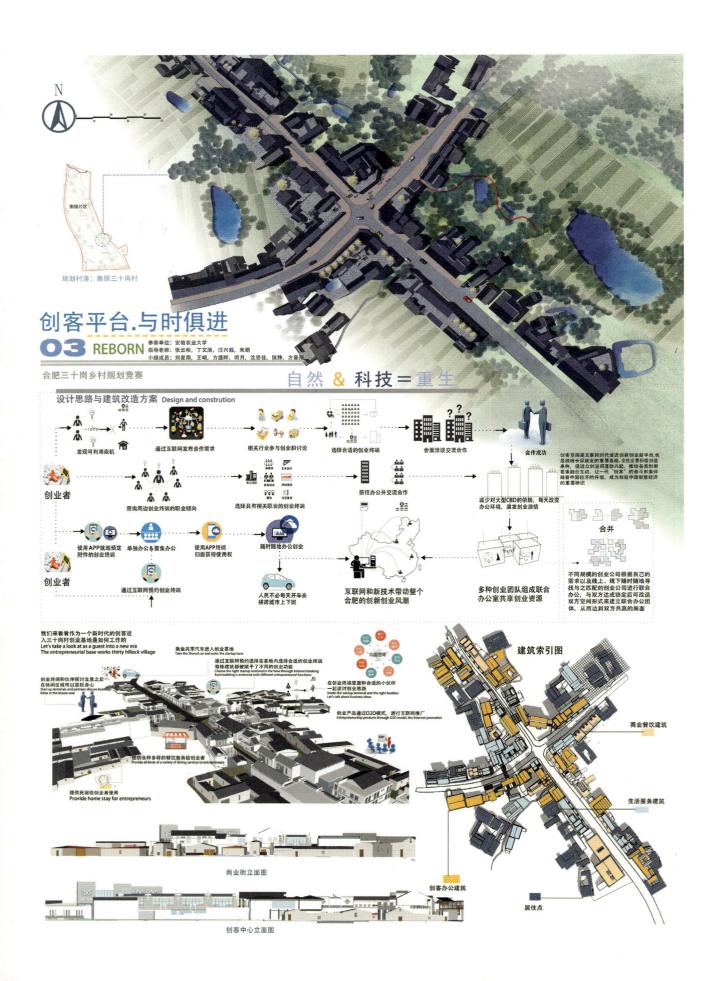

田栖文旅乡 康养三十里

【参赛院校】 安徽建筑大学

【参赛学生】 闫 闫 王文欣 张青青 胡韵蕙 王丽宸

【指导教师】 杨新刚 杨 婷

三十岗乡位于安徽省合肥市东北部，距离合肥市中心只有 15km。三十岗不同于其他乡村，它是被城市包围的乡村，但却是城市中的一方净土，万木葱茏，郁郁葱葱，并被两大水库所包围，是天然的森林氧吧，然而位于城市水源保护地，受到生态保护线的控制，三十岗乡被割裂成三个片区，乡村空心化现象严重，产业发展存在问题。因此，我们主要对三十岗乡以未来的特色产业构建为基点，打造以生态养生为主的康养文旅型特色小镇。

　　面对三十岗兼具优良的生态环境和旅游资源以及地域范围内逐渐显现的老龄化趋势，水源保护区发展的限制，安徽建筑大学团队希冀以健康养生、休闲旅游为发展核心，重点建设养生养老、休闲旅游、生态休闲等健康产业。从问题出发，找到一条适合三十岗的发展之路。

　　项目从生产生活的基本功能和以人为本、可持续发展的基本理念出发，从四个角度出发，即业态（整合产业）、文态（追寻人文）、形态（体验生活）、生态（生态治理），构建一个生态优良、绿色和谐、三生融合的康养文旅乡，田园三十里。

　　在设计的过程中，我们通过解读康养的概念，从康养的三个层次出发（身体健康－心灵健康－健康由我），构建 141 全域运动以及养生乐活、运动休闲、文创体验项目。同时在空间布局上采取"根茎叶的发展模式"，融合健身空间、运动空间等特色空间模式。

　　更加值得称道的是，基于三十岗乡整体定位，赋予集镇片区以特定的功能分区，通过原有生态肌理的保留，将片区划分成了三大组团，分别是商业居住区、健康养生区与运动旅游观光区，并对其中的健康驿站进行了详细的规划设计，构建旅游交流平台，更让我们看到了该项目庞大的生命力。

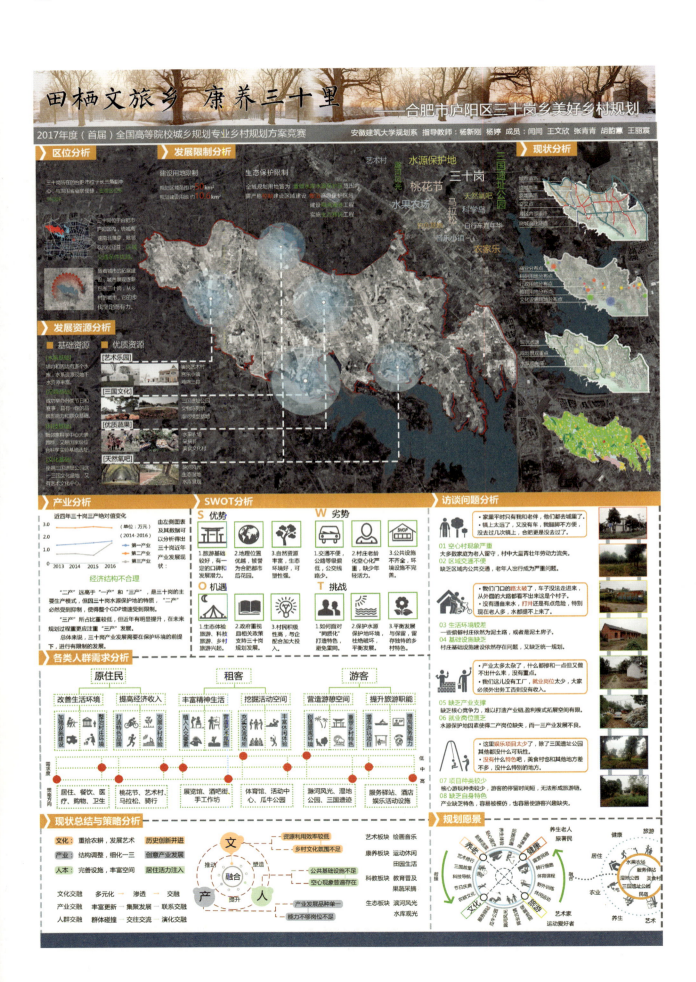

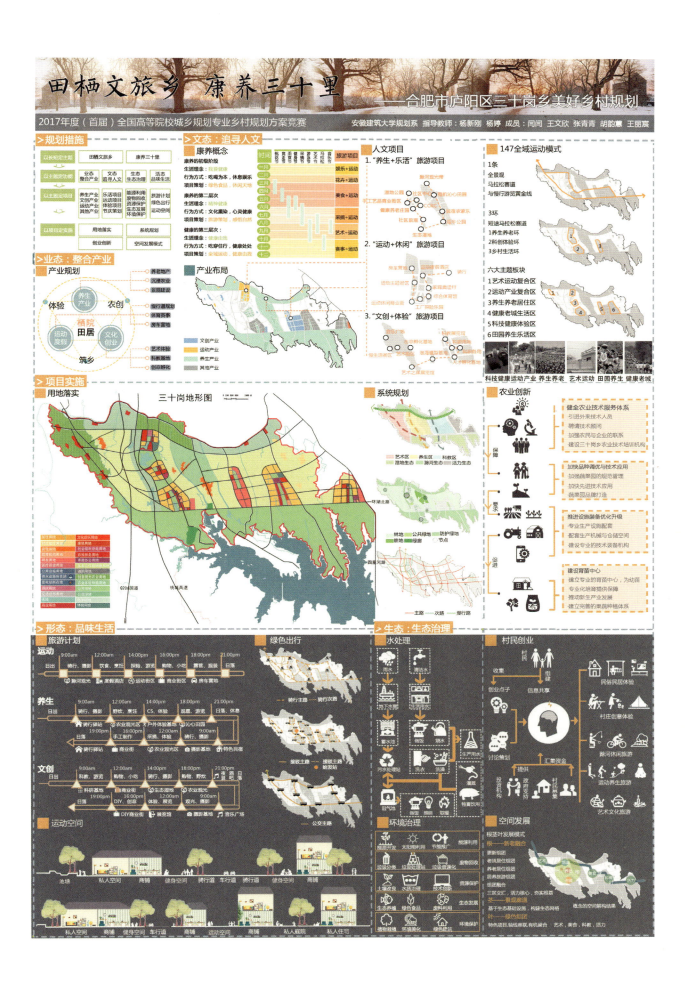

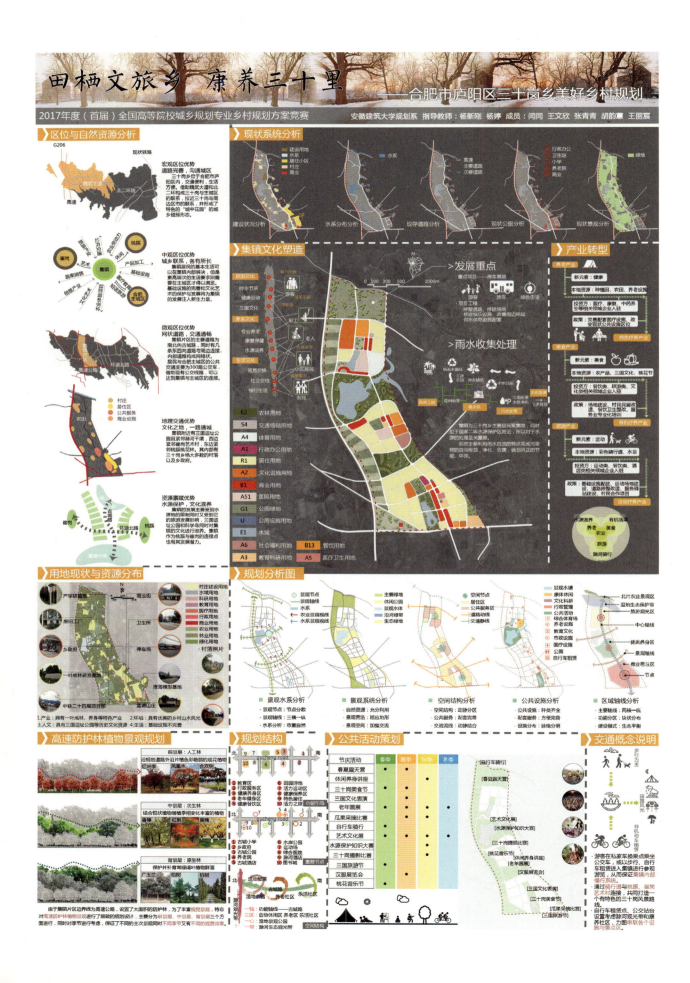

永吾乡

【参赛院校】 南京大学

【参赛学生】 周思悦　陈文涛　唐　婕　朱旭佳

【指导教师】 罗震东

三十岗乡位于合肥市近郊，亦是城市水源地保护区，开阔的山岗地形和多年的生态建设让三十岗拥有极佳的自然风光。但制度的多重限制和几轮转型开发也赋予了三十岗乡地方现状的矛盾性。在现场踏勘和调研访谈中，团队发现并提炼出了三十岗乡现状面临的五个对立却统一的矛盾聚焦点，分别是：区位至近至远、环境至美至苛、格局至广至稀、发展至开至闭、社会至亲至疏。

面对这些矛盾点，规划选择以合肥作为崛起中的新一线城市迎来的中产阶层崛起和大众消费升级之机遇破题。面对都市近郊和生态敏感地区的机遇与限制，实践一场"面包"换"鲜花"的生态革命。方案通过刻画新时期消费人群画像，提出将三十岗乡打造成为"乡野生活宜居地"和"乡村美学体验地"的发展目标，让乡村之美与时代接轨。

团队基于以往开展的乡村发展研究积淀，获得了乡村建设应"以落地为本、以运营为基、以设计为辅"的认识。因此，在具体规划设计方面，方案分为前台（空间载体）和后台（制度支撑）两个维度。大美开放地景+创新交通网络+特色节点和艺术花火的空间营造，使得"地为锦绣、缀以玉珠"的畅想成为可能。而考核退出、分时共享、CSA、庭院经济等新型农业经济模式和社

会治理机制搭建，活化了多元主体融合的乡野生活场景，亦是空间设计得以实现的内在支撑。

具体在以艺术村闻名的崔岗片区的节点设计中，方案通过"一村一品"耦合了乡村性和现代性需求，以"跳村"的形式串联乐活乡居、稻田新声、缓耕轻食、田野新动力以及中央社区的乡野美学五大主题片区。一方面针对核心村落缺失的公服设施进行详细布局，另一方面基于饿了么等数据平台分析，论证轻食小镇的市场潜力，使蓝图成为未来之可能。

乡村作为山水生态宜居地，有生产亦有生活，留住心亦留住人，才能真正永续发展。"桃源画境风流地，此心安处永吾乡。"

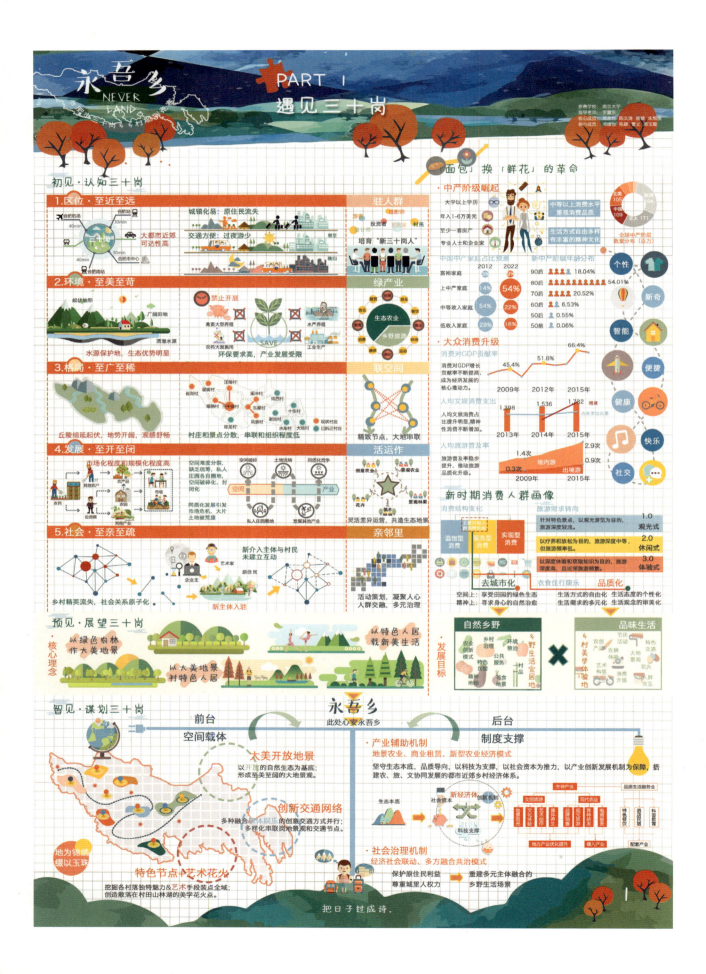

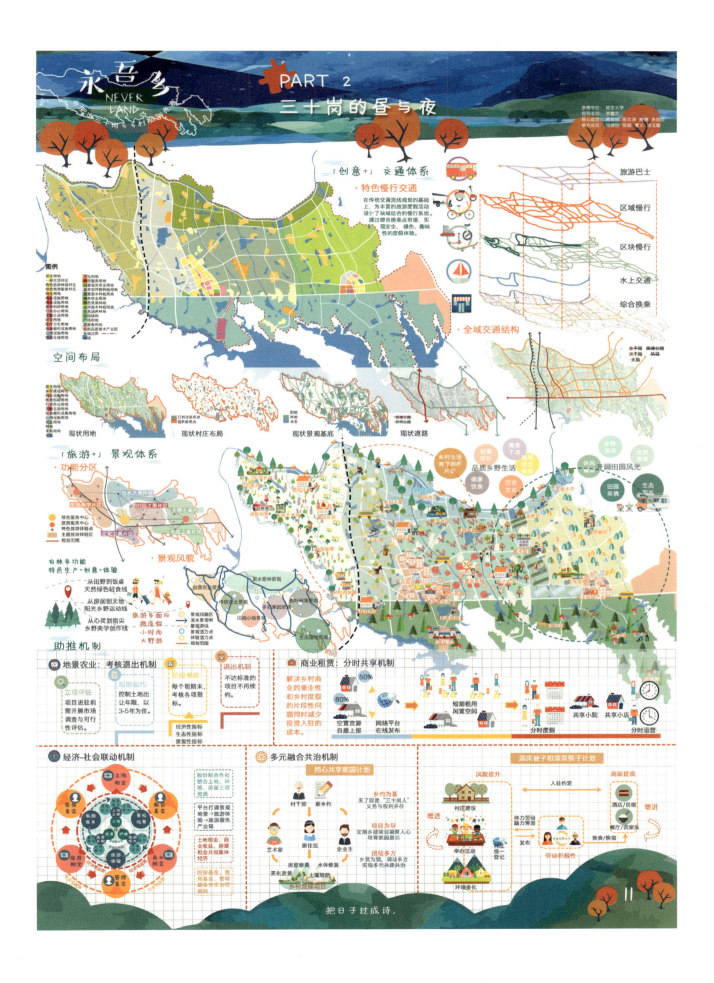

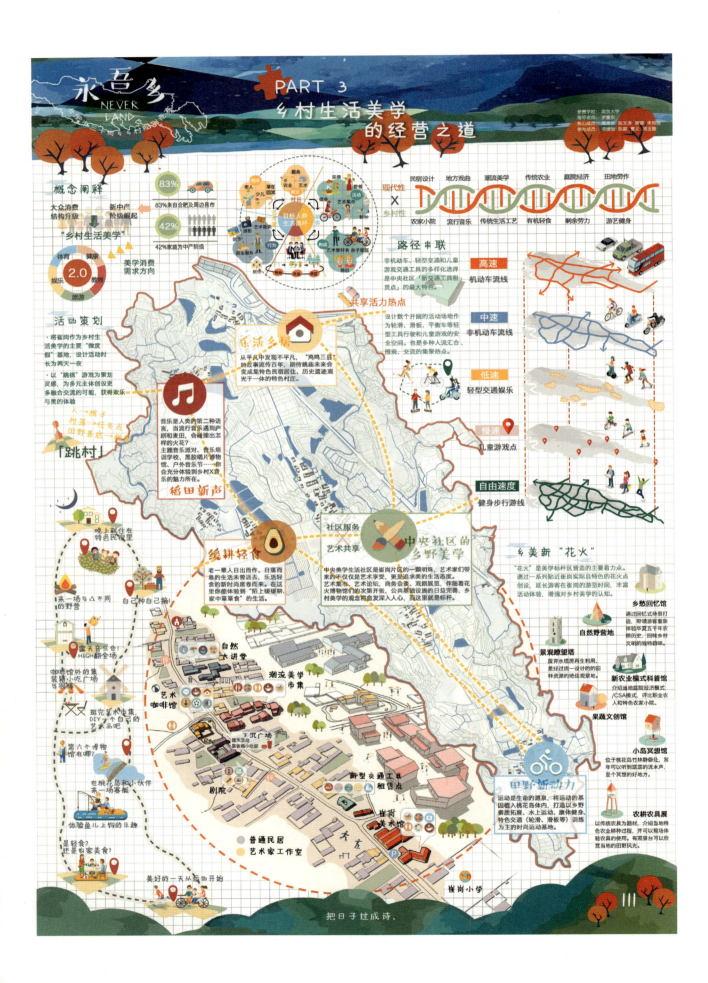

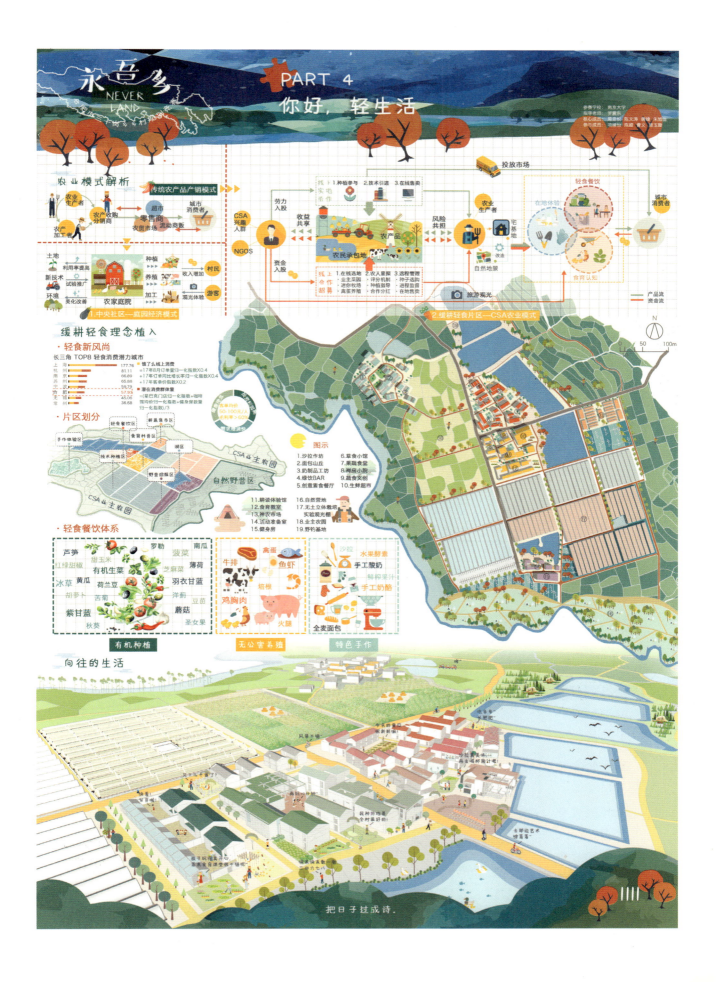

安徽省合肥市三十岗乡桃蹊片区村庄规划

2017年度全国高等院校城乡规划专业大学生乡村规划方案竞赛

桃源东风过 误往缘客来

原·现状分析

区位分析
- 宏观区位：桃蹊片区位于长江三角洲城市群中的安徽省合肥市境内，距离合肥市16km，距离南京市156.2km，距离上海市411km，距离杭州市344.4km。
- 中观区位：桃蹊片区位于安徽省合肥市庐阳区西北部，从合肥市驱车1小时就能到达，与合肥市和南京市联系紧密。
- 微观区位：桃蹊片区位于三十岗乡东部，整个片区西濒东瞿水库，东临汪堰水库，北依滁河干渠，包括蔡南郢、汪堰村、东瞿村、袁大郢四个自然村。

农业资源
人们主产稻、小麦，大力发展特色型农业，如西瓜、草莓等，已举办九届"西瓜节"，还有桃、梨等，花卉丰富，已举办五届牡丹节，建成了桃花岛。

历史文化
三十岗乡历史文化底蕴深厚，源远流长，境内有国家4A级景区三国新城遗址公园、李天馥故居牌楼、马神庙、"鸡鸣三县"朱岗日本炮楼遗址、汉代风情旅游特色街等悠久的遗迹。历史的星星火火有待更多的睿智者的点引！

建筑现状
整体来看，道路两侧建筑质量高，尤其是东瞿路的建筑，以汪堰村为例，村庄道路两侧的建筑比村内建筑质量高。

基础设施现状
主要道路均没有布置垃圾桶，其他道路没有；东瞿村有文化中心且北部小广场有简单的健身器材；一个可用的卫生站。

交通现状
桃蹊片区南北向一条东瞿路，东西向有4条干道，多数为沥青道路，质量较好。

政策导向

习近平总书记在十九大会议上明确提出要实现"乡村振兴"

产业兴旺 生态宜居 乡风文明 治理有效 生活富裕

现状问题

乡风 → 产业 → 生态 → 治理 → 生活

Part1. 村民访谈

第一产业
2016年产业比重
2009-2016年第一产业GDP增长情况

第一产业比重较大，但因受自然条件约束和影响较大，近年来GDP增速减缓，在第一产业中，传统的水稻、油菜种植占主体地位，经济作物较少，以棉花、瓜果蔬菜为主。

大量荒地没有得到利用

第二产业
三十岗乡现有工业企业3家，总占地面积100亩。因三十岗水源保护地的特殊性，第二产业发展受抑制较大。

排水系统
雨水 污水 废水
目前使用合流制直排式水管
且片区内存在地面上的雨水排水工程同民用灌溉工程混用的可能。

合化肥有毒害农田水
工业废水
生活污水

建筑风貌
建筑整治
对建筑风貌较差的建筑，规划对其立面形式、外墙色彩、屋顶扶手形式等按照当地传统风貌特征进行改造。主要采取屋顶平改坡等改造方式。

建筑质量评价
质量一般
质量较好
质量较差

建筑色调
黑 灰 白

交通设施
人车合行
除却环绕片区的自行车慢道，主要的交通干线就是南北向的东瞿路以及东西向的杨岗路和袁大路，均为双向两车道。

田间小路
田间小路较少，自然生态可亲度不高

车辆停靠点
桃蹊片区自行车、私家车停靠点
- 停车位不足：区内通行方式主要以自行车和私家车为主，节假日客流量较大时存在因停车位不足而产生的乱停乱放现象。
- 自行车质量问题：瓜牛公园内有可租借的二人同骑的共享单车，但因单车自身质量问题，利用率不高。

景观小品
仅东瞿水库路沿线存在景观小品
且周边潺水杂草丛生使得行人无法便捷休息

要素设计
没特色 木纹样 太现代 不整洁
- 目前片区已整修的屋顶存在漏水、防热性不好的问题。
- 目前沿路的墙体属于"假墙"斜视能够看到墙体背后的不良好的景观。
- 门窗的式样太具有现代气息。

村庄肌理
桃蹊片区内散点式的肌理使得片区内土地得不到充分的利用以及公共建设资源得不到均分配。

点集规模	问题反馈	诉求
1、2户	公共设施资源分配均匀，公共厕所等大多安置在核心模较大的村落中，单个户级公共资源较难获取	公共资源平均分配，落实公共服务设施
4-5户	村落与村落之间隔阂较大，大量荒地得不到利用，人与人之间亲昵	完善空间分利用，鼓励彼此间交流增进感情

Part2. 游客访谈

经济结构不合理

年份	GDP	第一产业	第二产业	第三产业
2012	32000	-	75.31	-
2013	48000	28.54	56.67	14.79
2014	48800	29.71	55.27	15.02
2015	49200	31.22	56.50	12.27
2016	58550	28.37	45.81	25.82

第一产业比重较大，但因受水质、土壤等条件的约束和影响较大，一般增速不可能快；第二产业因三十岗水源保护地的特殊性，第二产业发展受抑制，GDP增速受限严重；第三产业比过低，影响GDP的增速。

历史沿革

- 中华人民共和国成立初期 肥西县岗集镇
- 1958年 合肥市郊区园林公社
- 1968年 优胜公社
- 1973年 三十岗人民公社
- 1983年 三十岗人民政府

南京师范大学 指导老师：李红波 小组成员：潘瑜鑫 鲁嘉颐 吕王亦庄 徐梁 章云睿 朱晏君

安徽省合肥市三十岗乡桃蹊片区村庄规划

桃波东风过 蹊径缘客来

2017年度全国高等院校城乡规划专业大学生乡村规划方案竞赛

南京师范大学　指导老师：李红波　小组成员：潘瑜鑫　鲁嘉颐　吕王亦庄　徐梁　章云睿　朱晏君

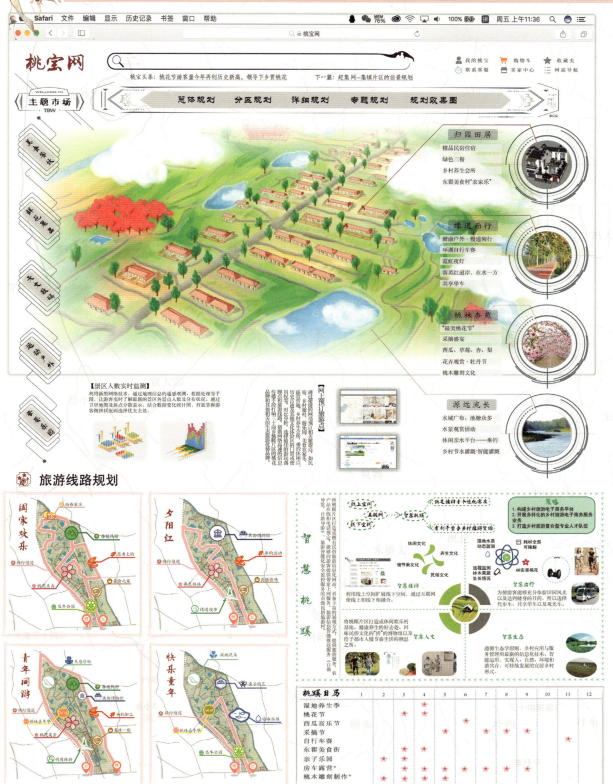

边缘聚焦　多缘联动

【参赛院校】　安徽农业大学

【参赛学生】

张茹（组长）　　李王洁　　　廖欣宇　　　刘汉雄

王大东　　　周锦生　　　李　唯

【指导教师】

张云彬（教授）　朱萌（讲师）　丁文清（讲师）　洪长瑾（讲师）

一、理念诠释（Our concept）

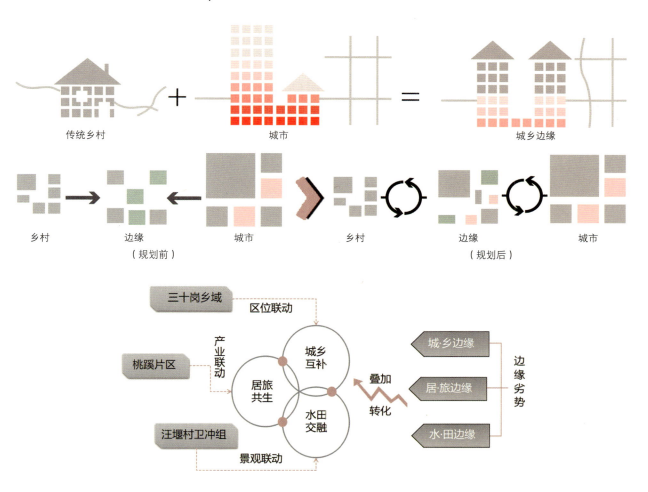

二、后续思考（Our consideration）

　　三十岗乡位于合肥市，是合肥市休闲农业与乡村旅游星级示范园区，包括崔岗艺术村、东瞿美食村、王大郢音乐小镇等，位于合肥市水源地之一的董铺水库畔，北临滁河干渠。受限于基本生态保护线和二级水源保护区，造成了整个区域发展的落后，但是生态完整度较高，成为了适合文旅度假休闲的区域，然而由于人口的流失和条件限制，现住民对于区域的未来发展很迷茫，同时也充满了期待。

1. 对于"缘"的思考

血缘、亲缘、地缘扎根生长于乡村的土地中，形成了社会关系的本底，是形成联系的基本中心。

城市的疯狂生长割裂了乡村的肌理，乡村成为社会、生态、经济的边缘。

以城带村，回归自然，乡村肌理修补、生长、更新带来城乡的同轴发展，乡村振兴战略实施，城乡共同发展。

由此提出"边缘聚焦，多缘联动"的发展策略。

2. 乡村建设之再思考

于内：调动村民对于乡村家园建设的热情，通过现代农业和旅游度假产业的引入，吸引原住民回村。

于外：进一步增加社会力量和青年新生力量的进驻，增加区域的影响力与发展动力。

于政府：增加对三十岗区域的创业及企业的扶持力度，通过服务业的发展来带领区域的繁荣。

3. 村庄现状发展问题的思考

整个区域的经济基础较差，依靠现状经济不能带动区域的发展，整个区域内产业较单一，不能满足现在人口的就业。一方面要靠政府的政策来引导村域的发展，另一方面，在产业扶持与发展阶段应培养村内能人与带头人，为以后村域的发展提供源源不断的动力。

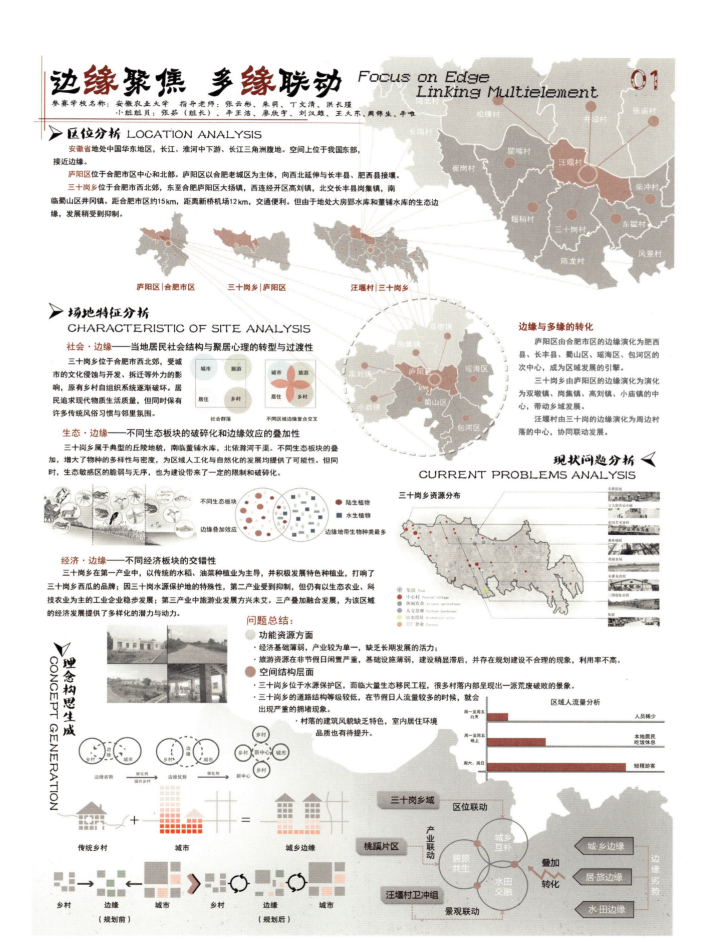

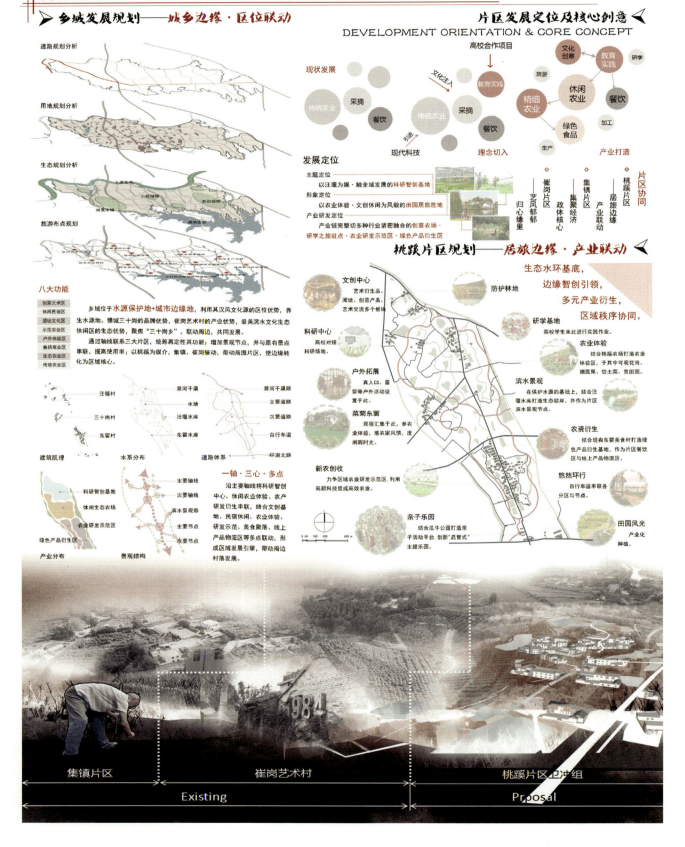

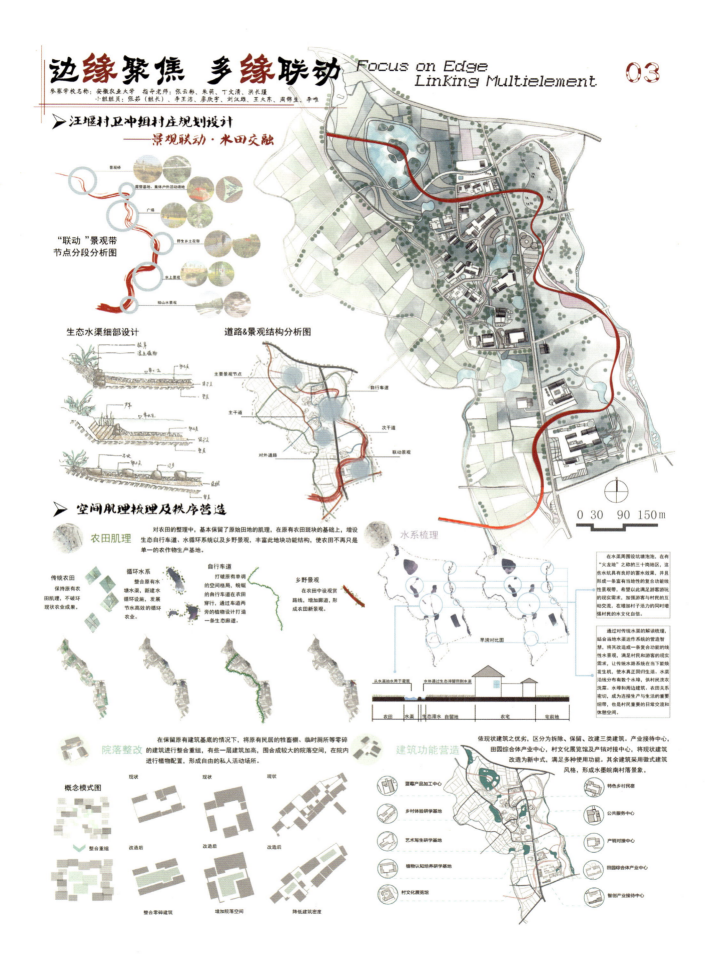

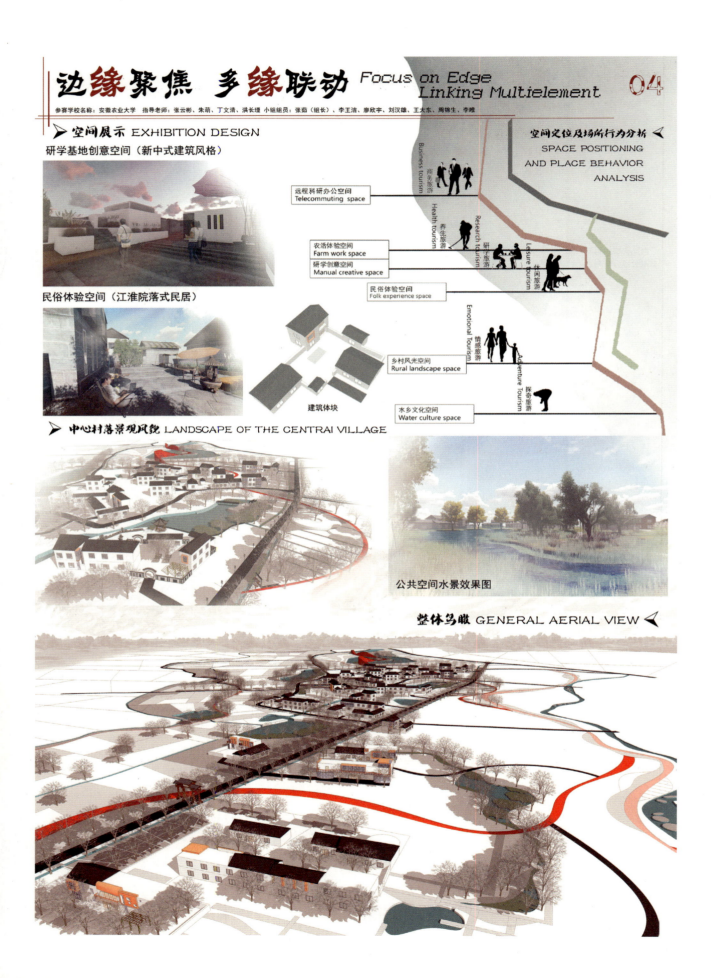

三生三世三十岗

【参赛院校】 河南大学

【参赛学生】 郭金枚　韩明珑　孙志敏　张力文　黄　恒　王　敏

【指导教师】 刘静玉　丁志伟

本规划方案基于三十岗乡良好的自然环境提出"三生三世三十岗"的规划理念,以生态保护为重点、产业发展为核心、安居乐业为目标,使"三生空间"在三十岗乡融合共生;基于三十岗乡在合肥市的独特地理位置,将三十岗乡打造为适合小孩亲近自然、成年人回归家庭、老年人疗养生息的家庭短途旅行圣地;最终基于"生态、业态、文态、形态"将三十岗乡打造成一个康居、乐业、宜游、创新的美丽乡村,"三生"也被注入游客的体验中去,使游客在度假的过程中领悟"人生三重界——看山不是山,看水不是水"的生活境界,形成以"滋养心身"为鲜明特色的心灵度假模式。

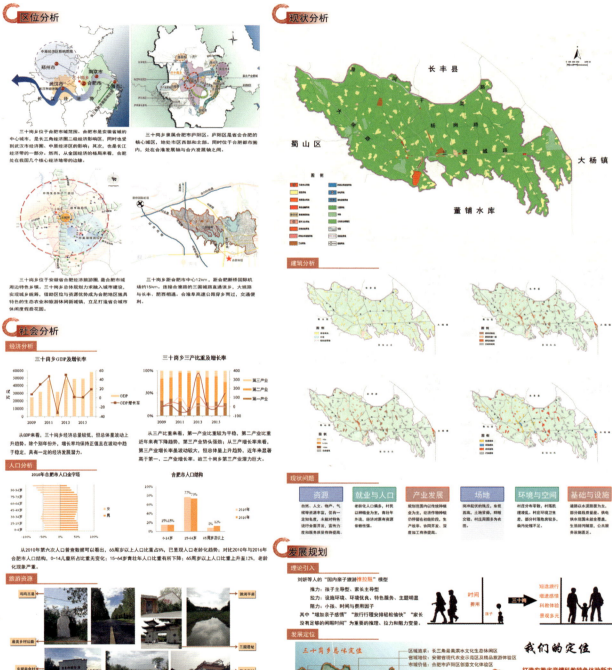

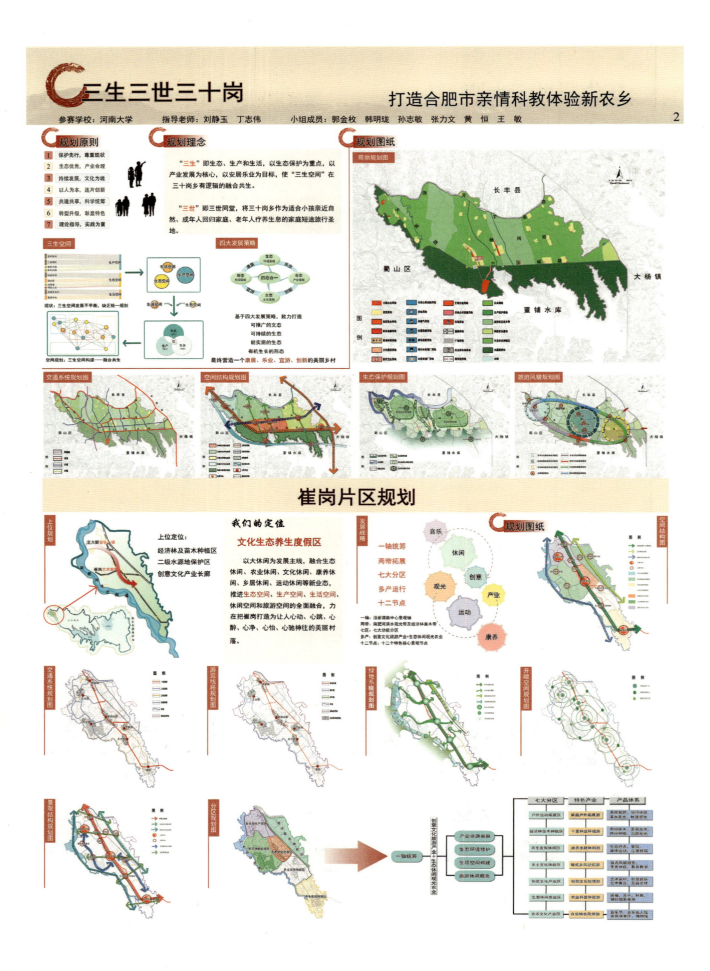

三生三世三十岗

片区规划——崔岗片区

参赛学校：河南大学　　指导老师：刘静玉　丁志伟　　小组成员：郭金枚　韩明珑　孙志敏　张力文　黄恒　王敏

片区空间产业结构及风貌控制

片区1

以文化与物质相结合的形式进行规划。以音乐小镇为核心，辅以音乐产品步行街。通过建立米迪音乐学院、音乐名人馆、乐器博物馆、音乐演奏厅等主要项目，拓展乐器制造、音乐教育、音乐交流、音乐培训考级、民俗酒店、酒吧、餐饮等多种形式，成为音乐家的集聚地和市民休闲娱乐的浪漫风情地。

片区3

组团以健康疗养为主题，通过对村庄内原有资源进行改造，建立沿桃花湖为中心的大型滨水养生度假村。以康养产业综合体为平台，拓展中医药养生、高档滨水度假酒店、江淮民宿、特色商业街、特色餐饮、茶楼、康体运动等多种形态，意在打造合肥市最具魅力养生主题村。

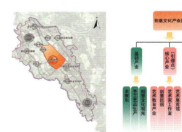

片区2

立足"文化产业"，艺术家通过租赁农户闲置的房屋，改造为别具特色的艺术工作室或乡村客栈等活动场所，使崔岗村逐渐成为最具特色的全国文化艺术创意村。以促进村民与艺术家交流为初衷，共创收益为目的，通过拓展农家乐、手工艺品生产、创意民宿、艺术展览馆、艺品卖场、共创空间、写生基地等多种形式，留住村民，吸引更多艺术家和游客，**使崔岗艺术村成为合肥市最具影响力的文化新地标。**

片区4

组团以徽式乡风记忆游为主题，对下崔岗村和王小郢村建筑进行拆改，完善基础设施，增加小学、广场等配套设施，使其成为片区内大部分村民居住所在地。拓展民俗文化产业、药材初加工、农家乐、徽戏剧场、徽派建筑观赏等多种形式，打造"原生态、原风貌、原滋味、原住民"的徽式乡土文化体验区。

片区5

组团针对市场需求及基础条件，以经济苗木种植为主，如用材苗木、景观苗木等；同时发展中药材林下经济作物。大力引进和培育产销组织，发展加工、采后处理和物流，着力提高经济苗木及林下作物商品化水平。以走马岗农庄跑马场和垂钓园为平台，打造综合农家乐，拓展垂钓大赛、特色餐饮等形式，吸引游客来此游玩。

片区6

组团以"体育+度假"为模式，通过滨水观光带动区域内其他资源对接串联互补，结合核心项目落地对其他村庄项目进行互补。借以滨水观光开敞空间、花卉种植、经济苗木种植为平台，以家庭户外拓展游进行整体包装，拓展帐篷营地、沿河骑行体验、儿童户外运动基地、写生基地、婚纱摄影等多种形态，形成南淝河生态长廊天然氧吧观光带。

片区7

组团以"农业生产为基础，体验休闲为特色，文化创意为核心竞争力"的发展思路，由传统农业提升到都市型现代农业，拓展农业功能，形成具有自身特色的发展模式。以东华农科、闵骥堂生态农业、西瓜工厂、婚纱摄影基地为平台，以农业科普体验游进行整体包装，拓展农业采摘、出租农场、科普教育、特色餐饮、婚纱摄影外景基地、婚礼服务等多种形态，意在打造成为安徽近郊最受喜爱的休闲农业园和创意农业窗口。

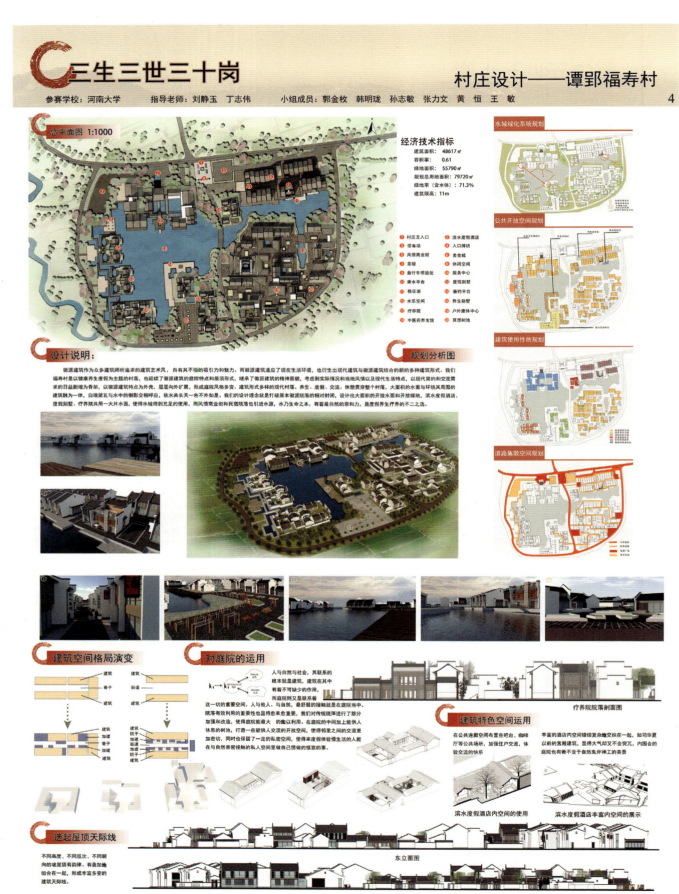

桃·之间

【参赛院校】 南京工业大学

【参赛学生】

宋　洋　　　黄园园　　　杨　晗

王慧敏　　　何海伦

【指导教师】

方　遥　　　叶如海　　　衷　菲

南京工业大学团队部分成员一直关注着乡村规划方面的发展，在看到大赛公告后"情投意合"，组织队伍报名参加了此次大赛。本队于 2017 年 3 月跟随合肥调研组一同前往安徽省合肥市三十岗乡进行现场勘察（在这里也要感谢此次竞赛组织方和协办方的精心安排），与村民交流，实地勘察地形地貌，对三十岗乡的现状、历史文化等进行了深入调查和研究。

对三十岗乡的区位、发展现状进行分析后，本团队认为：三十岗乡应该紧紧抓住长江三角洲经济圈快速发展的机会，充分利用区位优势，主动与市区以及周边城市对接，积极参与到区域经济互动和产业分工中去，形成重要的城市乡园。

定位：生态旅游、康养桃园。

主题：桃·之间。含义："健康之间，以"桃"冶心。

方案设计中，本团队选择的片区是桃溪片区，本片区已有美食村、慢行空间、田园风光、水系相伴和桃园基地等资源，村子环境优美，自然生态，是休闲养老的佳处，在经过可行性分析后确定将桃溪片区打造成以生态理念先行的旅游休闲养老之地。

规划结合袁大郢山水田园风光，打造休闲养生与自然观光相结合的精品度假旅游乡村，围绕这一发展定位打造景观、道路系统，完善相关配套和公共服务设施。让本地村民共享养老空间和设施，促进交流，让老人不再孤单。

规划设想中，休闲养老，在这里的一天：

清晨——漫步田间，摘时令瓜果，观田园春色；

白天——院间畅谈，抑或河边垂钓，登山望远，抑或单车骑行；

黄昏——棋牌切磋，踏乡间小路，赏广阔星空。

思考：

乡村产业的发展需要多方的支持，本乡村的休闲养老产业发展，必须要有一个平台，必须要有农民的合作，可以将集体闲置房产作为养老场所的主体，鼓励村民把闲置房产投入进来，实施"政府 + 公司 + 合作社 + 农户"的运营模式，实现农民具有所有权、平台具有使用权、企业进行经营行为、政府参与管理服务工作。这样既能让村民获得收益，又能带动本地区的发展，也让本地产业的发展得到保障。

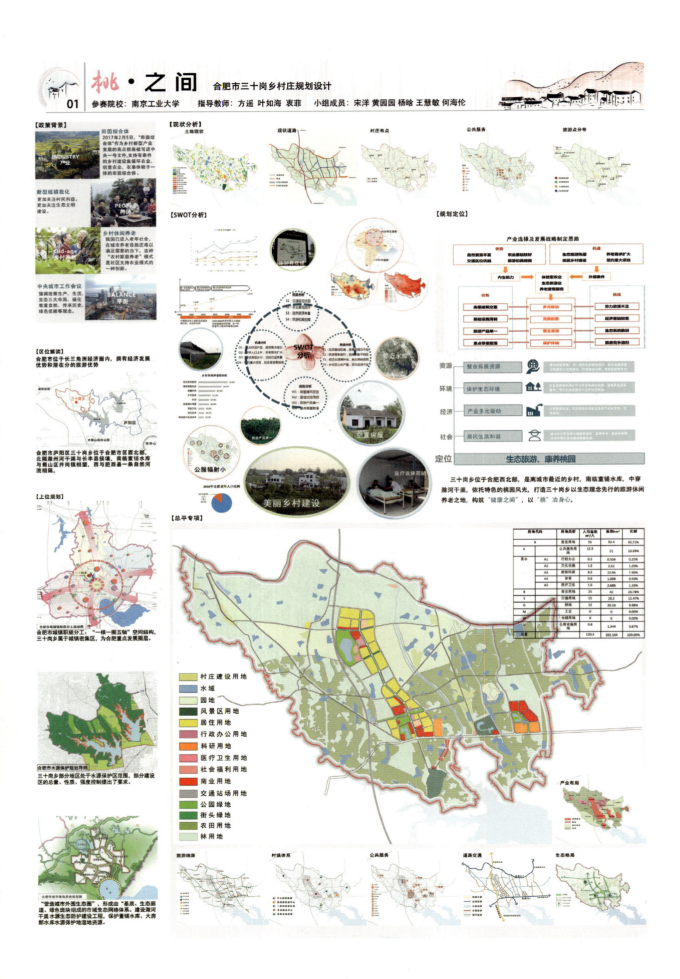

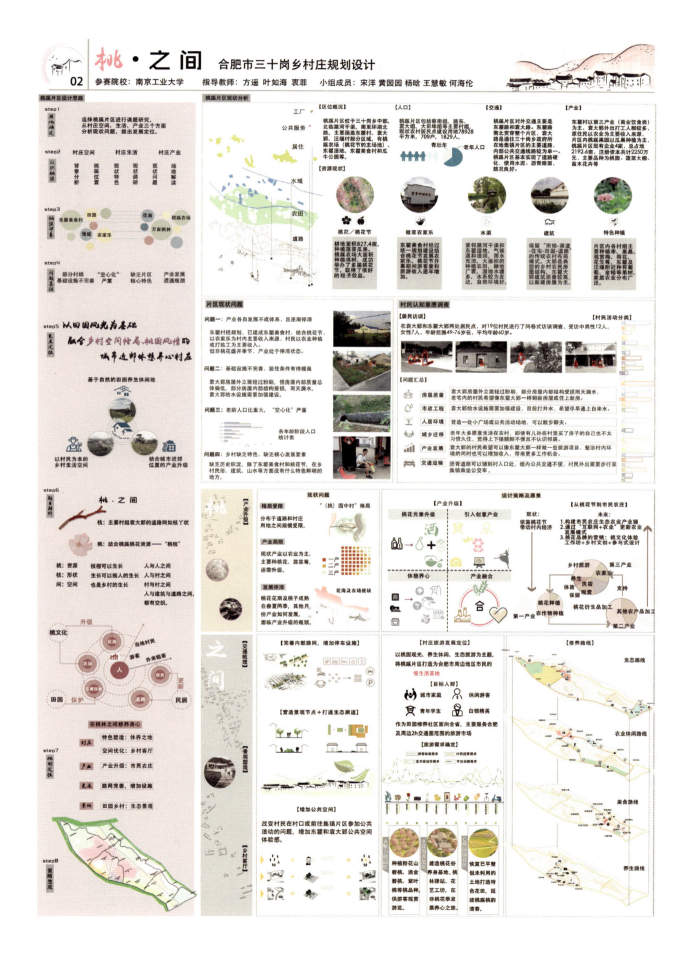

桃·之间 合肥市三十岗乡村庄规划设计

04 参赛院校：南京工业大学　指导教师：方遥 叶如海 衷菲　小组成员：宋洋 黄园园 杨晗 王慧敏 何海伦

鸟瞰图

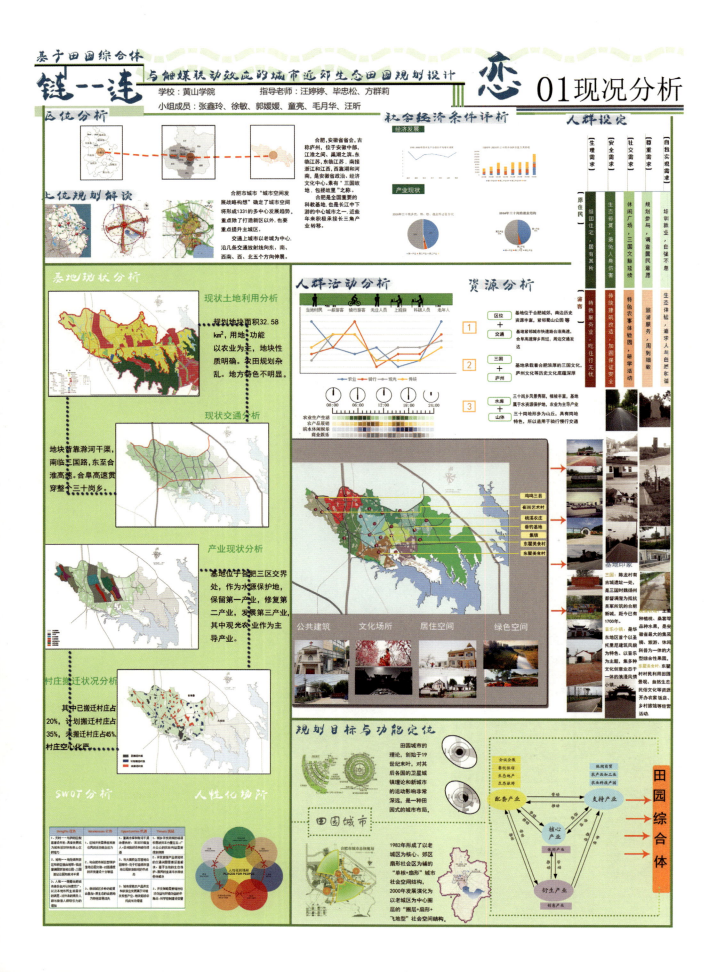

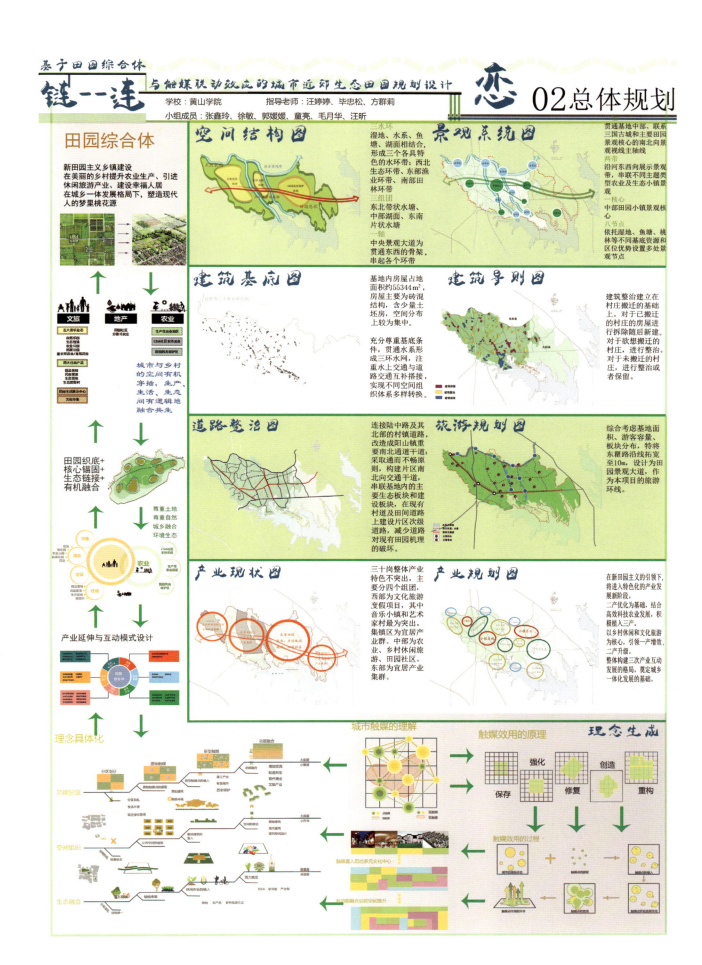

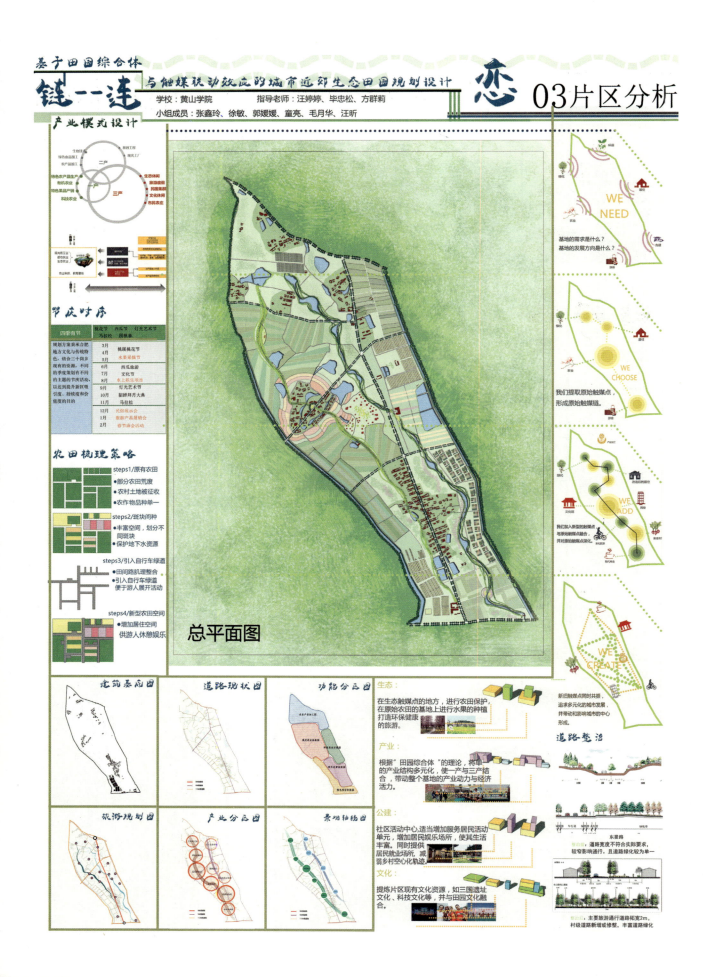

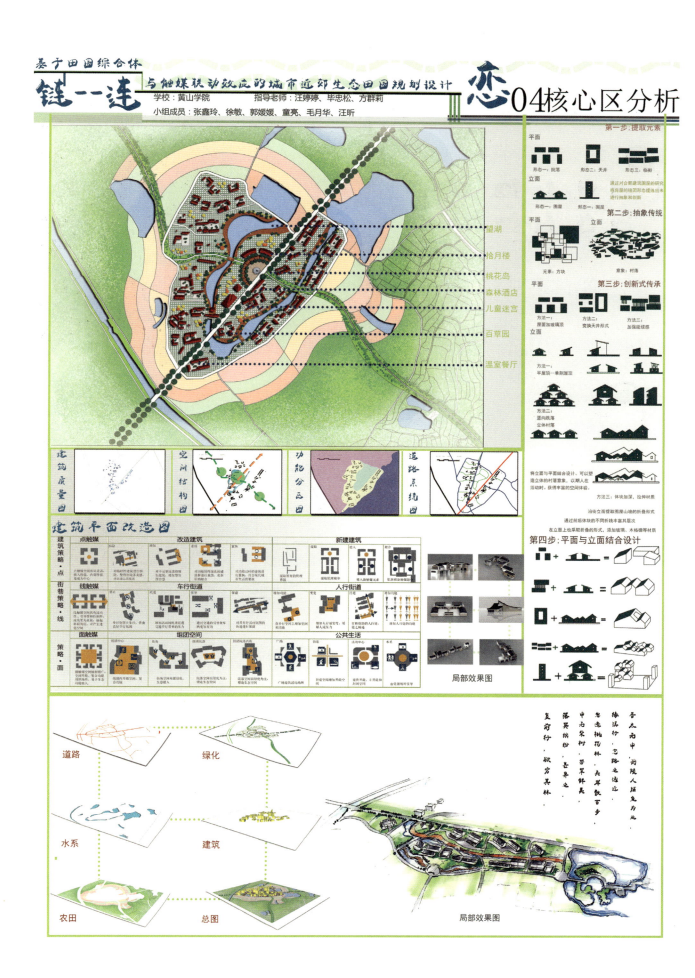

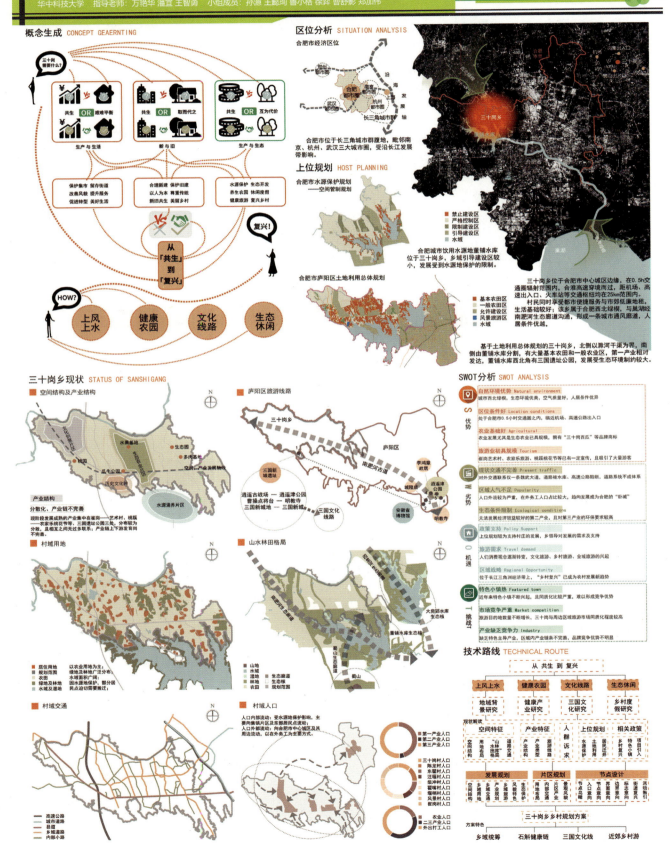

合肥市庐阳区三十岗乡规划设计——从共生到复兴

华中科技大学　指导老师：万艳华 潘宜 王智勇　小组成员：孙源 王懿珂 鲁小格 徐弈 曹舒彤 郑加伟

上风上水 健康农园 文化线路 生态休闲

乡域用地规划

依照"山水林田库"的基本格局，协调发展、综合管理土地利用。
从水源地保护的要求出发进行居民点合并，同时按照复合与可持续的要求，严格控制基本农田。

乡域交通规划

【加强对外交通联系】
东西向——拓宽原魏武大道基础上向西延伸，开辟新入口；北侧沿滁河干渠路成贯通东西的主要道路；
南北向——向北延伸东观路，连接高速公路出入口；与合淮路相连，连接三十岗乡与合肥市中心城区。

【整合内部道路体系】
加强内部主要道路与对外道路联系；加强三个片区之间的联系，尤其是集镇与其他片区的联系；以旅游线路为依托，对内部道路体系进行梳理。

空间结构及产业规划

一镇一环，两轴多片
一镇：以三国文化、生活服务为主的集镇片区
一环：串联乡域养生节点的健康环线；两轴：主要及次要的空间、产业发展轴线。

生态保护规划

风貌特色规划

旅游发展规划

产业以"休闲"为载体，以"农"为主题，以"健康"为内涵形成"两轴五片、环网串联，一区一带、健康休闲"的总体结构。

实施策略

健康农园示意——以石斛为主题的健康产业链打造

石斛的自然形态
DENDROBIUM NATURAL FORM

茎直立，肉质状肥厚，稍扁的圆柱形，长10~60厘米，粗达1.3厘米。石斛花姿优雅，玲珑可爱，花色鲜艳，气味芳香，被喻为"四大观赏洋花"之一。

石斛花　　石斛叶　　石斛茎干

石斛产业链分析
DENDROBIUM INDUSTRY CHAIN ANALYSIS

- 以生态保育为重点的自然栽培区
- 以旅游开发为导向的自然式体验游+石斛生产基地体验游
- 以批量生产为目的的综合性石斛种植大棚+石斛生产基地养生体验游

石斛的生态结构分析
DENDROBIUM NATURAL FORM

石斛的种植方式主要有两种，贴树栽培和贴石栽培。

贴树栽培树种应该选择梨树、樟树等且树皮厚、有纵沟、水多、枝叶茂、树干粗大的活树，石块地也应在阴凉、湿润地区，并且有苔藓生长及表面有少量腐殖质。

仿自然栽培：梨树 / 乔木林 / 樟树 / 灌木林
人工栽培：大棚

贴树栽培：拥有较好的附加产值
贴石栽培：传统的种植方式

生态保育功能 — 养生旅游 — 产品开发

生态附加值　产品精包装　互联网+　精准受众销售　直接销售

鲜条　石斛花　枫斗

打造"一村一品"

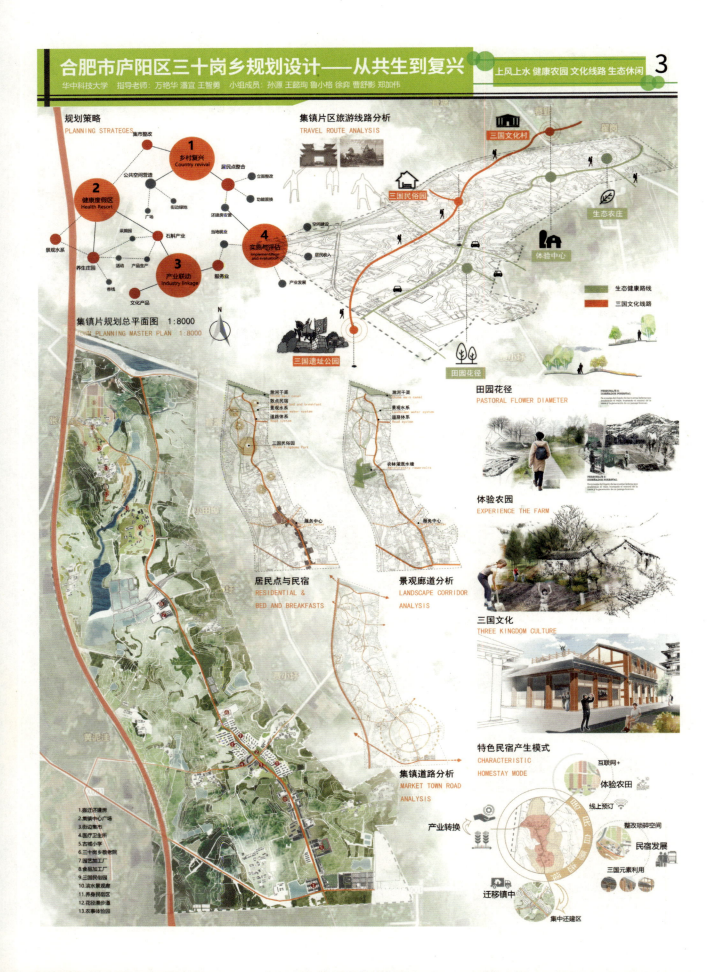

结庐于皖·而有灵蔫

【参赛院校】 华中科技大学

【参赛学生】

屈佳慧

谢智敏

金桐羽

张致伟

周玉龙

张 阳

【指导教师】

邓 巍

王智勇

丁建民

屈佳慧：在我看来，乡村问题其实是"人"的问题，现在来讲，全国各地都在大力推进美丽乡村建设，但是建设后的美丽乡村又是由谁来使用呢？在调研时也曾经看到过一些乡村经过改造后面貌焕然一新，但是村内常住人口并不多，整个村子更多的是成为一个漂亮的空壳。美丽乡村的建设究竟是服务于谁？这个服务的对象值得我们思考。

另外一个问题就是同质化竞争。在最近涉及的不同地域的乡村规划中，有一个共同点就是发展旅游，无论资质禀赋怎样的乡村，似乎一谈到发展，最可靠、最有效的方式就是发展旅游；但是往往客源量并不足以支撑整个村的旅游产业。如果长此以往发展下去，有可能不仅对自然的乡村环境造成破坏，也造成人力、物力、社会资源的浪费。乡村究竟应该如何发展，值得规划师们深思。

谢智敏：在学校学习城市规划的过程中，各种设计手法、空间尺度把握和社会调查的理论与实践都形成了一个较为完备的体系。可是回到乡村，不一样的尺度，不一样的物质构成，甚至乡里的人都很难去获得他们真实有效的想法，这都给乡村设计带来了极大的难度。

在三十岗乡实地调研的过程中，我们用双脚真实地丈量了这里的土地，穿梭于林荫道路的上坡和下坡，拜访了崔岗的艺术家村落，感受了桃蹊的农家田趣，参与集镇的傍晚生活，观望了三国遗址公园的清晨景象，与村民进行了积极有效的访谈。

通过这种真实的体验，对于三十岗乡的特点有了初步的判断。我想乡村规划首先需要做的就是弄明白要做什么，通过对乡村问题的深入挖掘，如人口流失、老龄化以及医疗卫生问题，进行针对性的思考，从而以问题为导向进行乡村发展策略与方向的研究，明确规划的科学性，理性科学与人文科学相结合。而不是让规划服务于物质空间的改造与设计，为了设计而设计，我认为通过规划解决一个再小的问题也是一件好事，无意义的元素堆砌，再多也不一定是好事。

在我们小组的方案中，我们首先通过区位分析、政策分析与现状分析，明确三十岗乡现状发展的优势与劣势，即 SWOT 分析。然后根据三十岗乡身处城市边缘地区，提供合肥市区居民逃离城市生活、养生休闲的场所的特点，选择市区周边与其相似的乡村进行各类资源的比较分析，从而明确三十岗乡在同类乡村中的优势与劣势，得出其科教与旅游资源优势，道路交通条件和生态敏感性制约的特点，在宏观层面为乡村的未来发展进行科学定位。

金桐羽：在"介入式"理念指导下的村庄规划设计，有利于保持村庄的原真性，保留特有的乡村风貌。"介入式"手段结合上位规划内容，是乡村发展的新思路，促使乡村重焕新生。

在音乐小镇、艺术家村等特色村落林立的三十岗，位于桃蹊农场的滨水观光带和桃林观赏区交汇处的袁大郢，具有良好的发展潜力。我们采用景观介入方式，提升村庄建设品质：引水为带，打造滨水景观布置广场，通过增设公共空间满足居民和游客对于休憩和交往的需求；红色步廊，环形的步行道串联起各个景观节点，为景观增添活力。其次我们采用主题介入方式，使村镇建设符合上位规划内容：四时花景，以桃林春意、夏日熏衣、乡野秋色和冬日雪景建设全年候的特色旅游村庄；民宿改造，改建特色的徽派民宿来满足桃花节的旅游服务需求。

在介入式的设计过程中，我们尊重乡村的自然景观与民居的自然布局，强调着共融共生、保护与再利用，将设计与生活融入乡村，增强自然与人的联系，方可让乡村焕发新的生机与活力。

张致伟：在我国城镇化高速发展的今天，城市的发展固然值得重视，乡村的建设却不该受到冷落，反而更加需要关注。我国农村人口还占很大比例，各地大大小小的村落也不计其数，乡村的发展受到生产力的制约，青壮劳动力的流出，产业结构的单一，致使乡村建设的现况不尽如人意，也导致城乡差距的扩大。在这样的情况下，很多乡村却谋求不到出路，大多毫无考虑地将发展旅游业作为最后一根救命稻草，然而市场的需求是否饱和以及自身条件又是否满足呢？在三十岗乡，我们充分考虑了基地自身的条件以及周边环境的影响，结合当下不可或缺的互联网，意图解决其产业动力不足、旅游时效限制、服务质量欠缺的问题，旨在构建一条完整的产业链，完善其发展的动力机制，构建一个和谐的三十岗！

周玉龙：村庄节点设计基地袁大郢处于绿道与桃蹊农场的对接区域，但现状村庄并不具备任何的旅游服务功能。在村域规划当中，我们赋予袁大郢较强的服务功能，作为绿道沿线的一个可供游客休憩的节点以及与桃蹊农场对接的住宿餐饮服务区。

村庄现状内大部分建筑质量较好，在设计当中多以嵌入构件的形式赋予原有的民居以民宿、餐饮服务、手工作坊等新的功能，并根据当地传统民居的特点对建筑内部进行一定的调整。村庄环境方面，为了更好地迎合其功能需求，利用清理质量较差的建筑清理出的空间设置环村步道、亲水平台、花田、观景台入口节点等设施丰富村庄的游览以及空间体验。

相对于当今城市文化的多元性与融合性，乡村更有较为明显的个性特征，同时也更需要能反映当地特色的规划，这种特色性应当由宏观到微观，整体地体现在方案设计当中，宏观层面上应当通过对当地经济产业、人文历史、自然风貌等条件的综合研究对村庄建设提供综合的特色发展战略，在微观层面，则需要对乡村土生土长自发形成的物质空间环境进行细致的研究，探寻其形成的原因以及这些物质空间的生活性，在设计当中更好地去应用他们。

张阳：面对科学岛、旅游业发展带来的威胁，立足社会断层、经济断链、文化断裂的现状问题，在特定的区位特征和价值评价的基础上，确定介入、融合的片区发展主题。介入科研、旅游、互联网+元素，采用产业集聚、轴线梳理、重点突出的空间生成策略，安排特色突出、涵盖四季的活动，实现以介入融合推动社会重塑、经济重构、文化重铸的发展目标。

在新技术、新思想的冲击和社会发展的大潮流下，村民对乡村的建设发展提出了新的要求，立足于乡村独特的地域性和人文性，通过现有设计元素的梳理微介入新的时代元素，运用"微创手术"式的介入性规划设计，实现在融合原有风貌、社会的基础上达到社会重塑、经济重构、文化重铸的乡村振兴。

合肥市三十岗乡美丽乡村规划设计 — 现状分析01

结庐于皖，而有灵焉

首联：三十里外庐州月，却话科技创新农

参赛学校名称：华中科技大学　指导老师：邓巍 王智勇 丁建民　小组成员：屈佳慧 谢智敏 金桐羽 张致伟 周玉龙 张阳

区位分析 — 初识三十岗

三十岗乡位于合肥市西北部，距离合肥市区15km，距离新桥机场12km，交通便利。

全乡下辖9个行政村，总人口1.41万，辖区总面积32.4 km^2。

本次乡村规划设计我们选择桃蹊片区作为村域层面的规划对象。

规划背景 安徽—合肥—庐阳区

《安徽省美好乡村建设规划（2012-2020）》

基于城镇化的发展趋势，规划乡村地区的村庄布局，明确桃北、桃蹊、沿江、耕耘五大乡村规划片区，因地制宜着眼化发展。上一级规划对下一级规划的依据，规划间预留接口。

- 生态宜居村庄美 兴业致富生活美 文明乡风和谐美
- 建设美好皖省 省域统筹 分区推进 分步实施

本次乡村规划设计我们选择桃蹊片区作为村域层面的规划对象。

合肥市2016美丽乡村建设实施意见

2015-2016年11个乡镇，30个市级中心村开发建设34个市级美丽乡村示范村，整治自然村。
发展现代都市农业，调整优化农业生产，"一村一品"特色乡村旅游经济

庐阳区美丽乡村建设 — 起步三十岗

- 工作亮点
  1. 房屋改造，完善基础设施
  2. 环境整治，优化生活布局
  3. 产业发展 打造特色经济
  4. 主要做法
  5. 注重群众参与
  6. 注重规范保障
  7. 注重融合发展
  8. 强化资金保障

SWOT分析 — 协调各方资源，促进乡村发展

S:发展优势	O:发展机遇
1.靠近市城区的区位优势良好	1.国家乡村发展政策支持
2.优美宜人的自然生态环境	2.地方政府相关政策支持
3.悠久深厚的历史文化底蕴	3.中产阶层级消费日益增长
4.具有一定的旅游知名度（桃花节、西瓜节、自行车赛、磨乐小镇）	4.特色产业自身的发展机会
5.丰富多彩的旅游资源	
6.具备科技局、与高校合作的农田科普教育学习基地等科教背景	
W:发展劣势	T:面临挑战
1.经济发展受水源地限制	1.同质性竞争较多
2.内部交通不能满足高峰时期的需求	2.开发与保护的平衡
3.目前产业结构单一	3.传统发展模式面临挑战
4.管理和人才缺乏	
5.基础设施较为薄弱	

同质性分析

基于五个因子对合肥市道路地增加的九个乡镇进行分析比较，结果表明三十岗乡在各方面城市的道路可达性较高与生态敏感性较高，这与其水源保护地的特点有很大关系，未来考虑到"科教+旅游"是较好的发展方向。

分析结果

9个乡镇中，大圩和南岗乡竞争力较强，与之相比较，三十岗乡在创新驱动和旅游资源丰富程度上有最为显著的优势；但生态资源过于丰富导致敏感度较高，不适合过度进行物质性建设。于是推导得出三十岗乡主要发展方向。

构想三十岗

综合旅游资源丰富的三十岗乡，科学氛围也日渐浓厚，近几年尤其，科学与旅游之间关联度日益提高。因此，基于现状物质和环境资源 对其进行了初步的发展构思。

乡村结缘科技，科技关联产业

- 1998年4月 蜀麓岛上成立中国科学院合肥研究院，江泽民总书记欣然题词科学岛。
- 2014年4月 安徽华东农业科技开发股份有限公司投资建园，建设高端及智慧农业基地，且安徽省农业大学国家高新农业区成立。
- 2017年3月 合肥科学岛获国家旅游局、中国科学院发布的首批"中国十大科技旅游基地"。
- 2017年9月中旬 《合肥综合国家科学中心实施方案（2017-2020年）》出台，三十岗将成为科学装置的承载区。

目标定位

三十岗乡将打造成独具生态田园特色的乡村旅游度假胜地，构筑皖中旅游圈独有的集乡村度假、科技体验、养生休闲、艺术文化、户外拓展于一体的皖中田园综合体。

解析三十岗

在市中心发放了共计100份问卷，调查对市民的吸引力程度；通过空间分析算法得到了道路交通、创新驱动和生态敏感性的数值；通过区域GDP数据得到了经济发展带动力，从而从社会、经济、文化三个方面对同质性的村庄进行了评估。

9个乡镇中，大圩和南岗乡竞争力较强，与之相比较，三十岗乡在创新驱动和旅游资源丰富程度上有最为显著的优势；但生态资源过于丰富导致敏感度较高，不适合过度进行物质建设。于是推导得出三十岗乡主要发展方向。

三十岗乡现状分析

道路现状分析：仅依靠杨岗路与环湖北路联系内外，较为薄弱
- 合肥绕城高速
- 滁河干渠路
- 杨岗路
- 合淮公路
- 环湖北路

居民点现状分析：散落分布在全乡，集镇片区集中建设
- 崔岗艺术村
- 东瞿美食村湾
- 集镇

水源保护分析：一河二水，平衡保护与开发
- 南淝河
- 滁河干渠
- 限制建设区
- 严格控制区
- 引导建设区

旅游资源现状分析：三国故垒，艺术人家，闲摘瓜果，科技农田

问题提取

- **乡村空心化**：我们的土地基本被用于对外做公约，每户只有800块钱，自己还用一部分租了出去。大部分的人去村镇搬到外面，留在村里的多是老人，我的孩子也去外面打工了，倒闲这是村里都没有劳动力了，土地上种，收入还可以。
- **养老难**：你们知道我家里怎么样，老了孩子出去打工了，留在家里种地的老人已经七八十岁了，生活真困难。
- **企业经营乱象**：这里的企业经营状况不好，很多都破产，仅有的几家也是垂死挣扎，经济缺乏活力，不今好转的态势。明显可以看出整个地区的经济不景气也无人问津。
- **产业单一**：就知道每天忙活在店铺干活，一年到头也没什么进账。光会伺弄几亩地，不知道其他的什么产业，说起其他的也是蒙圈。

产业现状研究 — 三十岗乡2009-2016年经济发展概况

26.82%　26.03%　12.00%

- 全乡固定资产投资
- 财政收入
- 农民人均纯收入

工业概况
- 解决农民就业：304人
- 年发放工资：764.5万元
- 工业企业数：3个
- 占地面积：100亩

第一产业构成比例
- 花卉苗木:21
- 蔬菜水果:8
- 餐饮休闲:1
- 经济林:1
- 水产养殖:2

传统的水稻、油菜种植占主体地位，经济作物较少；大面积种植早熟良种园林西瓜，成功举办了7届西瓜节，让"三十岗西瓜"的品牌，取得了很好的经济效益。

2014桃花节开幕当天游客：10万人
五年游客量：400万人
五年旅游收入：4.5亿元

第三产业中，交通运输业、商业、服务业为主导，教育卫生事业较为薄弱，房地产业未启动。

经济结构不合理。第一产业为主，但第一产业受自然条件约束和影响较大，一般增速不可能较快；因三十岗水源保护地的特质，第二产业发展受抑制，GDP增速受严重影响；第三产业比重低，影响GDP的增速。

- 主导产业为花卉苗木种植
- 二产增长空间不大
- 三产总战略需要上升
- GDP增长受三产影响较大

发展定位

三十岗乡将打造成以科技农业、农副产品加工制造业为支柱产业，以旅游业为主导产业的生态优美、生产高效、生活闲适的全国美丽乡村示范基地。

发展策略

- **战略一 空间整合**：集中利用乡村分村研片化的道路，整合建设用地等资源，建立合理的产业联系。积极发展乡村教育、旅游建设产业等乡镇发展需要的产业，利用科技创新来为乡村的发展提供技术支撑。
- **战略二 科技兴农**：探索以城带乡、以工促农解决三农问题，提升农业品质、旅游产品质量和乡村建设品味，为乡村的发展提供技术支撑。
- **战略三 产业集聚**：在原有资源基础上，根据区位优势、发展环境与基础，提高农业生态水平，形成优美的形态，提高旅游服务水平，引导相关产业、发展与农民相结合的旅游产业，达到农民增收的目的。
- **战略四 environmental整治**：增强生态环境治理，以加强农村环境、保护农村资源环境为目标，硬件与管理并重，形成健康家园，构建人与自然和谐共生，努力实现生态乡村、文明家园。

产业联动策略 / 区域发展策略

合肥市三十岗乡美丽乡村规划设计 — 空间规划02

结庐于皖，而有灵焉

参赛学校名称：华中科技大学　指导老师：邓巍 王智勇 丁建民　小组成员：屈佳慧 谢智敏 金桐羽 张致伟 周玉龙 张阳

领联：产业统筹迎机遇，高效田里说丰年

合肥市三十岗乡美丽乡村规划设计 片区规划03

结庐于皖，而有灵焉

参赛学校名称 华中科技大学　指导老师 邓巍 王智勇 丁建民　小组成员：屈佳慧 谢智敏 金桐羽 张致伟 周玉龙 张阳

颈联：循道造景轻介入，浮瓜沉李桃花香

介入式设计

设计说明：乡村有强烈的自然性，其风貌特色有独特的风情，在设计过程中保护其风情基础，通过景观环境以及产业的轻设计介入，既对乡村的空间微改了规划，也对其发展做出了引导。介入不是搞破坏，而是尊重自然，利用现有资源，以求种细微之计来谋求改变，期望以量变的方式来达到质变的效果。

介入性设计强调轻设计，不追求大拆大建，而是尊重传统，保护生态，以人为本，使新旧相融和谐。

规划结构分析 — 主要功能分区：生态保育区／果园采摘区／桃园游赏区／苗木生产区／作物试验区／有机瓜果区／综合服务区

车流系统分析：观光车站／自驾车流／观光车流／生活性车流／集中停车场

步行系统分析：主要步道／次要步道／慢行步道／自行车道

景观系统分析：景观主节点／景观副节点／景观串联轴

公共设施分析：服务站／游客中心／卫生设施／创意作坊／东篱美食村

介入节点设计

北侧节点：北侧增设游客副中心以服务除主路方向游客

东侧节点：利用不同作物构建滨河绿带丰富景观体系；河沟增设亲水平台加强滨河道路与河沟的联系；在原有鱼塘四周种植桑树构建桑基鱼塘链；中央绿带部分区段搭建瓜果长廊丰富视觉体验；南侧修建徽派主游客中心体现三十岗本土特色；学岛丰富文化内涵对接科学岛

西侧节点：圆形水池形成桃园中心加强视觉效果震慑力度；双月组合休体验驿站提供身处场地的感受；公园以对生态进行保育湿地

注释

① 游客副中心　敞庐别客
② 滨河绿带　水满田畴
③ 河岸改造　行至水旁
④ 桑基鱼塘　听蚕戏鱼
⑤ 瓜果长廊　盈果绿径
⑥ 游客主中心　丰年留客
⑦ 展览馆　时光科创
⑧ 桃花潭　花妤月圆
⑨ 月牙潭　相逢秋月
⑩ 湿地公园　美塘湿地

比例尺　0　0.2　0.4　0.6　0.8　1km

桃蹊片区总平面图

桃蹊片区发展策略

农业产业／旅游产业　—　科技（科学岛）

农产品信息采集：云技术支持／智能云种植／专人护理／农业众筹／农技服务／作物养护／包装改进／筛选优品

消费信息反馈：村内供给／需求分类／供销合作／实体市场／信息反馈／自营社群／网络保障／精致服务

供需信息分析：知名平台／物流跟踪／物流配送／专属定制／现场体验／实时咨询／消费服务

旅游资源信息采集：线路规划／现场解说／果园采摘／农家菜定做／活动组织／科技教育／亲子教育

游客信息反馈：电子门票／电子支付／网上咨询／信息引导／桃园观赏／游乐体验／网上订餐／客房预订／定点接送／网上导览／邮票定制儿童乐园／瓜牛公园

+　互联网

物联网技术生产／扁平化物流集散／多形式交易平台／产品品牌化模式／大数据统筹全局／高科技农业旅游

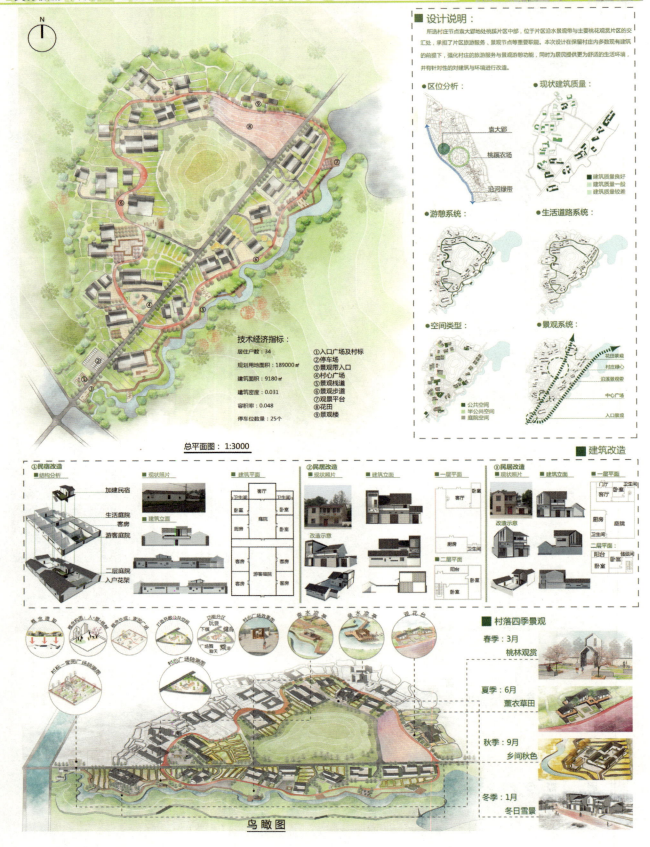

乡伴而归 悠然田居

【参赛院校】 安徽建筑大学

【参赛学生】

张琬滢　　　张子璇　　　陈雅歆

潘浩东　　　张　愿　　　徐　敏

【指导教师】

杨新刚　　　杨　婷

近些年来，乡愁话题越发得火爆，乡村文化也越来越受到人们的推崇，而乡村空间便是乡愁、文化的载体，是一种精神内涵的表达。本次调研基地选取的是合肥市三十岗基地的桃蹊片区。本地块自然生态保存良好，并且规划基地内有一处水源保护地，因此本次设计中如何在保护生态的基础上进行合理的开发建设成为主要解决的问题。

前期选题，由实地调研发现当地仍然存在青壮年人口流失以及人口老龄化等问题。所以我们从基地三十岗乡的实际情况出发，分析当地老年、青年、少年三代人的需求，并结合周边分析城市这三代人的需求，从中寻求两者联系，形成我们的主题——乡伴而归，悠然田居。

我们期望通过充分运用三十岗乡自然、生态、历史等特色资源，在严格控制生态保护区环境承载量的前提下，以"慢生活、美环境、畅交通"为目标，最终实现乡伴而归，悠然田居的美好愿景。未来，三十岗乡将打造成为一个集文化、艺术、田园、科技、康养于一体的综合性旅游景区，其辐射范围势必会由之前的合肥及周边地区扩大到长江三角洲范围，未来甚至可以作为国家级的特色旅游文化小镇，展现别样的自然生态、人文情怀。

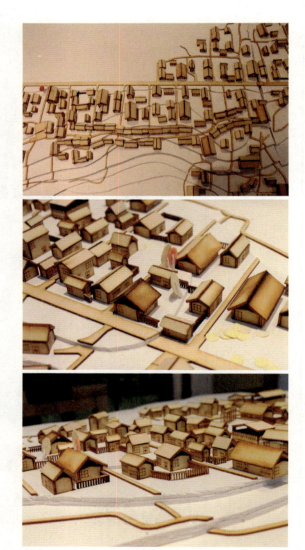

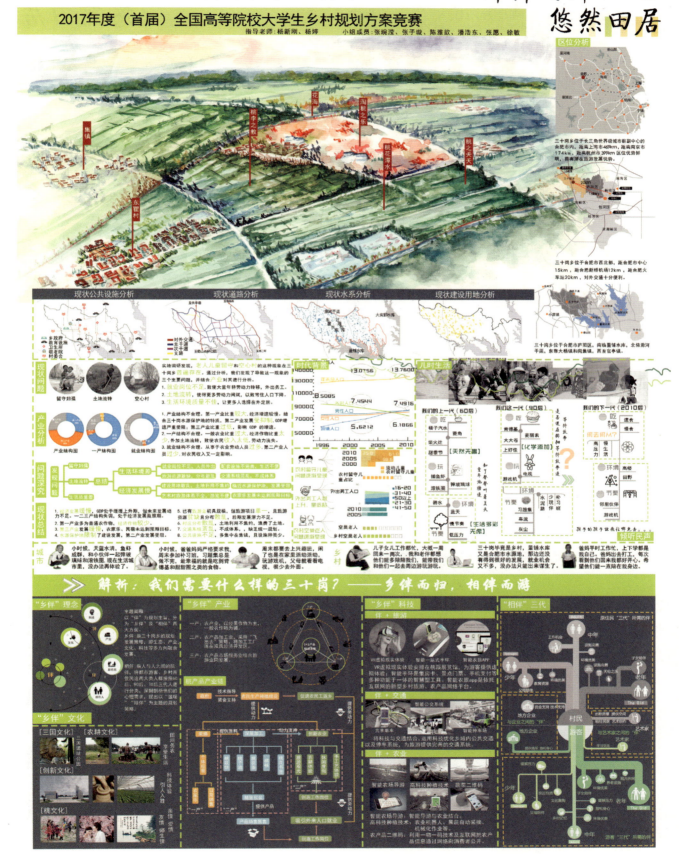

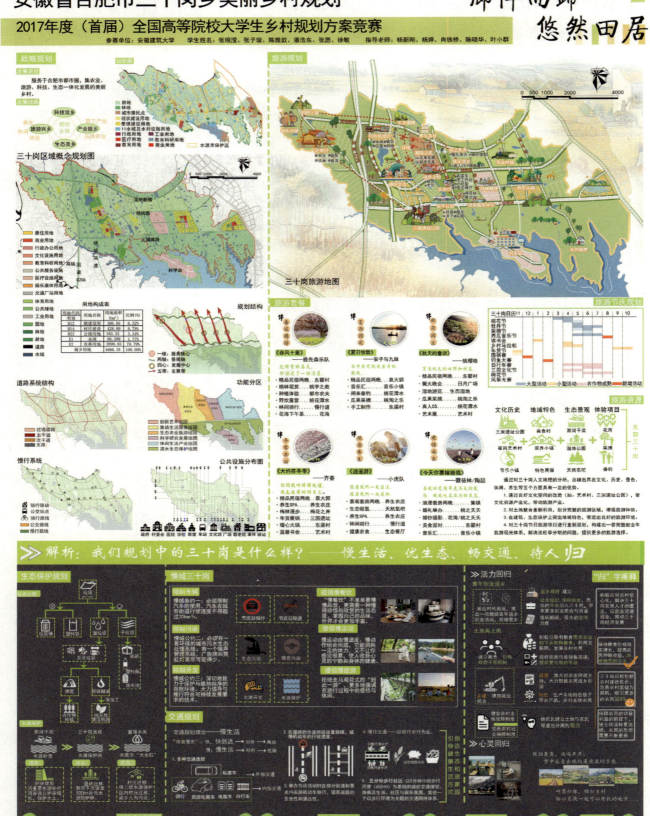

安徽省合肥市三十岗乡美丽乡村规划
2017年度（首届）全国高等院校大学生乡村规划方案竞赛

参赛单位：安徽建筑大学　学生姓名：张琬滢、张子康、陈雅歆、潘浩东、张愿、徐敏　指导老师：杨新刚、杨婷、肖铁桥、陈晓华、叶小群

乡伴而归 悠然田居 4

解析：我们向往什么样的生活？——共享食光、悠然栖居

民以食为天　乡伴共居恬

娱 — 快乐邻里
食 — 小吃街
居 — 原住民
乐 — 双台茶楼

拾光·食光

主题阐述
微光下冰冷的玻璃展柜 NO / YES 与自然结合的展览空间
田居食光的味，有机生长的美

梳理村民自发形成的日常公共活动空间，赋予其代表性的活动功能，并在规划的慢性乡间小道上增设若干活力空间，放置一张张供游客参与体验的农耕、衣具、建筑小品，将农耕到餐饮的美食文化情况内容，丰富并强调主题，激活东瞿美食村，将其打造成一座有机生长的食文化展览体验馆。

活力空间
餐饮文化 — 有机的"食文化博物馆" — 农耕文化

建筑改造

合肥市三十岗乡乡村规划设计

发展规划 — 修—栖与共

华中科技大学　指导老师：万艳华　潘宜　洪亮平　小组成员：周子航　邓弘　陈昱宇　何乃翔　曾霞　郑越

一、区位分析

1. 都市近郊区
规划区域地处合肥市区西北部，乡政府所在地距离合肥市中心22km，半小时可抵达。

2. 水源保护地
基地位于江淮分水岭南侧，南侧的董铺水库为合肥市饮用水源地之一，规划区域位于水源二级保护区范围内。

3. 交通枢纽旁
北侧为G40沪陕高速，西侧为通往合肥新桥机场的机场高速。规划区内部的S17蚌合高速从西部穿过地块，北可达淮南，南可至安庆。环湖北路东西穿越地块，向东南方通往合肥市区。

二、资源禀赋条件

1. 自然资源丰富：水体、土地、动植物
2. 经济作物多样：水稻、油菜、棉花、瓜果、蔬菜、西瓜

三、功能形象定位

"5+1"——五彩董铺、逍遥岗居

"1" 集镇片区：乡域综合服务中心
"5彩"缤纷：四季花开 岁稔年丰

- 蓝色——乐活湿地
  董铺水库片区：田园空间织底、生态绿楔链接
- 紫色——诗乐工坊
  崔岗片区：爱情主题摄影基地、创意工坊
- 粉色——桃园人家
  桃蹊片区：健康美食、生态养老、智慧农庄
- 绿色——瓜田篱下
  沃野片区：科普教育基地、田园综合体试验台
- 黄色——映趣花海
  生态温室片区：油菜花、菊花种植园

四、空间发展策略：

一体两翼、五彩纷呈

一体：集镇片区综合服务品质提升
　　　闲适的现代生活服务
两翼：艺术之翼+颐养之翼
　　　生态文化休闲、艺术创意产业

生态底图："山-水-田"
保留基地内的水系以及农田，打造成为一个完整的体系，与南部的董铺水库延伸的生态网络共同打造成自身特色的生态基底。

空间板块："五彩组团+服务中心"
根据基地现状基础资源禀赋及地形特征，形成五大组团，包括紫色、红色、绿色、黄色、蓝色，各个组团以不同的作物和功能相互区分，以镇区服务中心集聚了服务的功能，包括研发、商务、创意、商贸、教育、医疗及生活服务设施。

空间轴线："交通轴线+生态廊道"
现状主路将环湖北路改选为规划区域主干道，成为整个片区的服务主轴，以此链接东西向的空间架构，也是重要的门户界面。在此基础上，在各板块中加建立交通与空间发展的内部轴线。此外，在山、水、田之间预留生态廊道，进一步将生态资源向各空间板块中渗透，并进一步将各板块细分为组团。

空间节点："空间核心+特色节点"
于规划区域南部的董铺水库生态板块为生态核心板块，与环湖北路元湖镇旅游服务片区结合，共同形成基地的空间核心，既是门户中心也又是服务集聚中心。
保留基地中的破碎绿地，改造为街角公园，形成一系列的特色节点，与生态板块结合形成生态网络。

空间发展策略　土地开发策略　产业发展策略

紫色—诗乐工坊　粉色—桃园人家　绿色—瓜田篱下　黄色—映趣花海　蓝色—乐活湿地

无序　汇轴连心　蝶动效应　生态绿楔　一体两翼

土地利用规划图
道路交通规划图
空间结构规划图
慢行交通系统图
镇村体系规划图
生态系统规划图

合肥市三十岗乡乡村规划设计

发展规划 修——栖与共

华中科技大学　指导老师：万艳华　潘宜　洪亮平　小组成员：周子航　邓弘　陈昱宇　何乃翔　曾霞　郑越

景观风貌结构规划图

五、规划愿景

"一环聚合，两翼齐飞"

建设集生态、艺术、科技、健康为一体的生态新乡。

构筑"水绿交融、汇游联景、五区协同、多心辉映"的都市近郊区。

产业结构规划图　　旅游游线规划图

六、桃溪片区发展路径探索

以合肥市为视角，研究发现规划区西侧的住区和生活设施核密度在逐渐增加，城市处于成长阶段，这为三十岗乡的产业发展起到了良好的支撑作用。规划区域目前也已具备了一定的公交可达性。由于合肥市的景点较集中于城区中心，规划区内景区的营造还有很大的弹性空间。从区域整体空间来看，桃溪片区地势较为平坦，水资源丰富，具备较多适宜建设的土地。片区应把握产业发展的良好基础，结合区域自然资源禀赋，以**新兴服务业**为主导，寻求**差异化、特色化、田园式**的产业发展之路。

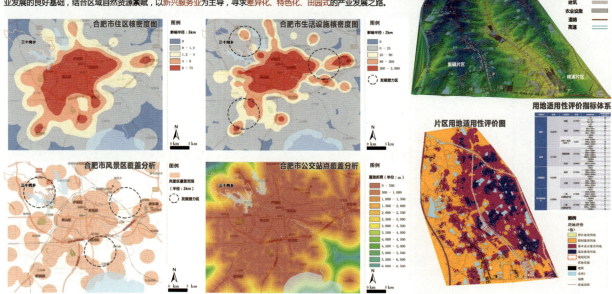

合肥市三十岗乡乡村规划设计 — 片区规划 — 修——栖与共

华中科技大学 指导老师：万艳华 潘宜 洪亮平 小组成员：周子航 邓弘 陈昱宇 何乃翔 曾霞 郑越

七、片区发展规划

1.现状问题

基于城市意志的空间建设

桃花节门票、农家乐饭店、旅游纪念品商店 — 公共空间
游客接待中心、美食广场、骑行绿道 — 公共物品、城市意志、城市生活方式 — 社会服务
意外事故医疗、远郊公交线路、乡村单车 — 商业供给

以城市游客为服务对象的公共物品构建体系使乡村成为城市的附庸，村民在乡村建设中仅为居住在其中的旁观者。

统筹管理部门缺位

村民委员会村民通过村民代表大会行使自治权 — 缺乏旅游管理部门的统一导致的"破坏式"旅游

旅游管理部门 ✗
行政管理部门 ✗ 乡镇管理人员、行业管理人员

行业管理与旅游管理的缺位导致服务质量较低，品牌良莠不齐，农家乐之间的恶性竞争与景观上形成了乡村旅游的困境围城。

政策依赖性强的产业发展模式

政府投入股、乡贸入股、集体投资、社会资金

利用现有政策扶贫补助促进乡村产业发展

由于村内产业发展自生性较差，实际上产业发展多靠上级人民政府补助

村尾在考自身经济发展力不产业发展保障供给与资金和劳动力的基础社会资源问题

家族观念缺乏认同，邻里关系微妙淡漠

小农经济、家庭本位 — 血缘 社会
市场经济、行业竞争 — 业缘 社会

由于行业趋同，服务水平相近，乡村产业恶性竞争带来的后果便是家族消亡，邻里淡漠

2.社会治理

乡村"双修"：社会修补，文化修复

系统性制定桃源片区产业规划，细致进行项目策划
避免仅有国家财政投入的产业布局
避免仅有桃花节"一年只赚一个月钱"的农家乐窘境
完善社会结构中缺位的行业管理部门和旅游管理部门
避免乡村利益的开发乱象
修复以血缘关系为基础的邻里关系感情

- 产业自主经营
- 社会修补 — 社会结构修补
- 文化修复
  1. 家族观念复兴：族中乡贤发起，村内长辈参与，筑宗祠修家谱
  2. 特色地方文化：杜绝"类景区"同化，找寻本土皖中文化
  3. 顺应自然条件：注重山水格局保护，尊重自然规律和堪舆风俗
  4. 寻找特色民俗：寻找民间记忆，找寻民间技艺，打造土特产品牌
  5. 和睦邻里关系：强化诗书德行教化，德不孤，必有邻

从"三无"到"四有"

无宗教信仰→无神、无家族观念→无义、无文化→无文
→有机国家第一物公共、有村委员会、有组织
→有特色活动一般文化、有景点景山水一般艺术

3.空间规划

产业规划：一三联动，产游结合，品牌塑造，特色突出
- 生产性农业、生态保育区、特色民宿、观光农业、餐饮服务业、生态保育区、特色产品商业

交通规划：四横一纵，村村连通，人车混行，应需修路
- 干渠路、袁大路、崔岗路、东瞿绿道、汪塘绿道、三国城路
- 乡域主干道、片区支路、骑行绿道

景观风貌规划：显山露水，五色桃源，江淮院落，皖中本色
- 桃花种植区、油菜花种植区、西瓜种植区、水源保护区、皖中村落特色区

片区内有蔡南分组（卫冲集中安置）、蔡南农业种植区、干渠水源保育地、汪塘村、大田埠农业种植区、卫冲农业种植区、汪塘村小学、汪塘村村委、卫冲生态保育林地、袁大鄢民宿村、桃源茶场、东瞿生态保育林地、东瞿休闲旅游村、油菜种植区、西瓜种植区、民俗产品展销区、瓜牛公园、沿街商业（游客中心）

产业规划
片区地处合肥水源保护地，第二产业发展受到政策、环境、劳动力、资金等多方面制约。在产业发展中宜整合现有资源，丰富活动策划，提升服务质量，规范行业标准，形成特色农产品、特色餐饮、特色农事、特色农居的"四特"品牌。

交通规划
依托现有四横一纵的交通网络，沟通片区内东瞿村、汪塘村、陈龙村袁大鄢三个行政村部分。村民组之间道路统一使用人车混行的通行方式，切实避免建设浪费。沿水库水岸布置骑行绿道，同时作为消防通道。

景观风貌规划
依托现有四横一纵的交通网络，沟通片区内东瞿村、汪塘村、陈龙村袁大鄢三个行政村部分。村民组之间道路统一使用人车混行的通行方式，切实避免建设浪费。沿水库水岸布置骑行绿道，同时作为消防通道。

片区村庄系统规划
片区内共三个行政村范围，五个大型村民组。
现状东瞿大鄢、卫冲村重大基础设施建设条件较好，袁大鄢蔡南、大田埠村基础设施建设薄弱。
现未通给水管道，常住居民户在10户以下的居民组（蔡南分组、大田埠分组），宜向行政村集中安置。

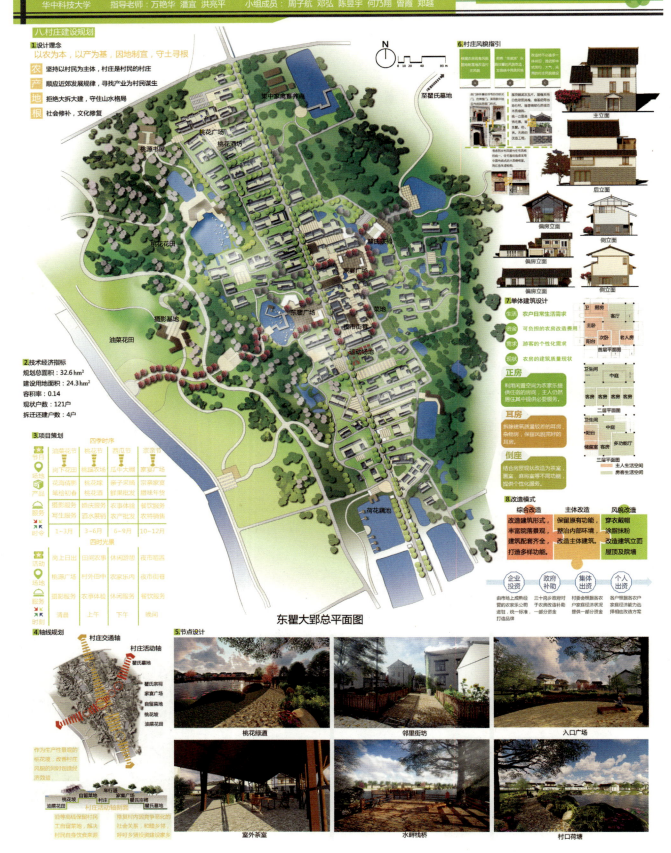

归去来兮·十里桃花驻

参赛学校：华中科技大学　指导教师：王智勇　赵丽元　单卓然
小组成员：郑有旭　仲早莺　高雅清　赵天如　杨燕燕

前言 Preface

三十岗乡历史悠久，通衢广陌，瓜果飘香；素有"养生休闲地，慢城三十岗"的美誉；三十岗乡空间布局有机而紧凑，公共开放空间散布在小镇中；空间尺度宜人，有良好的步行环境，纵横阡陌的大农业景观。

艺术小镇，诗意生活；良好的生态环境，成为三十岗未来发展最大的助力。

我们规划围绕桃蹊片区打造可以停留、停驻的空间，为逃离都市纷杂的人们提供身体歇息的空间——归去来兮，十里桃花驻。

发展现状 Development Status

经济情况

2009-2016年来，虽然三十岗乡节庆期间农家乐蓬勃发展极大地解决了部分农村剩余劳动力人口就业问题，实现农民人均收入由2011年的10487元增加至2016年的18482元，高于合肥市平均水平，但是仍以低端服务业发展为主。

人口情况

三十岗乡的整体经济结构发展不合理，一产占比较全国发展情况而言过重，由于受限于自然地理环境的影响，增速缓慢，同时三十岗乡处于水源保护地的特殊地位，二产量有发展但仍旧受限，三产比重相较而言过低。

三十岗乡的经济产业结构亟待优化提升，一方面巩固传统农业优势推动现代化农业园区的建设；另一方面，完善现有农家乐发展产业链的延伸，极大程度融入体验式娱乐活动、饮食、购物及住宿一体的特色农家乐，打造品牌效应，实现服务业高端化转变，加快三产经济发展总量的提升。

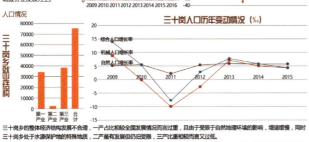

研究框架 Research Framework

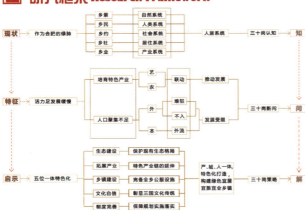

发展模式 Development Patterns

区位分析 District Analysis

长江三角洲城市群　　合肥市庐阳区　　基地　　合肥市中心

基地历史沿革 Base Historic Evolution

| 时间轴 | 1958年 | 1968年 | 1973年 | 1983年至今 |

三十岗乡划归为合肥市郊区管辖，成立园林松社。｜三十岗乡划归并进优胜公社。｜三十岗乡从优胜公社分出，成立三十岗人民公社。｜三十岗农村体制改革，撤社建乡，成立三十岗乡人民政府，乡政驻地三十岗至今。

基地问题与特征 Base Problems and Features

基地问题

三十岗乡虽处合肥市中心城的近郊，且生态环境良好，同时，农家乐、采摘游等观光农业，物流运输业发展已具规模，可传统文化彰显度不高。多产仍显发展动力不足，对外吸引难度低。

一产占比过重　　公共游憩薄弱　　饮水水源保护　　立意鲜明欠缺　　人口集聚度低

二产发展受限　　自然区位条件
＋　　　　　　　　产业链断裂
一产占比过重　　人口集聚度低
商业活力不足

基地特征

自然 ＋ 人 ＋ 社会 ＋ 建筑 ＋ 网络 ＋ 人居环境 ＝ 特色小镇　美丽乡村

规划理念 Idea

三十岗乡发展定位

三十岗乡聚集城市最是乡村发展建设的，在发展过程中，应采取注重尊重原有自然生态环境格局，以旅游业发展为支柱，传统历史文化为魂，形成特色产业园（产业链）带动镇区的创意型郊野田园休憩发展理念。

1. 中国最美乡村　　　　2. 国家5A级景区

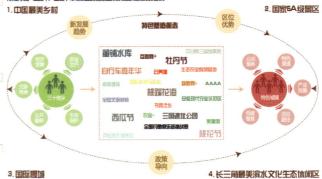

3. 国际慢城　　　　　　4. 长三角最美滨水文化生态休闲区

发展策略 Development Strategy

策略一：借助"互联网+"打造"农业+"　　策略二：开展户外体验养生活动　　策略三：打造四季花卉观赏园

借助互联网平台，加快内部农业外销，营造品牌效应。同时，借此营造"农业+"，以此实现产业一体从而推动当地农家乐发展，使人们在忙碌的生活之余，做一次"都市农夫"，体验风光。｜依托原有旅游聚点资源及当地良好的自然环境，开展户外体验活动。同时，兼顾青年体验生活需要，建设养生温泉乐园，以此，大力对外吸引力，打造养生慢乡。｜依托现有千亩桃花园，配套种植季节性花卉苗木及时令果蔬，打造季节性观光现代化农业园区，四季有花可赏，有野味可尝。

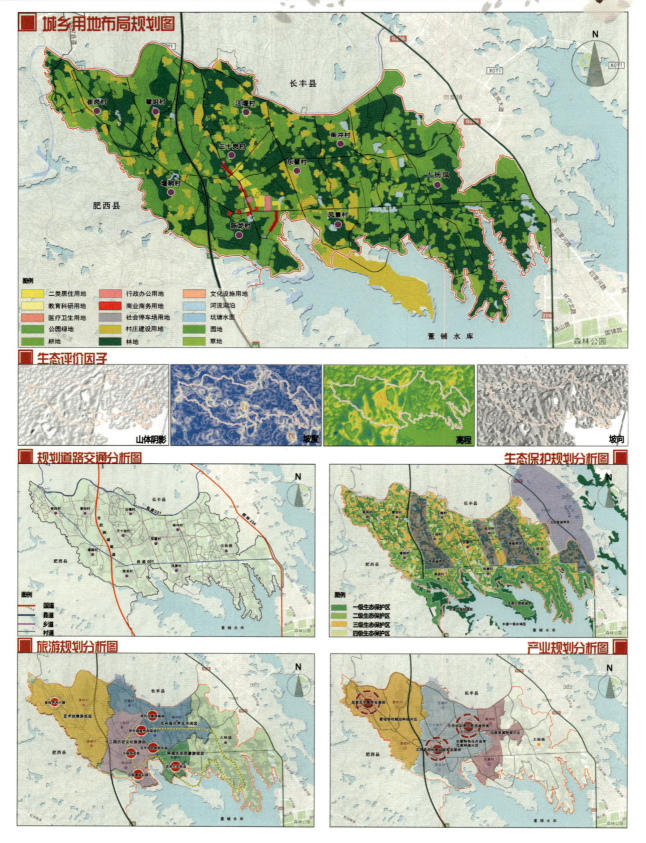

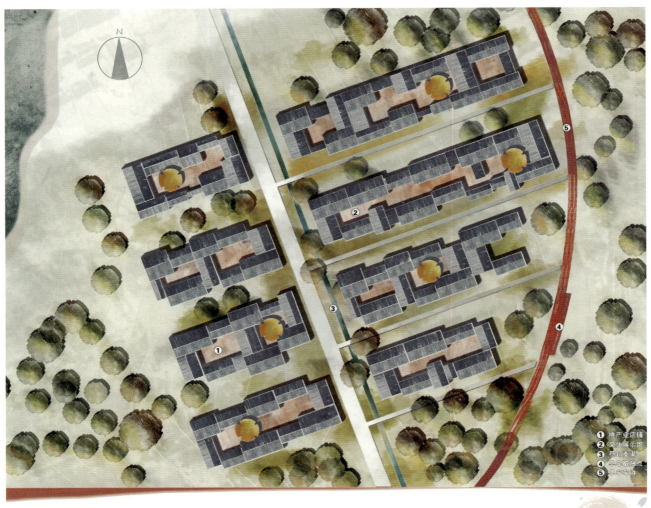

1 桃产业店铺
2 文化展示馆
3 …
4 单车取还点
5 单车绿道

归去来兮·十里桃花驿

参赛学校：华中科技大学　指导教师：王智勇　赵丽元　单卓然
小组成员：郑有旭　仲早莺　高雅清　赵天如　杨燕燕

八方之人·四时之境

【参赛院校】 西安建筑科技大学
【参赛学生】 王 茜　李紫旋　陈 晨　陈思菡　赖 敏　熊井浩
【指导教师】 段德罡　蔡忠原

本次设计通过分析，论证出三十岗乡桃蹊片区现状"旅游"定位的合理性，针对现状旅游存在的核心问题及各利益群体间的矛盾，提出政策创新化、产业惠农化、四时均衡化、空间品质化四个发展目标，通过区域协同、产业完善、机制建立、空间活化等策略，力求提升乡村旅游 1.0 时代到 2.0 时代，最终形成乡村旅游 X 时代。通过主题提炼、功能分区、氛围营造等方式提升乡村空间品质，打造怡人的四季旅游体验，满足各种人群的需求。最终通过一个地块的详细设计，具体阐述乡村旅游发展模式及村民的参与方式，呈现了"八方之人·四时之境"的和谐场面。

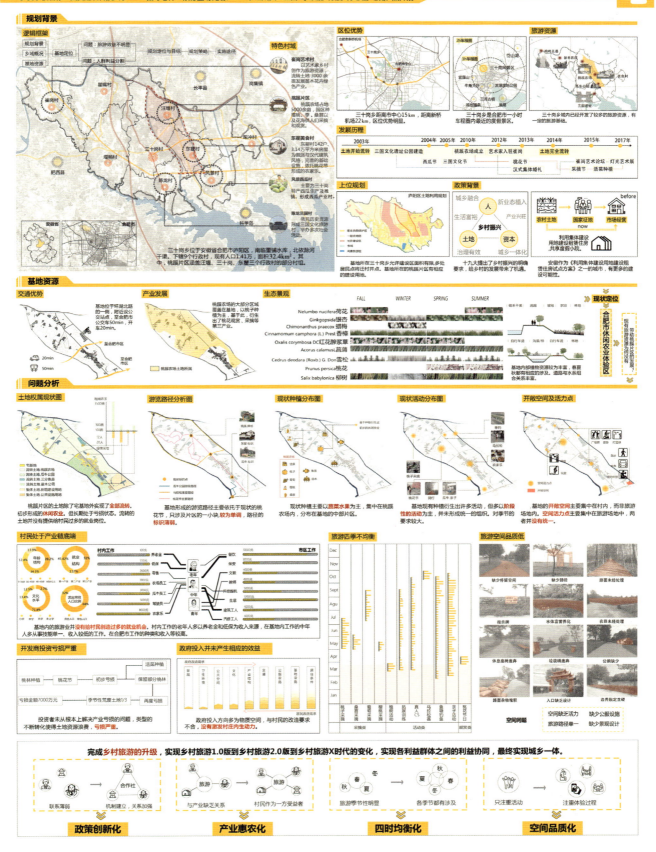

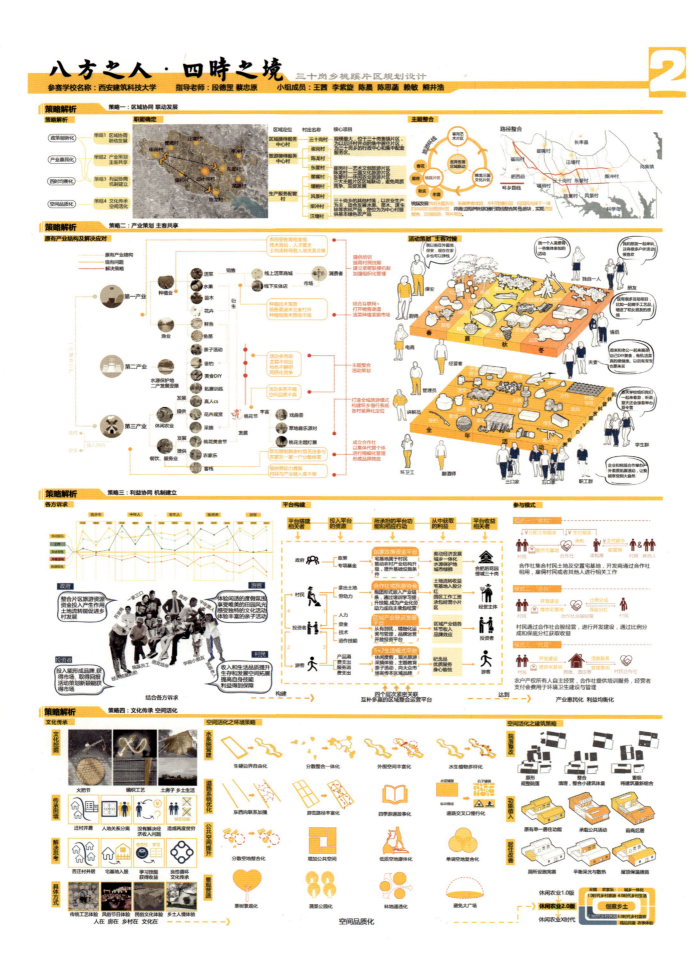

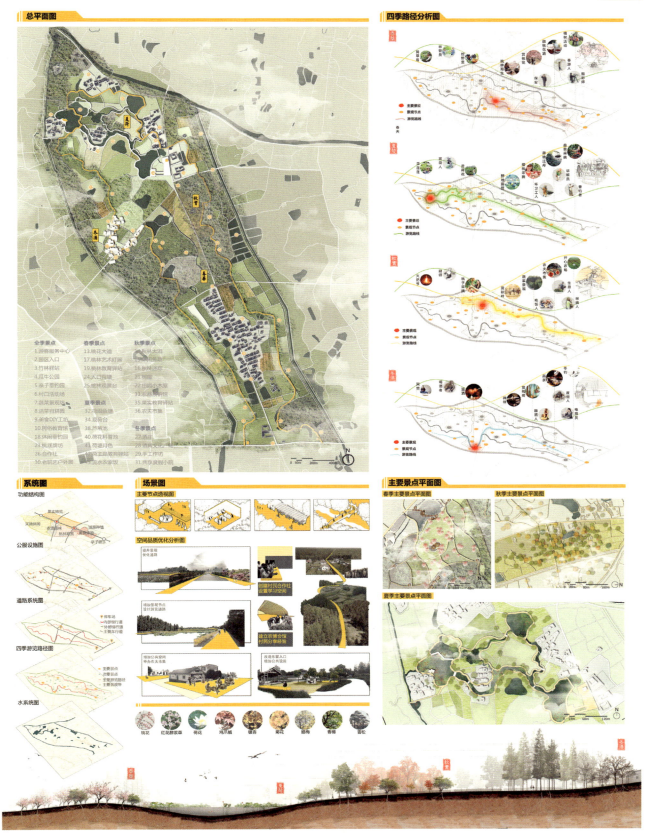

合肥市庐阳区三十岗乡乡村规划

参赛学校名称：上海大学　指导老师：田伟利 张天翱　小组成员：吴逢舟 韦秋燕 黄卓 汪涛 李思 刘琦琦

乡连 乡联 乡恋　　1

上位规划

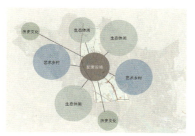

社会背景分析

合肥市区位　　三十岗乡

集镇片区作为水源地保护拆迁的安置区域，将接收三十岗乡拆迁居民，成为三十岗的主要人口聚居区，三十岗不仅要解决村民的居住问题，完善相应的商业和公共服务设施，重塑安置点的新型乡村社会关系也是重中之重。

周边交通联系

产业分析

桃蹊 — 乡村体验 — 桃花节 活菜 农家乐 — 住宿条件较差 短期高峰，承载力有限

崔岗 — 艺术格调 — 艺术家工作室 志愿者中心 音乐小镇 — 发展形式单一 没有结合现状 与乡村风格相异

集镇 — 公共服务 — 教育 商业 医疗 — 公共基础设施不足 集市衰弱，发展滞后

全乡劳动力60%　外出务工40%　农业32%　其他68%
第一产业 农业69.14% 牧业21.80% 其他8.55%
第二产业
第三产业：以景观林业为主，餐饮等其他产业为辅
第三产业中，交通运输业、商饮业、服务业为主导

外部资源挖掘
便捷交通条件　合肥绕城高速贯穿三十岗乡
科学装置承载区　毗邻中科院合肥物质科学研究院

内部资源挖掘
自然原生态环境　林木覆盖率极高
历史文化底蕴浓厚　毗邻三国遗址公园

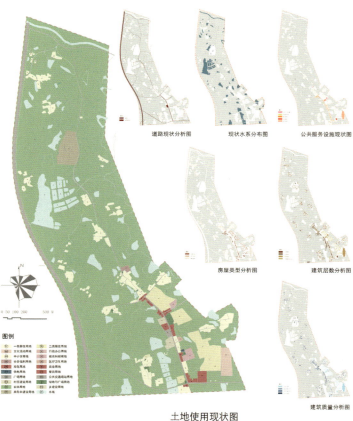

道路现状分析图　现状水系分布图　公共服务设施现状图
房屋类型分析图　建筑层数分析图
建筑质量分析图

土地使用现状图

图例（一类居住用地、二类居住用地、文化活动用地、行政办公用地、中小学用地、医疗卫生用地、社会福利用地、商业用地、商住用地、工业用地、仓储用地、村民活动用地、公共交通场站用地、社会停车场用地、公用设施用地、广场用地、农林用地、在建设用地、其他非建设用地、水域）

土地平衡图表

建设用地 138.86
水域 41.95
农林用地 385.09
单位：hm²

G1公园用地 5.16
S道路与交通设施 19.6
B2商住用地 2.31
B1商业用地 2.70
A6社会福利 0.95　A5医疗卫生 0.70
A3教育科研 1.37
A2文化设施 4.56
R1一类居住用地 62.81
R2二类居住用地 38.5

现状问题

道路设施问题：集镇街市街道破旧，公共服务设施老旧，集镇北部道路较窄，水土流失造成道路开裂　主要道路　汽车站
街道商业问题：集镇街市比较混乱，商铺房屋比较破旧，卫生状况差，街道缺乏活力和人气　集市
教育资源问题：镇区目前只有小学和幼儿园，缺乏年轻的教师，且生源不足　幼儿园　古城小学
文化资源问题：集镇片区的三国遗址公园离主要的居住区距离较远。且对外收费，影响村民的使用　三国文化公园
水电设施问题：集镇片区北部居民依然使用水井，没有自来水。供电设施存在安全隐患　村民水井　电线杆
人口生活问题：集镇片区居民的建筑质量比较差，人口老龄化，人口流失。居民交往、娱乐活动条件差　乡村居住场景

问题总结

产业、基础设施差　→　乡村活力差　→　人口流失，乡村衰落

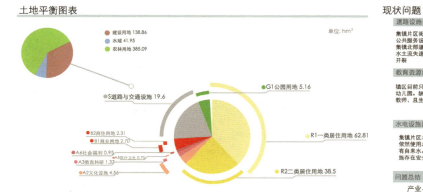

合肥市庐阳区三十岗乡乡村规划

参赛学校名称：上海大学　指导老师：田伟利　张天翱　小组成员：吴逢舟　韦秋燕　黄卓　汪涛　李思　刘琦琦

乡连　乡联　乡恋　2

概念提出

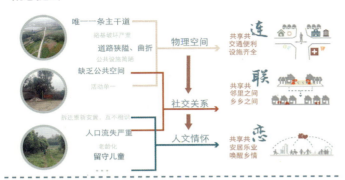

步道缘由

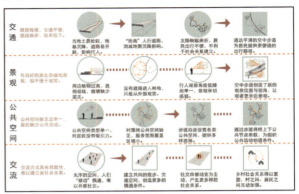

设计思路

乡连
通过建立空中步道，形成便捷的交通网络。提供设施完善、空间宽阔的公共空间。将各家各户进行道路、物理空间意义上的相连。

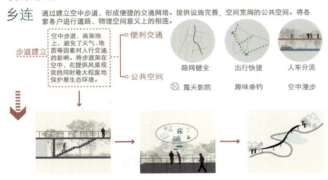

乡联
因为空中步道的建成，提供了便民的公共空间，有利于人们进行社交，扩大自己的交友圈。有利于建立社区积极向上的氛围。

新的乡村社会关系营造

乡恋
因为空中步道的建成，邻里和睦，安居乐业，不再背井离乡。赋予无情感的冰冷建筑最质朴浓厚的人文情怀，让人才不再流浪；让田地不再荒芜；让村落不再寂静，此处是家。

安居乐业的生态家园
酒话桑麻的乡村小镇

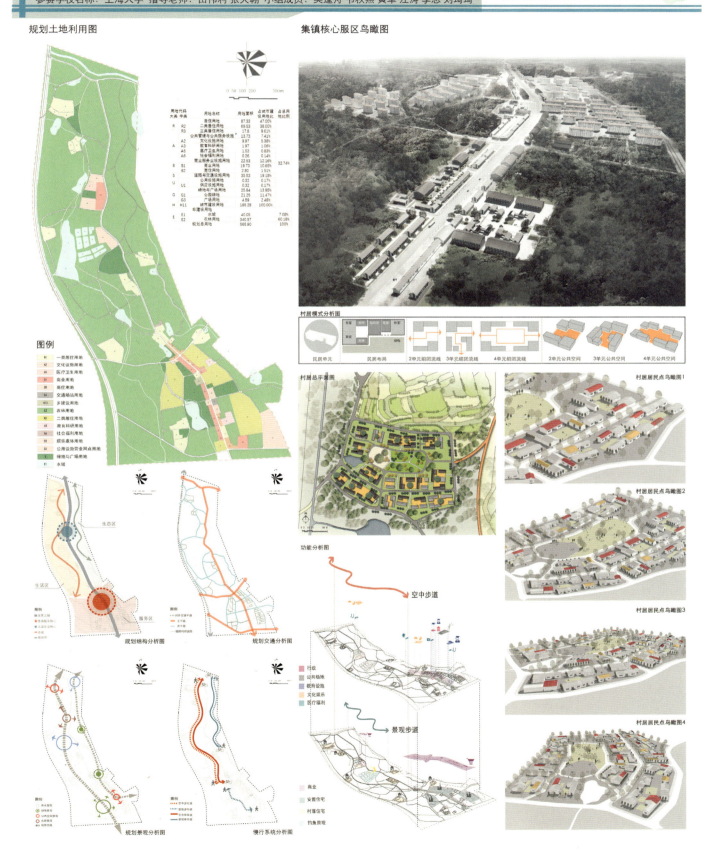

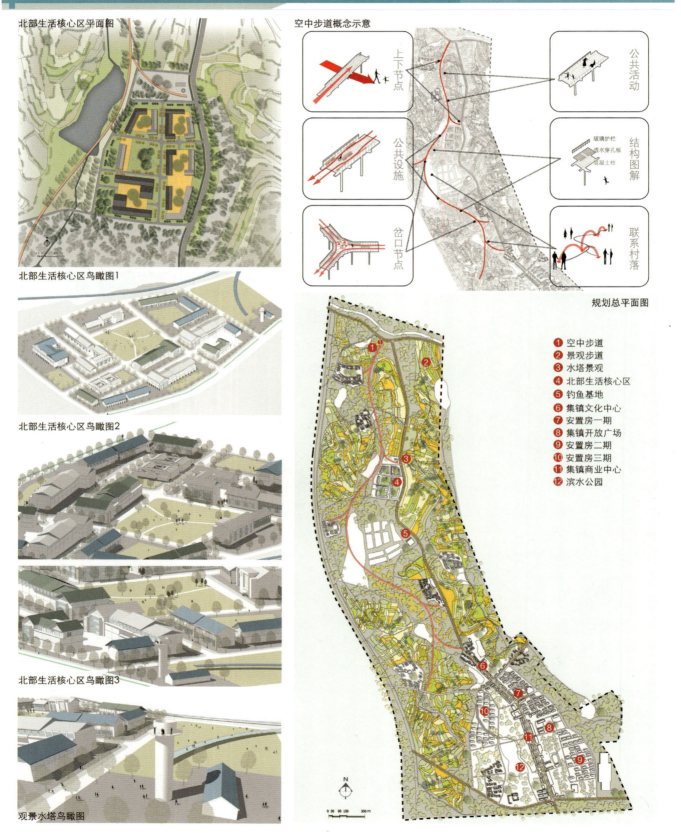

艺创三十里 云网智慧乡

【参赛院校】 安徽建筑大学

【参赛学生】 王羽轩　程　龙　赵煜彤　王雅玲　裘　萍

【指导教师】 杨新刚　杨　婷

三十岗乡位于合肥市西北部。南距合肥市老城中心 16.9km，北距新桥国际机场 16.2km，依托董铺水库水源地，成为主城区绿环连珠生态体系的重要组成部分。

现阶段的乡村规划大多属于拆除重建的更新模式，然而，乡域建设特别是村落建设中，这种更新模式并不可取。

乡村规划需要在政策引导、规划控制、相关法规建设和示范性质等方面采取有效措施。依托地块现状，更加科学、更加精细地实现微更新，于是我们提出——基于数据自适应乡村规划的更新活化模式。

一、设计说明

三十岗乡域规划从水源保护地、生态科学乡的研究角度出发，针对崔岗特色艺术乡村的产业特色，提出全乡范围内艺术创新与科学发展的综合地位。基于"乡村再织"的乡村特色规划理论，整合、保护水源湿地和生态绿地。三十岗乡总体规划在三农问题和空间利用上提出"艺术＋"的创新模式。

二、村落活力评价与设计

结合微数据进行崔岗片区的村落活力评价，分析各类村落特征，据此将现状村落划分成 A-B-C 三类村落，承担片区核心功能的 A 类村落，强化村落发展特点的 B 类村落，以及功能补充完善的 C 类村落，结合三类村落特征进行片区规划设计，提出有针对性的空间设计导则。

依赖崔岗的先天生态优势，以艺术创作作为崔岗发展的核心，通过节庆策划、艺创活动空间与各类特色艺术体验活动，多方参与完成生态艺术村的激活。

三、核心村落设计

崔岗艺术村作为核心村落，是整个片区活力重塑的中流砥柱。依托艺术村现状，对人群种类进行划分，并提出提升各类人群在艺术村体验舒适度的发展目标。通过"崔岗艺术村 - 活力再生指南"，对艺术村进行全方位改造，以达到全民参与与活化村落的目的。

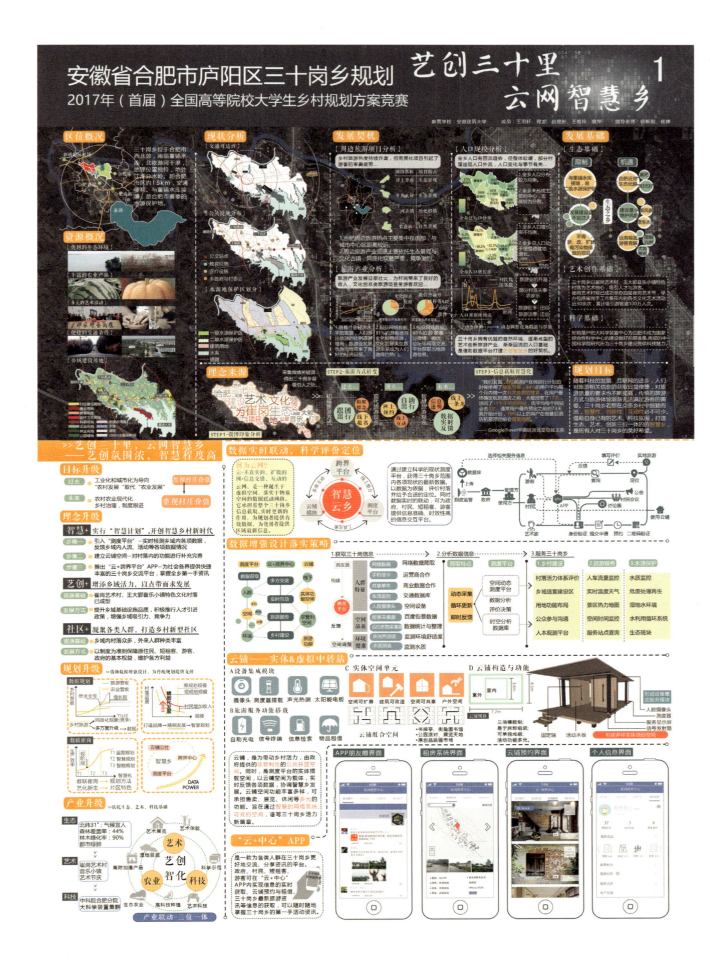

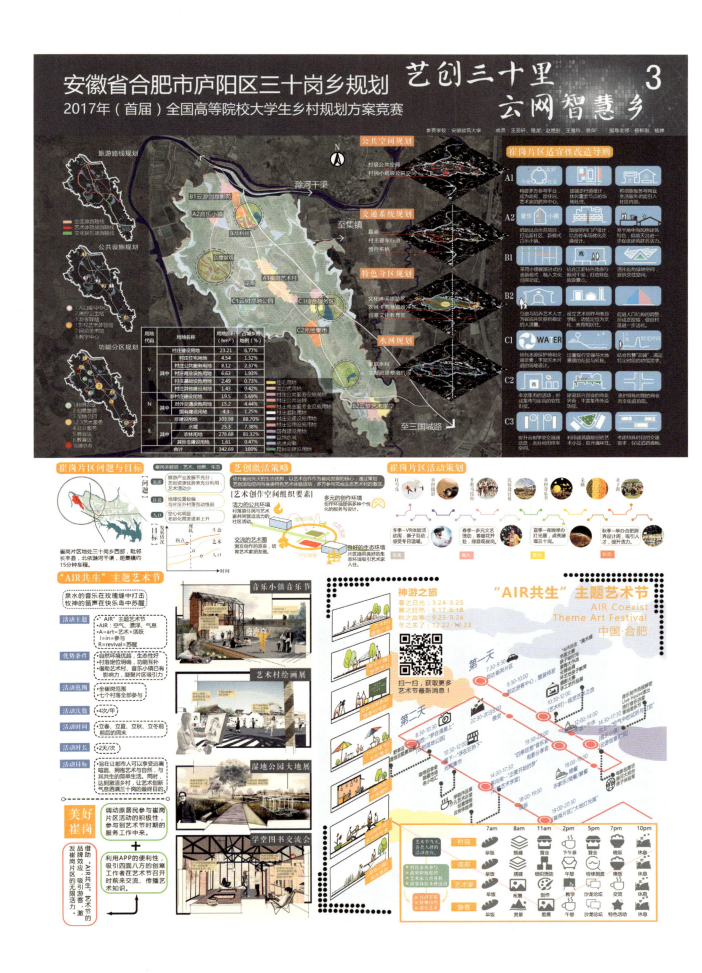

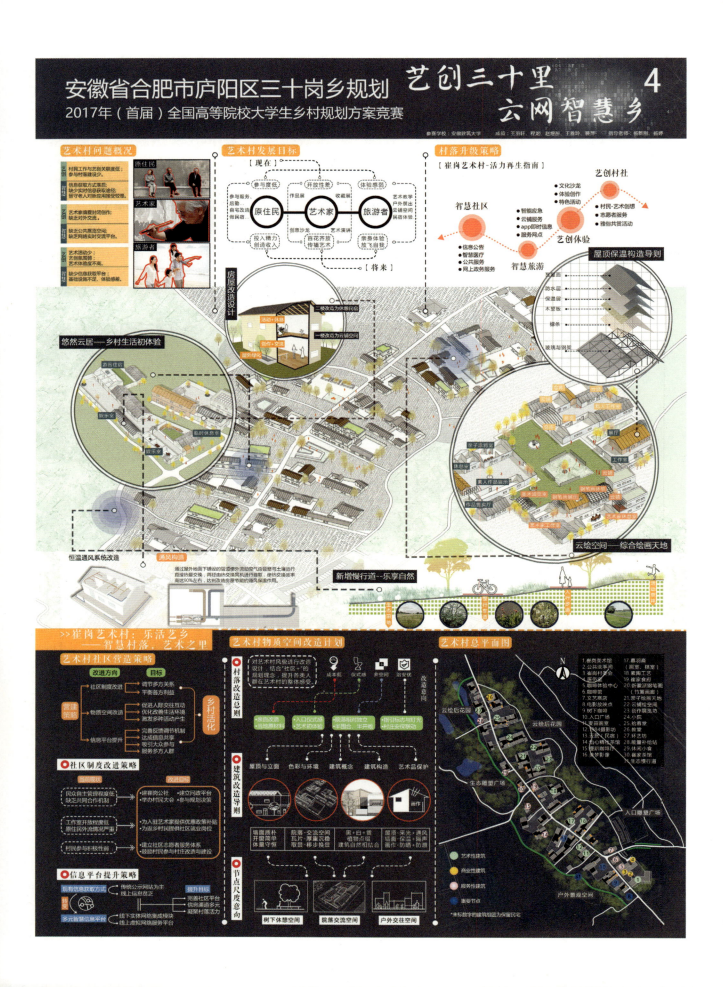

桃蹊影绰

【参赛院校】 河南科技大学

【参赛学生】 任 壮 李美韵 尹湘钰 邓稼栋 李 洋

【指导教师】 郭 祎 梁娟丽

"仨村演义"：皖南田园诗里的空间生产
——重构乡土社会网络、寻觅失落的"卅岗"

河南科技大学团队在合肥市庐阳区三十岗乡展开了为期一周的乡村调查，范围包括桃蹊、崔岗、集镇三大片区，分组进行了建筑测量、实景拍摄、问卷调查等，整理分析了高程、景观、住宅、公建、产业布局和居民意愿，成果已全部提交 2017 年度首届全国城乡规划专业大学生乡村规划方案竞赛组委会。

除了参加本次大学生乡村规划设计竞赛之外，河南科技大学建筑学院今年承办了河南省大学生 BIM 建模大赛，本次乡村竞赛团队的骨干学生和指导教师凭借扎实的计算机建模功底和孜孜不倦的"工匠精神"一举夺得二等奖两项，作品为我们带来机械美学的视觉享受，隆重推荐给大家欣赏。

一、区域背景

在号称"合肥市水缸子"的国家一级水源保护区——董铺水库旁，有一块水草丰沛、历史悠久的土地——三十岗乡。两千年前，这里魏蜀吴三国兵家必争之地，至今逍遥津大战的硝烟余味还回荡在重建后的三国遗址公园中。两千年后，如出一辙，这里又将上演"仨村演义"的好戏。

三十岗乡位于合肥市区西北部，北与长丰以滁河为界，南临董铺水库，与蜀山相望，东与大杨镇相邻，西与肥西县一条自然河流相隔。距合肥市中心15km，距合肥新桥国际机场12km，合埠高速公路贯穿全乡，交通便捷。毗邻三国遗址公园与合肥综合性国家科学中心大科学装置群，是合肥市北部的重要门户和屏障。

水源保护　　　　　生态格局　　　　　景观分析

三十岗乡旅游资源丰富。境内有三国新城遗址公园、李家牌坊、马神庙、"鸡鸣三县"、朱岗日本炮楼遗址等悠久的历史遗迹，董铺水库、明星水库等水源地以及东瞿湿地、崔岗片区崔岗艺术村、王大郢音乐小镇、华东科技等旅游资源。桃溪片区有桃溪农场及东瞿美食村。虽然三十岗乡有良好的旅游资源，但是目前三十岗乡境内仅有三国新城遗址一处省级历史文化保护单位，尚有多处有一定历史文化价值的项目需要开发。现状旅游服务业发展不充分，餐饮、宾馆主要集中在桃蹊片区，有农家乐63家，乡村旅舍26家。旅游服务业有极大的发展前景。

人文旅游资源；历史沿革

三十岗乡位于合肥市区西北部，乡城内地形为岗冲起伏的残丘，属八岗九冲典型的江淮分水岭的脊椎骨，南低北高，东低西高，波状起伏，土地瘠薄，畔畈交错。乡域内土质大部分为黄白土，兼有少量的褐黏土，北部滁河沿岸为黄沙土。本次规划用GIS（地理信息系统）系列软件对用地现状地形进行了模拟，对用地的高程、坡度和坡向进行分析。绝大部分用地坡度在5%以内，三个片区坡向较好，适宜建设用地。其中西北部最高程海拔达 60m 以上，而东南部最低程海拔为 29m。全区平均高度约为 30—40m。

党的十八大以来，在保护城乡自然生态环境、存续城乡历史文化脉络的大背景之下，三十岗乡的三大片区——桃蹊、崔岗、集镇，各显神通，建成不同的空间形态，完善相应的功能格局，形成新型的社会网络，探索因"村"制宜的发展模式，上演新时代的"三国演义"。

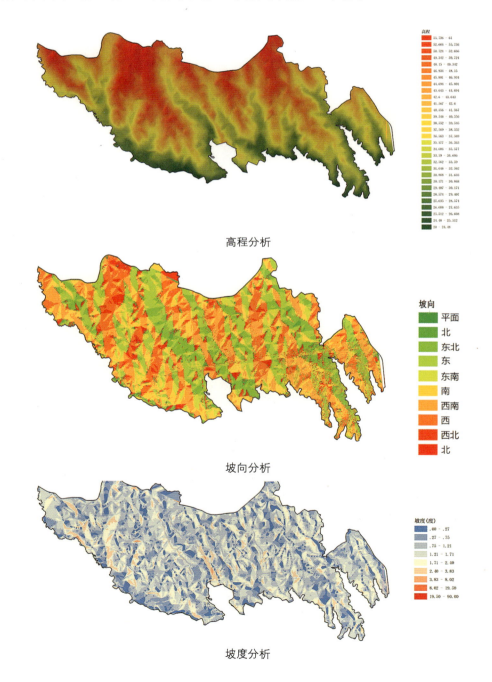

高程分析

坡向分析

坡度分析

二、分区特色

"地利"——吴——桃蹊片区

如同东吴,自然基底优越——水多、树密、地肥、景美,大力建设"美丽乡村",打造"万亩桃花节"、"东瞿美食节"等旅游项目,形成以"中高档农家乐 + 中等规模瓜果采摘园"为载体的乡村生态度假空间。

桃蹊实景

南京优秀生态乡村案例(高淳国际慢城)

"人和"——蜀——崔岗片区

如同川蜀,人文气息浓厚——优哉游哉、开心乐活,大力建设"特色小镇",培育"崔岗艺术家集聚区"、"音乐小镇"等特色功能,形成以"类创意总部 + 创新产品初加工"为载体的特色小镇产业空间。

崔岗实景

西南优秀文化街区案例(成都宽窄巷子)

"天时"——魏——集镇片区

如同曹魏,基础实力雄厚——作为乡政府驻地和商业旧中心,人口密集,配套完善,面临街道衰退、环境恶化等结构性老化的挑战,可进行有机更新,形成以"高品质回迁小区 + 适量工业园区"为载体的新型"产镇融合"空间。

集镇实景

北方优秀新区建设案例（洛阳洛南新区）

三、发展瓶颈

近年来，"桃蹊万亩桃花节"、"崔岗艺术节"等文化盛事见之于报，三十岗乡的"村建"成就举国瞩目。然而，"身长则影阔"，辉煌成就之后是新"困惑"。

矛盾点一（凸显）："水"与"地"——经济增长边际效应与库区环境保护红线的矛盾；

矛盾点二（一般）："城"与"乡"——存量建设用地紧张与集体土地开发控制的矛盾；

矛盾点三（一般）："村"与"园"——规模农业、科创企业与原住民生活空间的矛盾；

矛盾点四（凸显）："客"与"民"——游客、艺术家与本地居民的矛盾。

四、诉求分析

自上而下（强）——集约增长、绿色发展、既要金山银山也要"绿水青山"——无论桃蹊片区的"美丽乡村"建设还是崔岗片区的"艺术家小镇"开发过程中，政府的领导力和决策力毋庸置疑起到绝对主导作用。

自下而上（弱）——收入稳定、健康乐活——本地居民希望政府能够提供完善的基础设施、整洁的生活环境、稳定的日常收入、基本的公共服务等。

自外而内（强）——逃离喧嚣、世外桃源——科研总部的进驻（科技要素流动）、现代农业的集聚（资本要素流动）、艺术家的活动（文化要素流动）、慕名前来的游客等。

自内而外（弱）——田园诗生活方式、乡村精神的传承——高素质劳动力输出、传统文化的彰显、社会网络的重构等。

村庄布局凌乱，土地利用率低。基础设施薄弱，公共服务设施不齐全。自然村庄环境卫生差，村内基础设施没有配套。三十岗乡行政办公机构主要集中于集镇古城路两侧，没有邮政、电信机构。三十岗乡地形情况特殊，高低起伏，导致了交通线路的特殊性：南北向道路高程跨越较小，现状建设

| 土地利用 | 道路交通 | 基础设施（现状） |

齐备，交通较方便；东西向道路横跨各级等高线，建设难度大，现状东西向交通不便，仅靠两条县道支撑东西向交通体系。

五、规划方案

1. 总体布局

根据《合肥市土地利用总体规划（2006—2020年）》，三十岗乡分为建设用地、林业用地、基本农田用地和遗址保护用地四个部分，将来可呈片区分区发展。道路结合地形地貌规划，延伸原有道路，新增一条县道，一条乡道。董铺水库地区为生态敏感地带，水域周围可安排一定住宿，限制与风景游赏无关的建设及对环境有较大影响的机动车交通进入本区；陆地安排散落民居点及各项对生态无污染的旅游设施。

三十岗乡现有停车位约3700个，旅馆床位350个，餐位约2500个。经预测得出，规划还需新增旅馆床位数200个，停车位数300，餐位370个。规划还增建度假山庄和高端民宿，主要为游客提供餐饮、住宿等服务，在崔岗艺术村新建停车场，解决游客停车问题。

2. 桃蹊片区规划

规划愿景——产居一体

桃源只在镜湖中，影落清波十里红——享田趣、归自然、释天性、养身心。

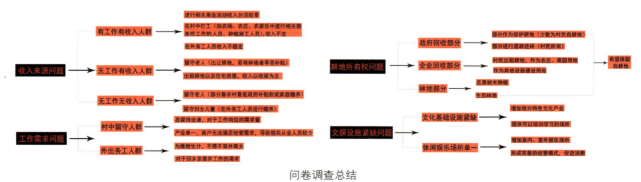

问卷调查总结

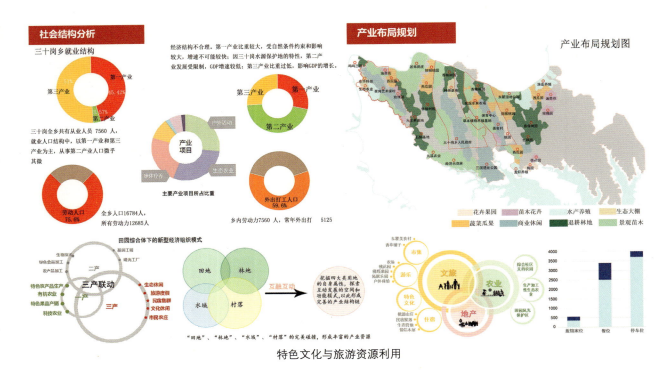

特色文化与旅游资源利用

乡域功能分区

遵循"体现乡村田园风光,保留农村庭院生活情趣"的理念,打造丘陵地区新农村示范样板。依托荷塘、菜园、果树、林盘等自然山体与水体打造主要景观轴线,同时沿主要道路形成次要景观轴线。全村整体风貌采用能够反映乡村特色的风格,采用"低建筑、低密度"的布局思路,组织新村开发建设，形成"大分散、小集中"的布局特色，为居住者提供充足的公共活动空间，增加家园认同与归属感。另外，通过乡村小路将各个组团紧密联系起来，形成开合有序、富有地域景观特色的现代化乡村景观。

桃蹊五珠滨水岸，柳陌农家展新颜。

涉及桃蹊团结、夏郢、新庄、瞿南、瞿北5个村民组；塑造山水格局之美——传承乡土文化、打造桃林院子：①林水环绕，十里水面映照；②桃花环山，阡陌人家；③榆柳荫后檐，桃李罗堂前。

规划结构

规划形成"一轴、三带、六组团"的空间布局结构。"一轴"为依托东瞿路打造片区核心交通联系轴线；"三带"为依托现有道路和鱼塘打造的滨水绿带；"六组团"分别指通过新建以及梳理整治形成的五个乡村体验组团和一个农家休闲组团。

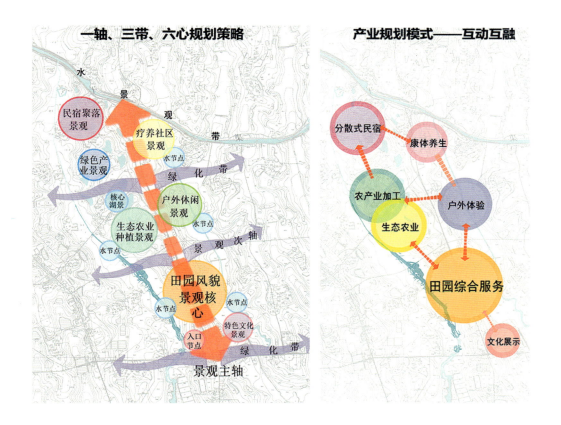

3. 村庄设计（见图纸）

桃蹊影绰——重构乡土社会网络、寻觅失落的"桃源"

河南科技大学建筑学院　　学生姓名：任壮　李美韵　尹湘钰　邓稼栋　李洋　　指导教师：郭祎　梁娟丽

基地区位与历史沿革

地理区位图

大湖名城北，汉风文化园

三十岗乡位于合肥市区西北部，北与长丰以滁河为界，南临董铺水库，与蜀山相望，东与大杨镇相临，西与肥西县一条自然河流相隔。距合肥市中心15km，距合肥新桥国际机场12km，合阜高速公路贯穿全乡，交通便捷。毗邻三国遗址公园，毗邻合肥综合性国家科学中心大科学装置群，是合肥市北部的重要门户和屏障。

历史沿革图

- 中华人民共和国成立初期：三十岗乡处于肥西县岗集区
- 1958年：划给合肥市郊区管辖，成立园林松出
- 1968年：并入优胜公社
- 1973年：从优胜公社分出，成立三十岗人民公社
- 1983年：农村体制改革，撤社建乡，成立三十岗乡人民政府，驻地三十岗至今
- 三十岗镇：从中华人民共和国成立初期到改革开放经历从繁荣到衰败，随着社会主义市场经济体制的建立，三十岗集镇建设得以恢复和逐步发展。

现状分析

旅游资源图

三十岗旅游资源丰富。境内有三国新城遗址公园、李岗牌坊、马神庙、"鸡鸣三县"、朱岗日本炮楼遗址等悠久的历史遗迹，董铺水库、明星水库等湿地以及本瞿地、崔岗片区有崔岗艺术村、王大郢音乐小镇、东华科技等旅游资源。桃蹊片区有桃蹊农场及东瞿美食村。但是目前三十岗乡境内仅有三国新城遗址这一处省级历史文化保护单位，尚有多处有一定历史文化价值的项目需要发掘。现状旅游服务业发展不足，餐饮、宾馆主要集中在桃蹊片区，有农家乐63家，乡村旅社26家。旅游服务业有极大的发展前景。

村庄分布图

三十岗乡下辖9个行政村，107个村民组，5482户。自然村分布散乱，一些村庄撤迁、荒废。

基础设施图

基础设施薄弱，公共服务设施不齐全。自然村庄环境卫生差，庄内基础设施没有配套。三十岗乡行政办公机构主要集中于集镇古城路两侧，没有邮政、电信机构。

道路交通图

三十岗乡地形情况特殊，高低起伏，导致了交通线路的特殊性：南北向道路高程跨越较小，现状建设齐备，交通较方便；东西向道路横跨各级等高线，建设难度大，现状东西向交通不便，仅需要两条县道支撑东西向交通体系。

GIS分析

乡域内地形为岗冲起伏的残丘，属八岗九冲典型的江淮分水岭的脊椎骨，南低北高，东低西高，波状起伏，土地瘠薄，群陵交错。乡域内土质大部分为黄白土，兼有少量的揭黏土，北部滁河沿岸为黄砂土。本次规划利用GIS（地理信息系统）系列软件对用地现状地形进行了模拟，对用地的高程、坡度和坡向进行分析。绝大部分用地坡度在5%以内，三个片区坡向较好，适宜建设用地。全区平均高度约为30~40m。

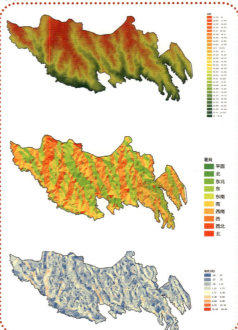

问题探究

产业体系
- 重点解决农业资源要素配置和农产品供给效率问题。
- 通过优化调整农业结构，充分发挥各地资源比较优势，促进粮经饲统筹、农牧渔结合、种养加一体、一二三产业融合发展，延长产业链、提升价值链，提高农业的经济效益、生态效益和社会效益，促进农业产业转型升级。

生产体系
- 先进生产手段和生产技术的有机结合，重点解决农业的发展动力和生产效率问题，是现代农业生产力发展水平的显著标志。
- 构建现代农业生产体系，就是要用现代物质装备武装农业，用现代科学技术服务农业，用现代生产方式改造农业，转变农业要素投入方式，推进农业发展从拼资源、拼消耗转向依靠科技创新和提高劳动者素质上来，提高农业资源利用率、土地产出率和劳动生产率，增强农业综合生产能力和抗风险能力。

经营体系
- 现代农业经营主体、组织方式、服务模式的有机组合，重点是解决"谁来种地"和经营效益问题，是现代农业组织化程度的显著标志。
- 就是要加大体制机制创新力度，培育规模经经营主体和服务主体，加快构建职业农民队伍，形成一支高素质现代农业生产经营者队伍，促进不同主体之间的联合与合作，发展多种形式的适度规模经营，提高农业经营组织化、规模化、社会化、产业化水平。

人
- 回流地：城镇的产业集聚发展，住房市场的供给
- 流入地：稳定就业，补齐公共服务的短板（住房，教育等）

地
- 保证城市化的人口在城市留住（调整土地问题、土地配置供应方式等）

资本
- 城市者的经济活动会往城乡交界处迁移，带来产业重构
- 乡村经济活动也在转型升级，农业的功能、形态、商业模式等正在发生变化，市场在扩大，吸引着资本下乡。

意向提取

水源保护图

现状生态格局图

景观现状分布图

城与乡差异与联系

乡村规划影响因素

项目	内容
城市与乡村的基本区别	（1）集聚规模的差异 （2）生产效率的差异 （3）生产力结构的差异 （4）职能差异 （5）物质形态差异 （6）文化观念差异

项目	联系类型	要素
城市与乡村的基本联系	物质联系	公路网、铁路网、水网、生态相互联系
	经济联系	市场形式、原材料和中间产品流、资本流动、生产联系、消费和购物流、收入流、行业结构和地区间商品流动
	人口移动联系	临时和永久性人口流动、通勤系统
	技术联系	技术相互依赖、灌溉系统、通信系统
	社会作用联系	访问形式、亲属关系、仪式、宗教行为、社会团体相互作用
	服务联系	能源流和网络、信用和金融网络、教育培训、医疗、职业、商业和技术服务形式、交通服务形式
	政治、行政组织联系	结构关系、政府预算流、组织相互依赖性、权利——监督形式、行政区间交易形式、非正式政治决策联系

壹

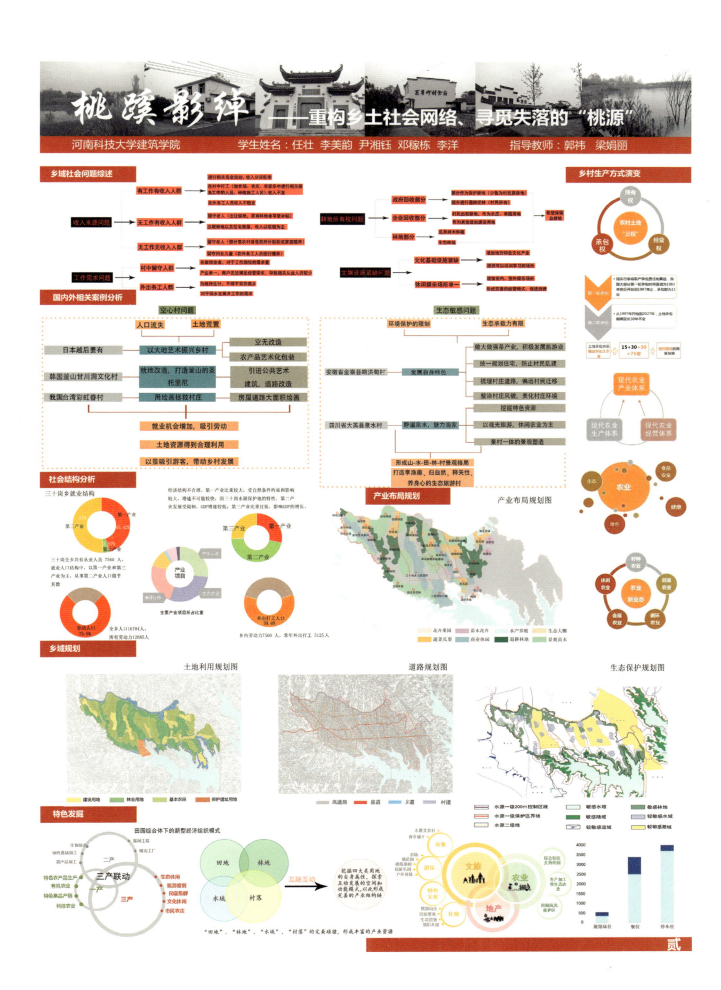

桃蹊影绰——重构乡土社会网络、寻觅失落的"桃源"

河南科技大学建筑学院　　学生姓名：任壮　李美韵　尹湘钰　邓稼栋　李洋　　指导教师：郭祎　梁娟丽

桃蹊片区功能定位

"地利"——吴——桃溪片区
如同东吴，自然基底优越——水多、树密、地肥、景美，大力建设"美丽乡村"，打造"万亩桃花节"、"东瞿美食节"等旅游项目，形成以"中高档农家乐+中等规模瓜果采摘园"为载体的乡村生态度假空间。

"人和"——崔——崔岗片区
如同川蜀，人文气息浓厚——优哉游线、开心乐活，大力建设"特色小镇"，培育"崔岗艺术家聚居区"、"音乐小镇"等特色功能，形成以"类创意总部+创新产品初加工"为载体的特色小镇产业空间。

"天时"——魏——集镇片区
如同曹魏，基础实力雄厚——作为乡政府驻地和商业旧中心，人口密集，配套齐全，面临街道衰退、环境恶化等结构性老化的挑战，有机更新，形成"高品质回迁小区+适量工业园区"为载体的新型"产镇融合"空间。

三十岗乡的三大片区——桃蹊、崔岗、集镇，各显神通，建成不同的空间形态，完善相应的功能格局，形成新型的社会网络。

规划模式

规划形成"一轴、三带、六组团"的空间布局结构。
"一轴"：依托东瞿路打造片区核心交通联系主轴线；
"三带"：依托现有道路和鱼塘打造的滨水绿带；
"六组团"：通过新建以及梳理整治形成的五个乡村体验组团和一个农家休闲组团。

村落空间结构规划

基础设施规划

村落规划

规划理念：
"望山、露水、亮绿、秀村"
聚居点以水体作为主要景观廊道；以岗冲为景观屏障；以滨水广场、居住院落为景观节点；以道路为景观轴线，形成"以水为脉、以岗为屏、群组共生、生态共融"的生态自然景观。

桃源只在镜湖中
影笼清波千里红

叁

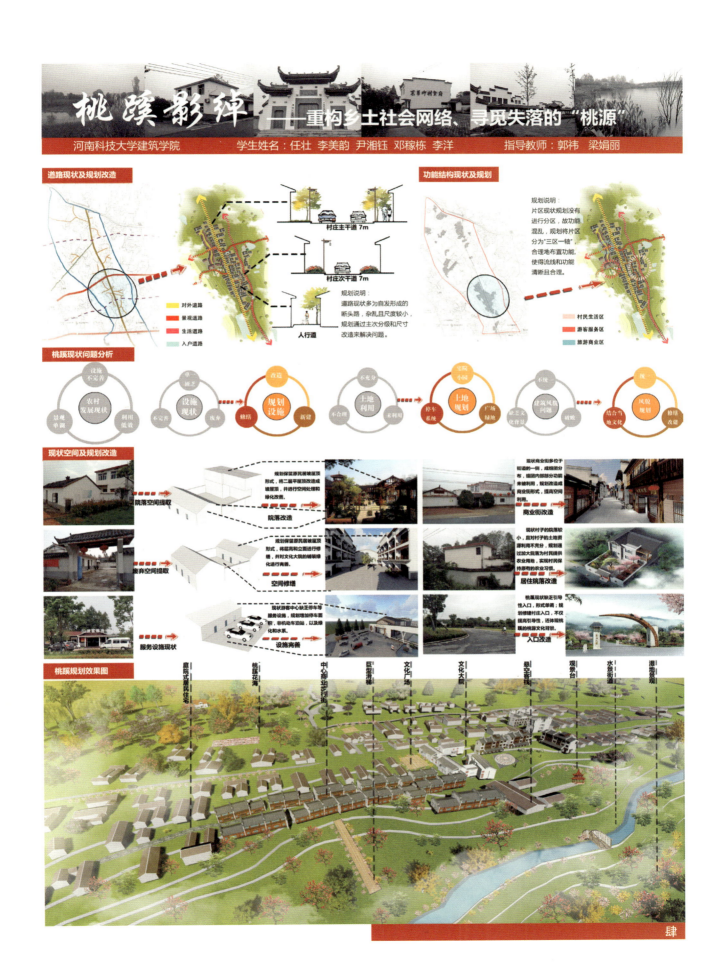

诗意田园，乐居崔岗

【参赛院校】 哈尔滨工业大学

【参赛学生】

刁　喆　　　王碧薇　　　郑　颖

张东禹　　　胡乔俣　　　罗紫元

【指导教师】

冷　红　　　袁　青

合肥的边缘有片崔岗，崔岗村的脚下是合肥的水源，而为了保护水源，崔岗的发展又被局限在了农业。也正是因为坐落在水源地保护区内，崔岗得以在距合肥一小时车程范围内，为纷繁的都市留出一片青山和蓝天。崔岗的土地平实而厚重，崔岗的人民随和而安逸。花纷纷而鹊踏枝，自艺术家谢泽发现这片画中山岗之后，一批一批的艺术家在此落了足，筑了巢，成立了自己的画廊或工作室。村民与艺术家们，彼此掌握着互不干扰的距离，崔岗也自此有了自己的第二灵魂。艺术家们的仙境找到了，但是崔岗艺术村已声名在外，把昔日的仙境逐渐拉回了人间，慕名的游客纷至沓来。并不全是坏事，原本被束缚在田间的村民貌似有了新的机遇，但艺术家们的初衷又该如何在崔岗实现？田园与都市的距离，自然与艺术的距离，村民、游客、艺术家之间的距离该如何把控？或近或远，崔岗的未来似乎面临着一个两难的选择。

醉于崔岗的自然风光与艺术氛围，谁都不愿看到崔岗沦为又一个商业化之后的艺术空壳。哈工大的师生们尝试从规划的视角，挽留住崔岗这各具特色而又相辅相成的两张面孔。目标层面，方案的重点在于坚守生态控制准则，提升村民生活质量，扶育文艺术氛围，协调生活游览矛盾，拉动乡村经济发展。策略层面，计划通过系列措施把控住田园与都市的距离，自然与艺术的距离，村民、游客、艺术家之间的距离，达到生态、环境、文化、生活、经济协同发展的目标。并在实施的层面，制定了环境保护、村庄建设、文化培育、风貌构建的发展计划，以及引导村民自组织自建设、艺术家入住并参与村庄文化建设、游客游览和参与的行动导则。希望借此将明天的崔岗安放到时代发展中一个最恰当的位置。

思考 1

我们理解的乡村不仅仅是一个特殊的空间，更是一个有"烟火气"的聚落。对于乡村规划而言，比物质空间设计更重要的是对"人"需求的深入挖掘。首要的任务始终应是解决基本生活需求，其进一步的任务则是挖掘地方文脉，整合自然资源与人文资源。

崔岗作为一个位于合肥市区边缘的具有旅游性质的"艺术家村"，已经有一定艺术资源的基础。在其全力拉动全村旅游发展的同时，我们更应当需要考虑的，是如何在引入新鲜血液的同时留住乡土、留住村民。避免在完全的商业化之后，只能追忆乡村失去的本真。

所以在规划中我们主要结合村民、艺术家、游客这三类人群不同的需求有针对性地进行村庄规划改造，首先包含交通规划、村庄整治这一系列空间层次的提升，而更重要的是分层经营、村民自治等村庄运营的设想，希望这个诗意的村庄在未来绽放更多的精彩！

思考 2

在乡村发展与治理的过程中，特色文化产业曾一度为乡村发展和乡村振兴提供了新的工作思路。在三十岗乡的崔岗村，一个艺术家聚集的地方，也正在进行"以文化带产业"、"以文化促发展"的乡村发展实践。崔岗村的发展建设对其他以文化为主打的村镇立足当地、进行特色保护与创新发展有着诸多借鉴意义。

在对崔岗艺术家村的规划设计中，自下而上与自上而下两者之间由于利益差异而产生博弈，其中涉及的村民、政府、市场与社会之间错综复杂的交织是我们无法回避的。这种复杂的交织具体表现在政府与艺术家之间以需求促共赢的平衡、艺术家与当地居民之间生活习惯的差异、艺术家与游客之间舒适距离的把控、游客对商业依赖而又反感的矛盾等方面。通过挖掘人与人、空间与人、空间与空间之间的联系，我们希望能够为各项活动提供适宜的场所，并从政府、艺术家、村民和市场力量等多方面提出了行动导则，也对乡村的发展行为进行规范。这也将为其他村镇明确发展定位、协调发展进程、推进持续发展提供启示。

1 [诗意田园，乐居崔岗] 三十岗乡-崔岗村乡村规划

参赛学校名称：哈尔滨工业大学　指导教师：冷红 袁青　小组成员：刁喆 王碧薇 郑颖 张东禹 胡乔俣 罗紫元

乡域 | 发展规划

区位分析
三十岗在合肥
三十岗在庐阳区
上位规划及发展定位

解读 → 合肥后花园 ← 归纳
- 休闲文化游
- 生态度假游
- 有机农业

现状分析

历史沿革
三十岗乡东属肥西直属区 — 划归合肥市郊区管辖，成立翠林公社 — 并入优胜公社 — 成立三十岗人民公社 — 成立三十岗乡人民政府

水文地质现状
- 地形地貌
- 高程分析
- 坡度分析
- 坡向分析
- 地表径流

三十岗乡地形为岗冲相伏的丘陵，属八斗河冲贵东的江淮分水岭的青龙背，南低北高，东低西高，波状起伏，土地肥沃，群眺交错。

水文现状：三十岗乡位于江淮分水岭南侧，属于长江水系，滁河干渠自西南东东，紧靠北部环楼本乡，西有自然河自北向南流往董铺水库。

基础设施现状
- 道路东西向建设困难，雨水直接排放，未进行二次处理利用
- 管网覆盖率低，部分区域直接排入水库
- 0.4kV及10kV线路下方未预留高压走廊

公共服务设施现状
乡政府	以乡政府为中心周边分布，下辖各村的办公机构为街道居民委员会和村民委员会。
村委	
中小学	全乡有幼儿园一所，小学两所，中学已搬迁，职业教育目前较薄弱以短期培训为主。
幼托教育	
文化站	三十岗文化站位于乡政府大院内，开展节日性群众文化活动每年共12次以上，设施完全。
科技设施	
合肥科技园	合肥科技园三十岗分理处位于庐阳区三十岗古城路68号，乡政府南部。
卫生院	庐阳区三十岗卫生院是全乡及周边地区唯一的一个综合性医疗机构。

人口结构现状
- 年龄结构：中老年人、青年人口
- 就业结构：第一产业、第二产业、第三产业

产业结构现状
第一产业：占比较大，但人均耕地面积水平较低，受自然条件约束、退耕还林和居民散井等活动影响，青年劳动力流失，第一产业持续萎缩。

第二产业：全乡现共有三家工业企业，由于三十岗乡为董铺水库水源保护地，二产发展受到限制，只能保有现状，未来无新建工厂，第二产业发展停滞。

第三产业：以货运运输业、商饮业、服务业为主导，产业呈增长趋势，但产值占比较低，崔岗乡最需通过旅游观光等产业提升乡域经济产值。

2009 2010 2011 2012 2013 2014 2015 2016 2017

SWOT分析

优势
1. 位于合肥中心城区内，对外交通便利
2. 生态优美，紧邻董铺水库
3. 特色种植业、历史文化遗存是三十岗显著的特色

劣势
1. 位于水源保护地，生态区位敏感，对三十岗未来建设、产业发展有一定限制
2. 基础设施、旅游服务等相关配套设施仍不完善

机遇
1. 二胎政策、人民收入增长不断促进亲子游、乡村游的发展
2. 合肥市旅游业发展，周边省潜在客源不断增多
3. 崔岗艺术村、音乐小镇等文艺休闲景点知名度日益提升

挑战
1. 周边同质竞品较多，旅游发展竞争较为激烈
2. 旅游发展与水源地保护之间的平衡点探寻

乡域规划

发展战略

目标	生态保育	提升计划	旅游策划
策略	功能梳理	基础设施	竞品分析
	用地规划	产业发展	客源分析
	生态保护规划	风貌控制	旅游线路规划
方法	统筹乡域结构与功能	完善基础设施及管网	各景点充分联动
	防护带与保护区划定	调整产业发展方向	深入挖掘基地特色
	迁村并点与村落定位	整合乡域特色景观风貌	主要服务人群定位

用地规划

图例：
- H11城市建设用地
- H12镇建设用地
- H13乡建设用地
- H14村庄建设用地
- H2交通设施用地
- H3公共设施用地
- H4特殊用地
- H5采矿用地
- E1水域
- E2农林用地
- E3其他非建设用地

保证基本农田面积不变条件下，对土地合理规划，提高建设用地使用效率。

空间结构规划
以杨岗路为主要的发展轴线，向东部城区及西北部空港片区发展，并形成三个核心。

生态保护规划
- 一级水源保护区
- 二级水源保护区
- 三级水源保护区

三十岗乡为水源保护地，通过GIS分析，确定区域敏感等级，敏感级越高越小越敏感，反之亦然。

迁村并点
依据水源地保护要求和基地现状，合理拆迁，保护生态的同时，提升村民生活水平。

图例：
- 计划保留居民点
- 新建居民点

产业发展规划
保证基本农田面积，部分一产向三产转变。加强监管，工厂等企业向零污染排放方向发展。发展旅游等第三产业，使其成为地区支柱产业。

旅游规划专题

周边竞品分析
合肥周边知名乡村旅游产品较多，多集中在距离市中心一小时自驾范围内，产品类型主要包括生态文化、采摘、疗养度假、普通旅游配套设施较为完善。

- 20分钟自驾圈
- 40分钟自驾圈
- 1小时自驾圈

潜在客源分析
近年来合肥市旅游经济持续稳定增长，全市接待旅游人数增速稳增长，平均增长率达到12.6%，同时随着合肥米字形高铁网与高速路网的不断完善，预计辐射潜在旅游人口约1.1亿人。

游览行程分析

图例：
- 一级景点
- 二级景点
- 三级景点
- 观光采摘休闲旅游线
- 崔岗乡村生态旅游线

游览行程分析
主要服务周边省游客，以一级景点为主，着重打造乡村品牌形象，突出自身特色，增加三十岗乡的旅游竞争力。

在一级景点的基础上，增加二级乡村生态游览景点，充分利用三十岗乡三面临水的优势，立足于"合肥后花园"的定位。

三十岗乡深度游，主要面向艺术家及养老人群，以休闲度假游为主，深刻体验三十岗乡的慢路生活。

乡域 | 提升计划

风貌提升计划
- 历史风貌区
- 乡村风貌区
- 现代风貌区
- 艺术风貌区

道路提升计划
对原乡村质量建设不强、打通乡域内联系，加宽市政道路，加强与科学城的联系，同时当车最后的主通行区化优化。满足乡村生活出游及发展需要。

基础设施提升计划

电力工程
规划供电线路沿道路西、北布置，在集镇区的10kV及照明电力电缆采用地埋敷设，至各行政村10kV线路可采用架空线并预留高压走廊。

雨水工程
为保护董铺水库水质，集镇区和农业服务设施发展区的雨水通过汇水处理后再排放到通往董铺水库的水渠；雨水沟可结合道路绿化设置。

污水工程
三十岗污水经两次提升后在合淮路岗集污水汇合，通过四里河路污水干管进入望塘污水处理厂；离集镇区较远村庄可考虑微动力等环保的污水处理方式。

0 0.4 0.8 1.2 1.6 2km

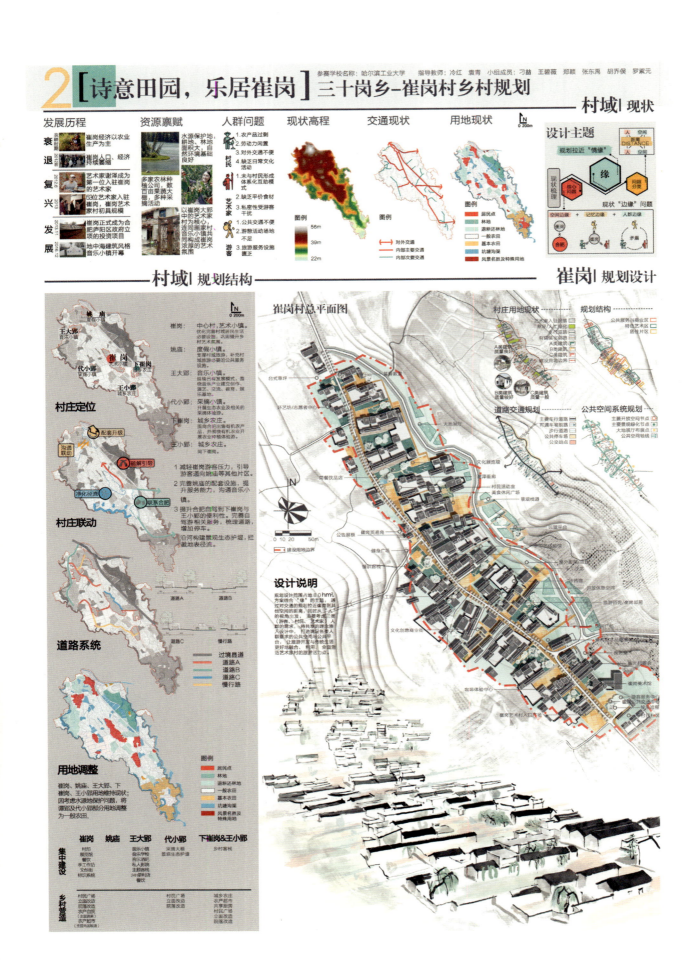

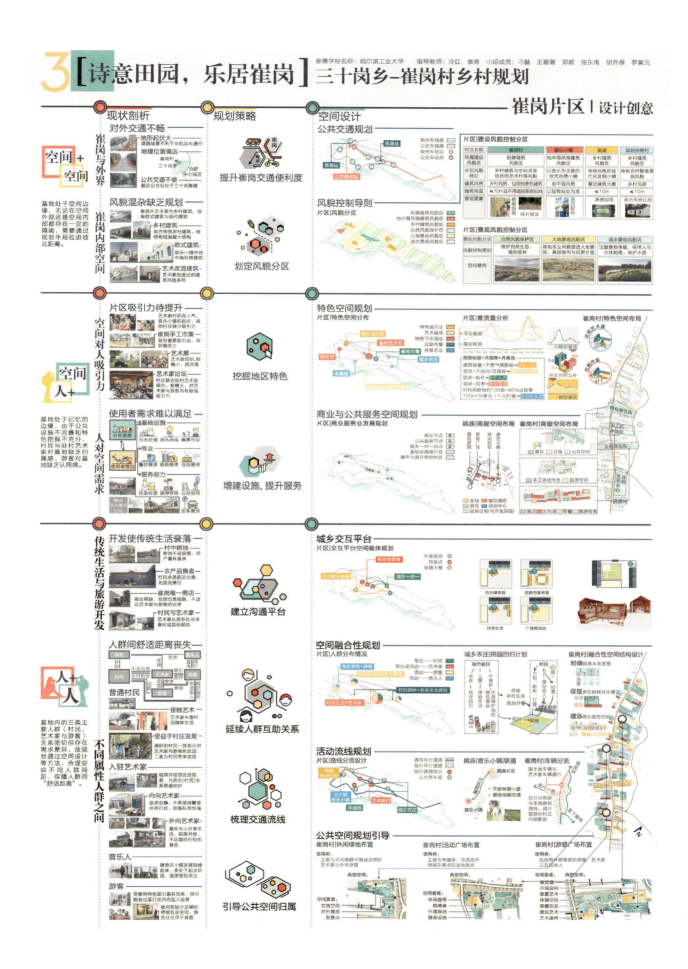

4 [诗意田园，乐居崔岗] 三十岗乡-崔岗村乡村规划

参赛学校名称：哈尔滨工业大学　指导教师：冷红　袁青　小组成员：刁喆　王碧薇　郑颖　张东禹　胡乔俣　罗紫元

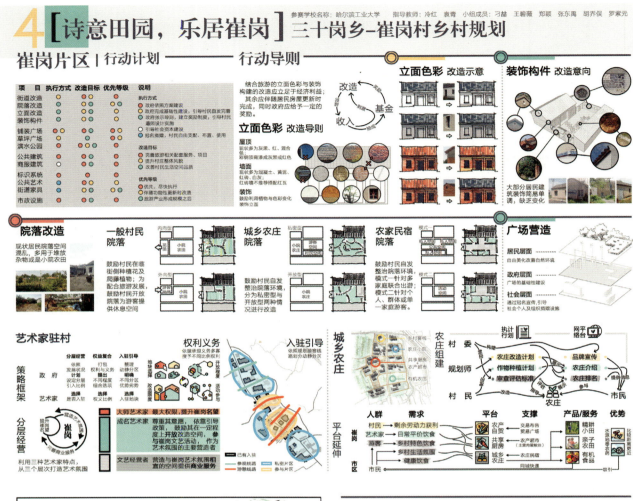

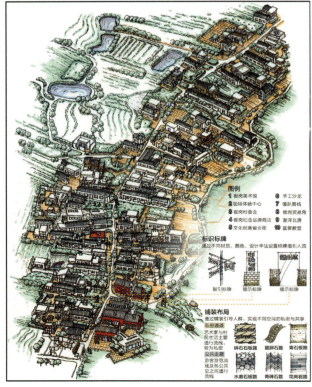

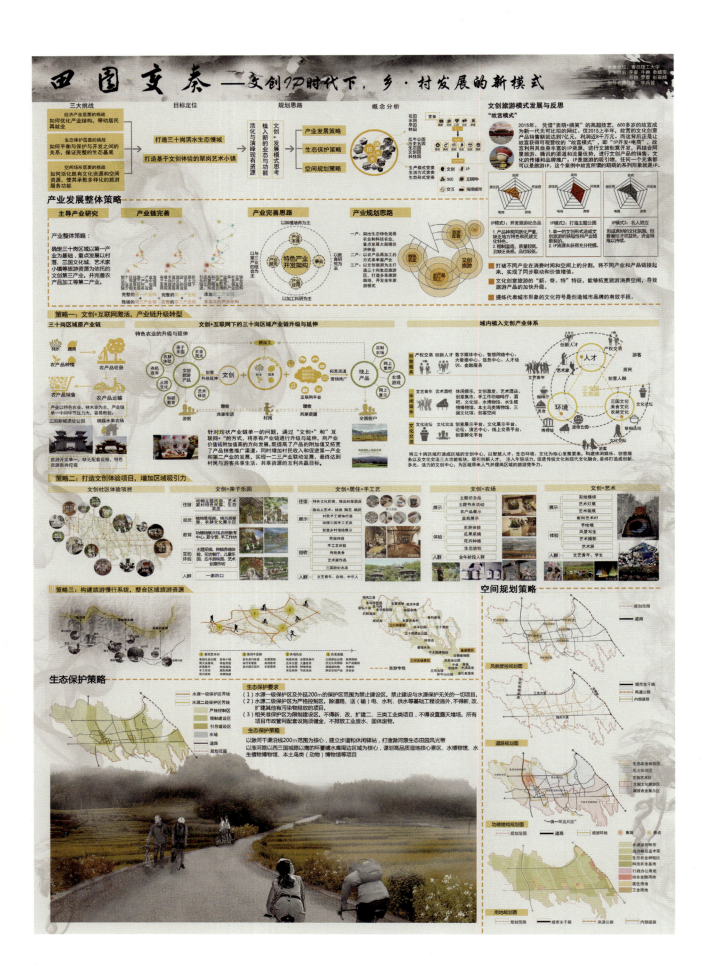

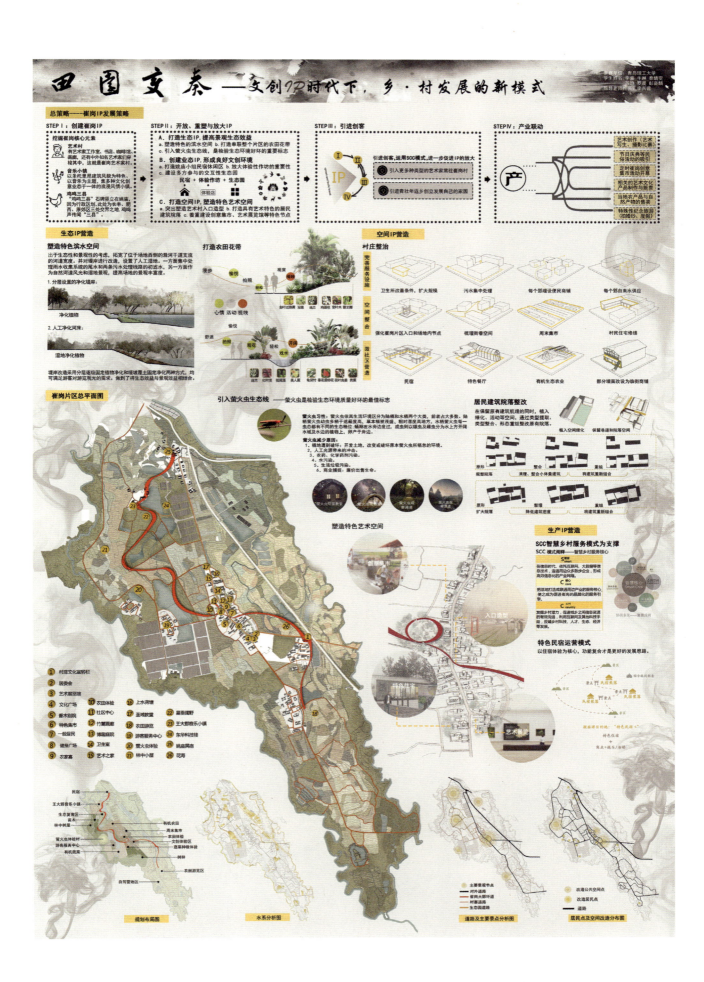

评委点评

高校代表：刘　健

刘　健
清华大学建筑学院副院长、副教授、中国城市规划学会乡村规划与建设学术委员会委员

　　昨天下午，八位专家对参赛的30份作品进行了非常认真的评审，我把它总结成这样几个特点：第一个是这次题目的选择是非常有挑战性的，我们选择的合肥市庐阳区三十岗乡位于城区，面临城市发展带来的城镇化压力，怎么能够保持已经形成的乡村特点，并且希望在未来还有更好的发展，我想对于参赛的各个院校的老师和同学来说，都是一个非常大的挑战，要很好地处理新形势下的城乡关系问题。第二个是三十岗乡是合肥市的水源保护地，从生态角度来说有一个非常严格的保护要求，其实保护本身在某一种程度上会对发展有一定的限制，在这种状况下又要好的发展，又要保护，如何处理发展和保护的关系也是参赛院校所面临的挑战。第三个是要求提出整体的设想，还要针对其中某一个片区的发展提出具体的策略，甚至还要落实到一个具体的村庄的重要空间节点、建筑如何规范，提出了一系列的整体要求，要求各个参赛单位提出连贯的逻辑思路，这对他们的工作，无论是广度还是深度，都提出了更高的要求。虽然题目很有挑战性，我们很高兴看到参赛作品，涉及的学校非常多，来自19所院校，从最北端的哈尔滨，到最南的武汉，西边到了重庆，最东端到了上海，覆盖的地域也是非常广泛。所有提交的作品，应该说都非常高质量地达到了设计任务书的要求，有一个很好的成果。

　　具体来看，虽然这次是乡村规划设计，但是大部分参赛作品都做了非常系统的分析和研究，所以是一个非常系统化的、研究性的规划设想，研究的内容从多个层面分析到经济层面上的多种产业类型的分析，再到环境层面上各种生态要素的分析，还有空间层面上传统的多种系统的分析，都是非常的全面。除了这些分析之外，一方面要提出具体的项目策划，同时也非常关注这些项目怎么去落实和实施的问题，提出了很多机制上的思考，除了传统的规划设计上对空间的考虑，也会想到背后的深层次的影响元素，还有很多方案提到了时间动态上的变化，提到了不同代人之间差异的思考，我觉得这都是非常好的特色。另外一方面，虽然我们针对的是同一个乡，有的甚至是同一个片区，但是从提交的设计方案上来说，提出的思路是非常多元化的，我们在三十个作品里没有看到比较相似的情况。虽然很多设计方案在总的思路上会把村庄的旅游休闲作为未来重要的发展方向，但是在具体的发展路径上，也是非常多元化的，有从文创产业到农业的观光，从文化旅游到人工的体验，甚至包括深入教育主题，借助科技的支撑，比如建立云中心、开发APP等，实际上给我们提供了很多可行的思路。

在成果的表达上，我们能够看到很多创新性的做法。所有的参赛作品实际上还是把传统的规划里所要求的各种专项内容都做了表达，但是表达的方式其实是有所突破，在内容上也非常好，特别是在可读性上给予了非常大的重视，甚至突破了传统城乡规划的表达方式，从面向农民出发，把专业的规划内容和理论化的理念以通俗易懂的方式表达出来，这对于我们去宣传以及未来去实施这个规划是很有帮助的。

作为一名老师的反思，我们这次活动对规划教育提出了很多新的启发。一方面我们在未来的教学当中怎么能够把这种理论化的教学通过实践的案例落地，跟地方结合；另一方面，我们传统上一些规范性的教学如何和当代所要求的创新性结合。从这个角度来说，这次竞赛对未来的规划教学也是有非常重要的推动作用的。

设计院代表：陈 荣

陈 荣

上海麦塔城市规划设计有限公司总经理、教授级高工、中国城市规划学会乡村规划与建设学术委员会委员

　　尊敬的各位领导、各位专家、各位老师同学和规划设计的同事们，早上好。非常荣幸有机会参与这样的活动，对我来说，也是一个学习的过程。通过昨天一天的评审，其实正如刚才刘教授所说，我们在里面可以看到这次竞赛反映了非常多的目前教学和城市乡村规划的研究过程中，已经呈现的一些非常好的趋势。在30份方案里，我更多地从规划实践的角度来思考和评估，因为可能在座的各位同学未来有相当多的，甚至大部分会和我一样参与到乡村规划的实践过程中，在这个过程当中，在学习期间，我们要考虑的重点到底是什么？所以我觉得更多的是从思路上，就是目前教育这样的理论体系和思路与未来的实践是否能够很好地吻合。

　　其次是这次竞赛呈现出一些优点和缺点。我认为可以看出各位都做得比较好，都非常关注在这样一个地区的生态文化的保护和传承，对于原有的村庄的结构和肌理，大部分方案都进行了比较好地保持，很少见到大拆大建，这是我们非常欣慰的。因为现在在各个地方，如在北方以占补平衡的名义，对原来的村庄有所侵犯，通过村庄改造的方式实际上在支持城市的发展，这对于乡村地区是不公平的。我们规划者应该有天然的正义感和使命感，很重要的就是维护规划对象的公平权益，所以对于乡村我们不仅仅要考虑如何去运行，更要考虑原住民和未来住民的公平权益，我们对生态文化的保护和传承非常重要。

　　第二点也很重要，大部分方案都非常注重产业的规划和业态的发展，这是我们传统的空间规划所忽略的，在这轮竞赛中，大部分方案把50%的精力放在如何发展产业，如何面向市场化的业态设计，这是一个非常好的趋势。通过这些和我们原有专业进行配合，做了社会、产业包括空间规划的一些融合，这对于我们未来的工作是非常有利的。

　　第三个方面是每一位同学、每一个小组基本上都在规划概念上进行了创新，有一些创意，另外在技术上包括一些新的技术的引用，都希望把它做得更好，这其实是我们作为规划者非常重要的，每一个规划其实都要把创新和创意当作一个非常重要的使命去追逐。但这里面有一个度，就是说最后是要解决问题的，创新和创意实际上是我们的工具，或者说是一个过程，不能最后变成目的。所以有一些方案可能非常强调概念，但是最后这个概念没办法真正地落地，这就可能会得不偿失。但是不管怎么说，以上三点是我们昨天看到30份方案中，绝大多数的共同的优点。我从实践的角度认为有两点不足，也提出来给各位交流。

第一点，虽然我们非常强调产业规划，这是对的，但是在方案过程中我们也看到过于追求对于产业和业态的创新，其实它已经超越了我们现在这个阶段的能力范畴。尤其是我们在前面两年，可能绝大多数学校都以空间规划和设计为主进行教学，突然让你有一个好的创意，还要指导这个地区的发展，还要面向市场，所以使很多创意和产业的设置失去规范，比如有一个很好的想法但没法落实。其中有几个方案提到做大健康，这对于三十岗乡非常适合，因为这不是每个地方都适合，对区位环境有要求，三十岗乡特别适合，有很多方案都提出来，但是没有一个方案能够深入。这是一个非常复杂的问题，如果说有一个小组去认真了解合肥市老龄化的程度、养老的状况、养老的方式，然后做出针对性的对策，那么你肯定就会得奖。但是我们可能还是停留在养老这样一个模式，所以抓住了概念，但是没有落实下去。当有了好的概念以后，我们的老师和同学应该抓住这样的东西进行更深入的剖析和落实。这是第一个方面，就是说创新和创意对于我们既是优点的同时，也要控制度，因为这不是我们现有的能力所能达到的，所以可能不一定每一个方案都要把概念创新，包括产业的发展，作为我们要去追求的一个目标，你可以在常规产业的基础上进行规划，比如养老本身，包括文创，这也是很适合的产业。不是说一定要想一个和它不一样的，不一样的反而不能够落实，但是有了这个，虽然不一定非常的创新，如果能够很好地落实，其实对我们的方案也是有帮助的。

第二点，几乎很少的同学、很少的方案涉及乡村建设，这也是很重要的，也是很普遍的，因为我们城乡规划专业，是学过设计的，在前面两年一直学设计。为什么在这里面没有涉及，我想和课程设计有关。我可以告诉大家，我们每一个项目基本上都是要落地的，从策划、规划一直到建设落地。我们反思一下，现在规划界是城乡规划的主力，但在实践中有大量艺术家、建筑师包括社会学家他们在参与乡村建设，而且他们的知名度比我们还好，比如说原来在秦岭的2014靠山而居，这是艺术家，还有很多社会学家，他们并没有这个概念，如何参与？因为他们有新的想法，没有我们这个规划方法。其次他很好地和实践活动结合起来，尤其是建筑师，他们进去以后直接告诉农民这个地方应该怎么做，所以在我们的乡村规划里一定会针对性地进行，让我们的设计师和工匠一起研究如何形成，所以我想，在未来从我们自己专业深化的角度，这方面也需加强训练。

最后我提出一个期望，希望这样的活动更多，将来举办得更好，也希望我们这些设计单位能和大家一起合作，提供一些现实的课题，那其实更有意义，你就能知道每个规划如何实施。最后，也欢迎各位有机会和我们单位合作，欢迎大家参与我们火热的乡村规划的实践工作。

规划管理部门代表：王东坡

王东坡
合肥市规划局副局长、合肥工业大学建筑与艺术学院副教授

各位领导、各位嘉宾、各位专家、各位朋友，上午好。首先还是感谢中国城市规划学会小城镇规划学术委员会、中国城市规划学会乡村规划与建设学术委员会和安徽省住房和城乡建设厅、安徽建筑大学以及远道而来的各位专家和来自全国各高校的参与单位的师生。

小城镇建设和乡村规划以及建设事业是当前我们全国的重点工作之一，在十九大报告中，习总书记进一步强调绿色发展方式和生活方式是今后中国发展方式的重要方面，美丽中国乡村振兴已经是当前中国发展的重要战略之一。城乡统筹协调发展也是当前我们中国乡村发展、乡村振兴的重要方面，乡村统筹的发展难点就在于发展的不平衡问题，城乡经济、社会发展不平衡，农村人口流失、生态环境资源恶化等，都是摆在我们面前的现实问题，同时乡村又有非常显著的优点，比如说环境优美，距离城市近的地方是城市的后花园，是休闲和宜居之地。从政府部门关注的角度来说，希望竞赛的方案对于项目基地的调研能够十分充分，研究有非常强的针对性，做的规划方案具有很好的可行性，如果落实的话，落地的实施性也很强。

这一次竞赛方案的选题选择了合肥市庐阳区三十岗乡。三十岗乡有着非常突出的特点，它是城市近郊的一个乡村，环境优美，交通便利，历史文化资源非常丰厚，同时又是我们合肥市的水源保护地，旅游资源非常丰厚，在旅游开发上有一定的基础，同时又紧临我们科学岛，资源集聚效应明显。本次竞赛全国有 19 个高校的师生参加，共收到了 30 份方案。总体来看，各个方案都非常有价值，对于三十岗乡的乡村振兴发展做出了有力的探索，各个方案对于今后三十岗乡的发展有着非常重要的现实指导意义。具体来看，各个方案分别都对三十岗乡的现状进行了调研，分析了三十岗乡的优势和劣势，对各种方案进行了内涵和外延的探讨，提出了不同的发展模式，并且从产业、业态、人与环境的沟通和协调发展等方面，做出了有力的探索。譬如说"结庐人境，创 xiang 归园"方案提出用创客创业的方式与农业农村农民结合，进一步协调发展，提出创客入住，形成创业团队，建立合作机制。譬如说"树人田序"提出以二十四节气进行活动策划，形成全年 24 个节气不间断的旅游活动。譬如说"桃园结忆"，通过对记忆元素的抽取，提出"看得到过去、留得下记忆、握得住未来"的方向。譬如说"田栖文旅乡　康养三十里"，这个方案对文化、旅游、运动、养生等方向都做出了综合性的平衡，提出三十岗乡结合以上方面进行综合性的发展。譬如说"永吾乡"的方案，这个方案给评委老师留下非常深刻的印象，它提出针对旅游、景观、美食等方面做出综合性的开发，同时进一步对管理开发的模式进行了适当的创新，特别是它利用旅游地图的方式进行表达，使人耳目一新。譬如说"从共生到复兴"方案，提出乡村复兴、各地联动，同时挖掘本地的三国历史文化资源，形成特色民宿等概念。譬如说"乡伴而归 悠然田居"方案，它提出智能装备、慢生活概念，提出活力回归、人与自然和谐宜居的模式。譬如说"八方之人·四时之境"方案提出产业优化调整、空间谋划利用，同时对于景点活动进行策划。譬如说"艺创三十里 云网智慧乡"，提出把智慧城市建设、云计算应用到今后的建设过程中。譬如说"诗意田园，乐居崔岗"，这个方案总体来看基本功很扎实，在图片的表达和广度、深度上都比较好，同时对于空间和人的关系做出了探讨。我们在这个会议现场的两侧把这 30 个方案的展板都已经挂出来了，会后大家可以进行交流和学习。

  总体来看，这些方案都很有意义、很有价值，我也相信它会对我们今后三十岗乡实际的开发和乡村振兴的建设活动有着非常有利的帮助，同时我也预祝本次会议圆满成功，也希望我们今后这种活动办得更加广泛、更加有影响力，谢谢大家。

调研花絮

同济大学：三十岗乡见闻录

何为"乡"，何为"村"？在习惯城市环境后，对乡村的印象也在不断僵化固定，青山绿水？沙石小路？事实上，这一切早已并非如此，而乡村调研则让我们对这些问题有了新的认识和看法。

一、天时｜徜徉自然人文胜景

三十岗乡作为旅游目的地名声在外，而我们也有幸得以概览，三国城、桃蹊水果农场、瓜牛公园……其中最具特色的则是崔岗艺术家村。

在艺术家村，我们参观了多间不同类型和风格的民宿和艺术家住宅，并得到了和许多人交流的机会。将农村民房改建为艺术家住宅是非常有趣的尝试，而即将启动的美术馆、咖啡厅等项目似乎也非常具有吸引力，但这些是否能作为产业，为这里带来长期稳定

崔岗艺术家村的旧民房改造　　艺术家村咖啡厅内实景　　艺术家村某民宿一景

瓜牛公园

艺术家村一隅

绿树、蓝步道与蓝色的老师们

当地美食

的客流呢？同学们一边参观，一边互相讨论着，并不时向他们提出各种问题。这样的趋势延续到了餐桌上，每顿饭都伴随着热烈的讨论与交流，美食、美景与人的思想互相碰撞，形成了非常有趣的画面。

二、地利丨共览现代乡村面貌

傍晚时分，全体组员借好共享单车，从住处向不远处的东瞿村进发，一排橙色的自行车在乡村公路上成了独具特色的风景线。在村书记家门口停下车，有些村民就投来了好奇的目光。

东瞿村被定位为"美食文化村"，而最具特色的代表产业就是农家乐。村书记作为第一家开办农家乐的"先锋人物"，带我们参观了他家内部的状况，也对村的整体情况进行了一些说明。从有些特立独行的艺术家村转到"传统"的东瞿村，画风转变也的确有些快。不过，经历了上午参观路线中各具特色的几个目的地，似乎我们也都可以快速接受这样的事情了。

在经过晚餐时又一番激烈的讨论后，组内成员在房间聚齐讨论入户访谈的内容，社会属性、生活方式、产业发展……想问村民的问题越攒越多，不知不觉问题已经列了将近 50 个，而且还在继续增加，后来甚至老师也加入一起讨论。内容定好已是深夜，对第二天的调研采访，也跃跃欲试。

三、人和丨寻找未来发展方向

美景在外，名声在外，但现实的问题依旧不可避免地存在着。第二天在东瞿村进行入户调研的组员们，也是第一次体会到一些想来简单的状况的尖锐性。和村民聊过之后，不禁陷入深深的思考中。

抛开闲庭信步、岁月静好的乡村生活幻象，村民所面临的状况其实和城市居民并无多大区别，甚至在面对相似的情况时，他们所处的境况还要严峻很多。

无法担负的合肥市房价,朝五晚九的打工生活,想都不敢想的子女婚姻和孩子的入学问题……聊完天拉完家常,被采访的奶奶执意要包饺子留我们中午一起吃,而我们只能"残忍"拒绝。心里也不禁感到深深的不安与无奈,作为规划师,到底要怎么做,才能让这些问题得到解决?我们所提供的空间策略,又是否就一定能给他们带来实际的好处呢?

看到了好的一面,当然也接触到复杂的一面,或许我们的任务并非是让问题全部得到解决,也不是给出一个明确的答案,而是认识到这样的现状,也就知道了作为未来的规划师,有多么重大而具有现实感的任务在前面等着我们。

这样想着,似乎一切都变得模糊不清起来,但四周的植物依然茂密葱茏,山间的风也带着一如既往的凉爽问候着我们。踏上自行车,再次走上笔直的东瞿路,无论是这个村庄的路,还是我们的路,都要继续走很久。

同济大学建筑与城市规划学院
2014级城市规划专业学生
周天扬　吴怡颖　韩　硕　邵馨瑶　张宇洁

前往东瞿村的组员们

路灯下的剪影

安徽建筑大学：那么美的村落，最美的还是人

宁静的艺术村午后，慵懒的田野时光。趴在桌子上的我们对着窗外的带着雨水味的天空与氤氲着水汽的农田，不断地将所见的景色一点点地定格在脑海中。回忆这些天在三十岗的调研，我们所记住的不仅仅是这村落的宁静，也还有一张张鲜活难忘的面容。

先说说三十岗，算不上很大，32.58km²，以至于在这里待的几天，除去调研，可能还会有点闲。任务不多的话可以轻松地看到日出、慢悠悠地等待日落与星辰。骑着单车，带着笑语，一群人熙熙攘攘地穿梭在田野的时光，宁静慵懒而又热闹。

在这里，美丽的不仅仅是景色，更是生活在村落的人们。

在东瞿村，饭后的老人们聚在岔路口闲聊着日常的琐事，一边吸着烟，一边逗着自家的狗。和我们聊自家生活的时候，带有浓浓地域特色的口音，走的时候硬往我们手里塞着苹果和矿泉水。当地人喊我们"小侠们小侠们（小孩子，合肥方言）"，听多了，觉得格外顺耳。在我们第二天对东瞿的入户访谈中，更加直接地了解到当地居民的生活状态以及真实性情，大多数家庭在东瞿美食村的建设背景下，生活质量与收入有了明显的提高。访谈中的农家乐老板们对待我们很是热情，主动地与我们聊起生活水平的提高、桃花节的举办、家里老人小孩的去留，我们在他们眼中并不像是外来的访客，更像是邻家的孩童。

在崔岗艺术村，当地的村干部热情地带我们挨家挨户地参观不同风格的民宿与艺术家住宅，介绍着鸡鸣三县的由来和整个艺术村的发展。这场由艺术家

崔岗艺术村

瓜牛公园举办的亲子活动

正在跨过水库的同学们

自发组织，中期政府引导，村民全程自愿的改建潮流，吸引着越来越多的艺术家与游客参观游览。我们有幸采访了一位练国画的老师傅，他极其热情地带领我们参观他的画室，讲述他的艺术与崔岗的故事。在崔岗，因为艺术而留下来的艺术家带着他们的故事和他们的技艺，给崔岗未来的艺术道路增添了无法计数的艺术历史与氛围。

在调研中，各组参赛的团队让平日宁静的村落有了新鲜的元素。一辆辆橙色单车穿梭在三十岗中，从三国城路到大姚路，从东瞿村到音乐小镇，形成一道道靓丽的风景线。团队之间协同合作，团队之中相互配合，尽管白天满乡跑，晚上，组员依旧会针对明天的调研讨论到深夜，大家积极充分地完成对三十岗和三个设计片区的调研，对乡村规划提出自己的想法。不同学校间的学生，带着所学习到的不同知识、所拥有的不同视野，相互交流，在尊重与学习中加强对三十岗乡基地的认识与了解。

作为承办方之一，我们积极筹备，为各个院校的调研准备必要的图纸和调研手册，每一个批次的团队都伴随着我们志愿者的身影，一件件白T恤为整个调研增添了活力，我们也在调研中收获了感悟与服务的能力。

崔岗艺术村老艺人们在为我们讲解他们与崔岗的故事　　　　单车小队

安徽建筑大学的志愿者们

通过此次乡村规划调研，我们认识到作为乡村规划参与者不应该只停留在空间层次上，更应该重视村民的参与性。当下的乡村建设中，政府投入许多人力物力，但是却较少深入关注村庄实际的问题和需求。村民没有参与到村庄建设中，往往不能取得很好的效果。政府统一包揽性的进行的农村工程建设，后续的

蜗牛公园一瞥

傍晚的崔岗艺术村

崔岗艺术村艺术家工作室内的闲情雅致

管理和维护成本也会较高。因此，乡村规划建设需要探索一个长效的内生机制，重视村民的参与性，强调村民对于乡村活化的重要性。

因为那么美的村落，最美的还是人。

安徽建筑大学建筑与规划学院
2014 级城乡规划专业学生
程　龙　徐　杰　沈世芳　王羽轩

崔岗艺术村民宿

华中科技大学小组1：七分乡色三分愁

改革开放以来，飞速发展的城市建设给城市居民的生产生活方式带来了翻天覆地的变化，让我们见证了"中国速度"的奇迹；而广大的乡村地区，像任劳任怨的母亲一样，以其近乎无私的奉献与付出，向城市源源不断地输送营养和血液。这种骨肉渊源的城乡关系无法割裂，血脉相连；农耕文明的深刻烙印早已植入骨髓，乡土中国的文化标签已经扎根在华夏子孙的文化密码中，不可分离。

印象三十岗

一、山

坐落在合肥市西北一隅的三十岗乡，仅需半小时车程便可往来市区。作为一个近郊乡村，三十岗同时具有优美的山光水色和便捷的内外交通两大优势。

山光水色自然人杰地灵。音乐小镇、艺术家村、东瞿美食村方兴未艾；蜗牛公园、三国遗址公园各有春秋。历史与现实、文化与生活遥相呼应，相映成趣。

三十岗山色

二、水

在乡村，山不是山，是人丁；水不是水，是财运。山非山，山亦是山；水非水，水亦是水。地处水源保护地的三十岗，水作为重要环境要素出现在村民日常生活中：桥上闲聊是妯娌，汀步戏水有顽童。经过整治的滨水公共空间既为城市游客服务，又为村民日常生活使用。

三、田

田是乡村之根，是文明生长的母地。作为城郊乡

三十岗栈道

艺术家村咖啡厅

乡村博物馆

汀步戏水

桥头闲聊

池边浣衣

塘前劳作

的三十岗大力开展土地流转工作，桃蹊农场坐落于此，只可惜调研过程未见真容，绿野一片，郁郁青青。

四、园

晨兴理荒秽，带月荷锄归。劳作了一天的村民回到了自己的一亩小园，炊烟缕缕飘出，星稀两声笑语。集镇片区部分村民已经上楼，其他片区村民还有自己的一方小院。千家万户，在夜晚编织属于自己的梦。

仅仅五天的调研行程很快过去，而书写乡村的故事，还在继续……

在此感谢安徽建筑大学、三十岗乡政府对于调研提供的帮助。

农场大门

桃蹊农场现状

已建成居住区

农家小院

下图是帅气的组长、四位智慧与美貌并存的组员和一位不愿上镜的同学。

文字撰写 | 周子航

图片来源 | 周子航　邓　弘

合肥工业大学

调研日期：2017-8-22 至 2017-8-26
调研地点：中国，安徽合肥，三十岗

在这里，你可以寻找心中向往已久的田园风光。逼仄狭短的柏油路旁，是一排排高耸陡立的杨树，微风撩拨起硕大的枝叶，低矮的红砖瓦房镶嵌在道路的两侧，驻足的闲暇，能听到周遭自然世界里虫禽和植物微妙的呢喃声。从大杨镇的柏油路拐进三十岗，道路就像电影画面一样展开在眼前。一路起起伏伏到底，就是滁河干渠和崔岗村。三十岗，离繁华的城市也仅是20km的行程，却是另一番世态的景貌，安静、质朴、沉郁的香气、充满生命的气息，沿途逶迤的生态气息拴住了都市人的躁动不安。三十岗拥有着合肥最美的郊外，有着"天然氧吧"、"都市生态园"的美誉。

一、相识

我们怀着好奇与憧憬驱车来到三十岗，掩映的树影，消除了夏日的燥热感。我们随着老师与村民进入崔岗，在这里艺术家与村民混居共处，村庄在与艺术家、住民和游客的各种互动中有了别样的韵味，充满惊喜。

慢趴客栈——为情怀

一条通往艺术之村的柏油马路；
一家充满匠人之气的素陶工社；
一幢弥漫自然之韵的民宿客栈；
一个四口之家的悠然园田生活。

"慢下来，你可以什么都不做，脑袋放空最好不过。趴着、躺着、靠着，怎么舒服怎么来。"

有多少人憧憬着"一房、两人、三餐、四季"的惬意生活，又有多少人许下十里桃林的美好誓言，只要你想，三十岗等你来。

大姚路

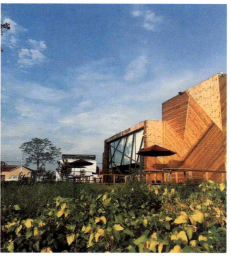

有种房子盖着是为了好玩

民居

一栋老屋,半壶清茶,一条老狗,一只懒猫,把夏日的影子拉得老长

那人那屋那狗

二、相知

这个夏天,有幸遇见三十岗,我们经过分析和对资料的整理,确定认识三十岗的路线。在这里有充满艺术气息的崔岗村,讲述着村民与艺术家的故事;有地中海风格的音乐小镇,在熠熠阳光中散发着别样光彩;有寂静灵动的滁河干渠,浸润着村庄和人民;有散落在桃林田野间的烟火人家,也有无尽的乡野风光。

三、相忆

时光似水流年,三天的行程转眼就结束,我们踏上征途,回到城市,带着鞋底泥土的芬芳,也带着满心的留恋与不舍,挥一挥衣袖,作别三十岗的云彩。

未来的乡村,其实是一种"隐形城市化"的状态,有生态的环境,有传统的历史,有现代化的生活。

"我要做的,就是让人们在某种无目的的漫游状态中,一次又一次地从亲近身体的场所差异中回望那

乡村风采

座青山,返回一种我们已经日渐忘却的知识,使一种在过去一个世纪中被贬的生活方式得以活生生地复活。"——王澍

合肥工业大学学生

陈 帅　黄慧芬　秦 晗　徐临心

注：部分图片来自网络
图文排版 | 黄慧芬
图文撰写整理 | 合肥庐阳基地合肥工业大学小组

青岛理工大学

一、我们看到了什么?

一条路,城市到乡村的心境拐点

从城市驶入乡村,也许只是经过一个弯弯的拐角。

道路两旁斑驳的树荫遮住了合肥盛夏的气息,带着青草气的风吹散了最后一丝暑意,阳光透过上方树叶的空隙流下来,鎏金般淌满了一地。道路两旁的杨树倏忽而过,三十岗的故事就从这条长长的林荫路开始。

一个乡镇,绿树掩映,流水潺潺,炊烟袅袅

从大杨镇的柏油路拐进三十岗,道路就像电影画面一样展开在眼前。一路起起伏伏,微风撩拨起硕大

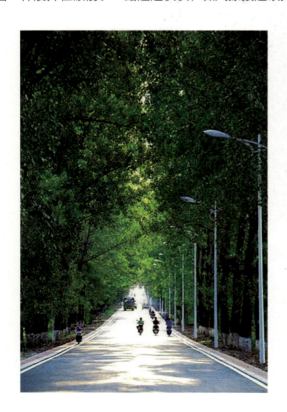

的枝叶，低矮的红砖瓦房镶嵌在道路的两侧，到底，就是滁河干渠和崔岗村。三十岗，离繁华的城市也仅是20km的行程，却是另一番世态的景貌，安静、质朴、沉郁的香气、充满生命的气息，沿途逶迤的生态气息拴住了都市人的躁动不安。三十岗拥有着合肥最美的郊外，现已成为合肥的"城市后花园"，有着"天然氧吧"、"都市生态园"的美誉。

一个乡村，静美如画，心灵栖息之所

这儿是一座村庄，多少年来一个模样，因为艺术家们的到来，在短短几年的时光里，它奇迹般地改变了自己的模样，升华了自己的内涵，这便是打造乡间艺术家村的崔岗。

崔岗村，这个从前寂寂无名的小村庄，如今因为瓦房等艺术家工作室的进驻，而变得渐渐有名气了。目前已经建成的工作室有：瓦房工作室、小梅多肉植物馆、徽风色影八间房子、棉花乐园、柴院客栈、胡海林工作室。

二、我们听到了什么？

在崔岗艺术家村，我们参观了多间不同类型和风格的民宿和艺术家住宅，并得到了和艺术家、村民、政府工作者交流的机会。在乡村发展的过程中，艺术家们的入驻能够为当地的村民带来些什么？他们是否改变了村民们原本传统的生活方式？仅凭艺术家们真的能为这里带来长久而稳定的客流吗？同学们一边参观，一边互相讨论着，并不时向他们提出各种问题。这样的趋势延续到了餐桌上，延续到了骑行调研的路上，延续到了三十岗的灰瓦绿树里。

三、我们感受到了什么？

短短三天的旅程转眼即逝，但我们和三十岗的故事才刚刚开始。

经过一天的访谈和崔岗村的入户调研，我们发现在艺术村美好光环笼罩下的崔岗仍然有着广大中国农村的显著矛盾。面对居住、上学、就业、收入这些城市人的烦恼，村民的焦灼感似乎也并无不同。艺术家的入驻使得这个几百年来日出而作、日落而息的传统农村正发生着不可描述的变革，生活方式的不可调和也使矛盾的积累来到一个阶段性的饱和点。随着调研的深入，我们越发疑惑我们到底能为这个村庄带来什么？什么样的产业策略才能重新给这个看似名声在外的村庄带来内部真正的活力与生机？

身为在城乡规划道路上踽踽前行的求知者们，我们应该重新认识和定义乡村和乡村建设的价值、意义，认识到其中蕴藏的中国传统文化的宝藏，同时也让这些村落成为治愈人与人的关系、治愈人与自然关系的地方。

调研虽然结束了，但带给我们的思考却远远没有结束，村庄的路起起伏伏，却终会走到终点，但我们心中的路还很长很长……

青岛理工大学建筑与城乡规划学院
2014级城乡规划专业学生
李 豪 牛 琳 秦婧雯 苏 静 罗 晨 彭裔麟

文字编辑｜李 豪

河南科技大学

一、三十岗乡初印象

"乡村与城市的穿梭",沈丛文爱说这句话,并不是矫情,而是源自出身于湘西沅水流域的一种自豪。山水相连处,是彪悍的船工与温柔而多情的山水,更有清纯的翠翠和天保兄弟青涩而凄美的爱情,这让现代都市里被雾霾包围、被交通拥堵堵得没有脾气、被沉重的工作和生活压力压得抬不起头来的我们,多少生出几丝怨言:为什么我们不能轻松而自由地在城市的繁华喧嚣和农村的清静安逸中穿梭?

合肥市庐阳区的三十岗乡,为这种自由的穿梭提供了一种可能。庐阳区是合肥的"首善之区",辖区既包含了长江路、步行街、市府广场的繁华,也囊括了大杨镇和三十岗乡的城乡结合带和纯粹的乡村地带。

二、三十岗乡村规划竞赛调研——我们在行动

1. 取径访古迹

天气凉爽,河南科技大学参赛小组成员们骑上自行车就开始上路了。这一路上绿树成荫,风景秀丽,真是惬意。欣赏着三十岗乡的大好风光,骑车的疲惫都烟消云散了。

2. 笑问客从何处来

骑的时间长了,大家就停在一个村头休息。正好看到两位老人,便和他们攀谈起来,老人给我们讲起了这里的历史故事,我们听得津津有味,不舍得离去。可是,我们没忘记此行的目的,即使不舍,也要往前走。

3. 书生意气,挥斥方遒

到达目的地后,大家拿出专业工具开始测量、讨论,各抒己见,思想碰撞,十分热闹。

苏州科技大学

一、望得见山、看得见水、记得住乡愁

一直以来，乡愁是我们对故乡和童年往事的一种独特的眷恋。这份眷恋是让我们向前的动力，也是呼唤我们停下来回首的一种声音。我们不断成长，不断失去与获得，最终想要抵达的都不外乎是那片家园净土。然而，乡愁也不知何时在心里变成了紧闭的大门，对故乡的美好画面只存在在记忆里。守护这份净土，守护我们的记忆。

二、山重水复疑无路，柳暗花明又一村

伴着夏日明媚的阳光，我们小组开始了调研的第一站，骑行前往田园与文化相结合的崔岗艺术文化村。

"绿遍山原白满川，子规声里雨如烟，乡村四月闲人少，才了蚕桑又插田。"每当我读起这首诗，都会不由自主地想起乡村迷人的田园风光。八月的崔岗隐藏在蜿蜒的绿荫路之后，五彩斑斓的田园和建筑让人眼前一亮。没有城市的喧闹声，没有城市的车水马龙，乡村显得宁静干净，我们可以听见鸟儿清脆的叫声。

稻田之上，云端之下，山谷里静悄悄的家

崔岗印象，艺术角落

三、善鼓云和瑟，常闻帝子灵

往前走来到了第二站——即将成为合肥市乃至安徽省第一座音乐小镇的王大郢音乐小镇。

悠扬的音乐伴着田园的微风汇成大自然的乐谱，咖啡屋的浓香合着草地的清香穿过整个小镇，音乐学院里孩子们时而嬉戏，时而沉浸在音乐的海洋里……美好的憧憬正在这令人心旷神怡的田园中孕育而生。

四、桃李不言，下自成蹊

在清晨的微风中，整顿好旗鼓准备开始深入调研的我们来到了第三站——桃蹊片区。骑行在田野边的自行车道上，伴着身旁潺潺的流水，不由得心生惬意。

当地的居民都很热情，入户调研进行得很顺利。农家乐老板热情地和我们述说着政策与日渐繁荣的餐饮行业，屋后奶奶倾诉着乡村生活的平凡安稳和儿孙在外上班的艰辛。在无间距的访谈中，我们对这块质朴的大地有了更深入的了解。

小镇入口（左上）
墙上的艺术涂鸦（右上）
小镇院落（左下）
咖啡屋（右下）

潺潺的流水　　　骑行的队员们　　　　　　村民访谈

伴着天光云影,三天充实的调研结束。结束不是终结,而是新的开始,是我们学习成长的开始。抬头望望天,向前义无反顾。

五、我们的花絮

调研是享受学习、留下美好记忆的过程,怎么可以缺少欢乐时光呢。

九人一队,能自行凑一桌,免了遭受看得到吃不到的等人拼桌开饭之苦。彭老师友情赞助的"小守"队服,在他人一水的安徽建筑大学T恤包围下显得格外亮眼,引发了他校大学生对我们学校和老师的浓厚兴趣与歆羡。——薛智婕

天光云影

田间小屋

花絮之"最全阵容"

桃花岛位于合肥市三十岗乡西北部，四面环水。我校调研团队一行骑车穿越绿树荫翳的林间小道，终得以曲径通幽。岛主是位和蔼淳朴的老人，和金庸笔下孤绝傲岸的黄药师大相径庭。图为终于找到小卖部歇脚买水，迫不及待鱼贯而入的我们。——王笈

调研第三天于汪堰村经过一农家小院时，薛智婕闻声出动，对当地"居民"小白进行了"精神上的深入采访和心灵上的沟通"，为我们对当地文化和现状的深入了解作出了"实质上"的贡献。

以下是我记录的她俩的对白：
小白："呜呜呜汪，汪汪汪！"
薛智婕："呜汪，呜呜汪！"
好吧，知道你们听不懂，我也是。——黄林杰

调研时期，很幸运地躲过了夏季最炎热的几天。骄阳伴着些许清风，使得骑行的我们心旷神怡。依水的自行车道是安徽三十岗乡的一个亮点。可能是有深入自然之感，内心格外的安静和平和。感受风土人情，享受其中美好。——龚肖璇

花絮之寻访"桃花岛主"

花絮之"土著民小白专访"

花絮之"团队骑行"

花絮之"田间欢笑"

第一天的调研，经历了大半个小时的艰难骑行与队友的光荣负伤，最终在安徽建筑大学同学的热情帮助下，我们的大队伍会师于王大郢音乐小镇。夕阳的余晖下，大家在音乐小镇旁的空地上休憩，微风抚去了疲惫与炎热，此起彼伏的欢笑声回荡在广阔的田野上。——石娟

苏州科技大学建筑与城市规划学院
2014 级城乡规划专业学生
薛智婕　石　娟　黄林杰　龚肖璇　王　笈
指导教师
潘　斌　彭　锐　范凌云

团队合照

南京师范大学

对三十岗乡的印象就是"绿色",一路上没有太多的喧嚣,没有太多的建筑,弥漫着的都是清新自然的气息。我们望得见是绿树成荫,看得见是清水涟漪,记得住是乡镇人家的悠闲惬意。

一、美学赏析·崔岗艺术村

与平日里那些"美丽乡村"有所不同,崔岗艺术村坚持着"原生态、原风貌、原住民"的原则,让这里的自然风貌、乡土气息去吸引艺术家到此安下精神的家园,也让久居都市的城里人回忆起那份"乡愁"。

艺术的灵感来源于生活。艺术家们在闲置的农居里布置了自己的工作室,和当地乡民日出而作日落而息,将自己活成"桃花源"的居民,描绘自己的天马行空,表达自己的一腔情怀。

二、鲜食佳味·东瞿美食村

在这里,你能够获得新鲜的食材,能够吃上原汁原味的农家土菜,还能够到河边去钓上三五条鱼。我们通过和当地村民去交流,能够听到村民对生活环境改善的慨叹,能够看见乡村景观的整洁宜人,也能够去铭记他们目前遇到的新问题。

三、亲近大地·桃蹊水果农场

看到农场大门"筚路蓝缕,以启山林",我们能够感受到三十岗乡人民的朴实无华以及建设"都市后花园"的热情与决心。我们是赶着八月的尾巴来到农场,没有赶上宣传片里的采摘节,有点可惜。但是从网络

资料上，还是能够感受到采摘节的热闹场景。

桃蹊水果农场已成功举办了两届中国·合肥桃蹊桃花节，吸引了数十万游客前来赏花、踏青。除了桃花节，农场还有桑葚采摘节，以及西瓜种植基地举行的西瓜节。通过举办各种采摘活动，三十岗乡成功地提起合肥市民对采摘的兴趣，积极满足合肥市民的各类亲近自然的需求。

四、自然游憩·自行车漫道

我们傍着绿树的萌荫骑行在自行车漫道上，一边是东瞿水库沿线渠道，一边是田园风光，领略着自然与人文的和谐景观。面向田园，我们看到桃树，看到茶树，看到荷塘等；面向水渠，我们看到水面木盆中的采菱人，看到长椅上盯着水面的垂钓人，看到沿岸的亲水木栈等，无一不在显示着乡村生活的恬静。

五、缘在桃蹊·怀感恩胸蕴乡计

通过这次大赛调研，我们学习到很多规划知识，也结交了一些来自五湖四海的朋友。而且，在调研过程中，我们互相交流调研的程序与方法以及注意点，彼此印证着那些书本上的理论观点，一起探讨我们各自不曾涉猎的新领域。

在此，感谢三十岗乡规划竞赛的主办方！感谢一路支持、指导我们的李红波老师！

脚丈江山湖海，胸蕴社稷春秋！

南京师范大学地理科学学院
人文地理与城乡规划专业
潘瑜鑫　鲁嘉颐　吕王亦庄
徐　梁　章云睿　朱晏君

上海大学

8月29日,队员们早早地收拾好行装,在上海火车站集合,前往合肥南站。经历三个多小时的车程,顺利抵达了目的地庐阳区三十岗乡。

从高铁站到基地,穿越了整个合肥市,穿越城市的喧闹进入了宁静的乡村。没有城市的车水马龙,作为水源保护地的三十岗乡,显得十分的安宁干净。

第二天一早,我们就前往基地三个片区之一崔岗进行调研。在通往目的地的观光车上,才真正意识到我们是真正意义上接触了这静谧的乡村环境,沿途的原生态环境让我们惊叹不已。实地调查中碰到正在崔岗考察的乡领导,为我们详细介绍了当地建设的一些现状和困难,受益颇深。

无人机首飞

崔岗艺术村落

石磨

艺术家工作室

8月31日，天公不作美，清爽的多云天气开始洒下了小雨，尽管如此，队员们仍然是早早起床，戴上草帽和雨伞，积极前往农户家中进行访谈，对基地的人文环境进行更进一步的了解。

9月1日，走在雨后泥泞的小路上，新鲜的空气扑鼻而来，野花的清香袭绕，雨后的乡村总显得那么清新。村民的热情好客让我们感受到此地淳朴的乡情。调研回来正好碰到街上的集市，这是乡村最为热闹的日子，街上各色小摊小贩正在摆摊售卖自家的产品。

村民访谈

民居客厅　　　　　　　　　　　　原生态环境

村民调研

民居院落

集市

结语

美好的时光总是短暂的，短短的五天调研，我们感受到了最原生的乡村环境，体会到了此地淳朴的乡情。此次竞赛对我们认识和了解乡村而言，是一次弥足珍贵的经历，我们将结合我们的专业背景，通过竞赛来为此地的规划建设尽一份绵薄之力。

参赛成员
吴逢舟　韦秋燕　黄卓　汪涛　李思　刘琦琦
指导教师
田伟利　张天翱

大合照

华中科技大学2：城市边缘三十岗乡的美丽邂逅

一、初识三十岗

113°53′E~117°06′E，29°58′N~31°54′N

行驶15km、耗时30分钟，

从城市到乡村，喧闹戛然而止，宁静回归本心。

在2016年8月22日，我们小组成员从合肥南站下车之后，伴随着行驶的汽车，便领略了合肥城市景观逐渐向乡村景观变化的过程，从市区到三十岗乡只需要15km，坐汽车大概30分钟左右的路程，交通十分便利。

最美乡村公路丨夕阳

鸡鸣三县丨日落崔岗

三十岗乡作为合肥市西北角城市边缘区的一个美丽的乡村，是典型的城乡结合部地区，依托董铺水库与房大郢水库的水源保护地带，有效遏制了城市对其的扩张和侵蚀，乡村的自然环境和优美景观得以保护和延续。

由于城市的巨大压力和快节奏的生活方式，越来越多的城市人开始寻求到乡村去度假或安家，而三十岗乡正是合肥市民体验慢节奏生活与乡村生活的一个很方便的地点，未来的发展也将会越来越好。

匆忙整理好行李之后，我们小组几人便与其他学校的老师同学一起坐着观光电瓶车前往崔岗艺术村，村落位于三十岗乡的西北边界地区，鸡鸣三县的传说亘古流传。从集镇坐电车前往大概需要10分钟左右，风景随着起伏的路面在心中荡漾，十分惬意。

午后温暖的阳光透过密集的行道树叶照射在脸上十分安逸，置身于崔岗村的优美环境之中宛若突然走进了世外桃源般。

许多艺术家会在周末或者闲暇时间选择在这里进行艺术创作，住宅的外部装饰风格各异，有外国的元素也有中国传统文化的符号，屋子里的艺术展品琳琅满目。

小院子里的凉亭、古树、茶几烘托出十分温馨的环境氛围，在日落之际，阳光正好，微风不噪，初来三十岗的我们便被她的美丽所折服。

在会上，书记向我们详细介绍了三十岗乡包括崔岗、集镇与桃蹊三大片区在内的发展概况，同时也对我们提出的问题进行一一解答，这让前来调研的同学都更加全面和深入地了解了三十岗乡，对我们后期的规划设计方案有很大的帮助。经过小组的细致讨论，我们选择桃蹊片区作为规划方案设计的对象，在之后的时间里面将对桃蹊片区做详细的调研。

从孟德山庄前往乡政府的路上，路边可以看见各类商品杂货店，居民的房子立面都进行过整修，延续着这里传统民居的建筑符号。在集镇上建有集中的居住区，很多村民都已经"上楼"，慢慢适应着更为现代方便的生活。

二、地块概况

"桃李不言下自成蹊"，桃蹊得名于此，而以桃花节闻名于合肥。与崔岗和集镇片区不同的是，桃蹊片区更加体现的是乡村野趣的自然风光，北部滁河干渠顺流而过，携带两条人工水渠南北方向流下，南依环湖北路，构成桃蹊片区自然边界线。经过路面改造与设计，水渠旁侧已经形成环绕片区的自行车骑行绿道，而片区中部则由东瞿路横贯南北，连接滁河干渠路与环湖北路，可供车辆行驶进入，杨岗路与袁大郢路穿插于地块内部，连接内外，整个桃蹊片区可以说构成了一幅交通便捷、生活健康的美丽画卷。

三、村庄观察

建筑白墙青瓦，风格形式统一，基本每户都有做农家乐，但还未到旅游旺季，村民三三两两地在一起闲坐交谈。

艺术之家

调研动员 | 多彩集镇

景观一隅

集镇沿街立面

桃蹊水果农场 | 入口

袁大郢 | 整治

东瞿美食村 | 农家乐

汪堰村

绿道 | 小组成员骑行

杂货店 | 与村民交流聊天

袁大郢自然村湾经过整治之后整体情况较为良好，民宅布局错落有致，建筑质量得到改善，有些地方还在继续整修。

汪堰村位于桃蹊片区地块北部，村庄也经过了一定的整治改善工作，住宅与环境质量较为良好，从调研情况来看内部的居民数量较为稀少。

四、骑行调研

骑车穿行在桃蹊片区中，满眼都是树木花草的自然景观，从东瞿路一路向北，我们感受了美食村的人间烟火，绕行于桃树未红、桑葚滴绿、荷叶飘香、苗木林立的桃蹊水果农场之中，在滁河干渠沿路的树荫中沐风骑行，俯瞰东瞿湿地的大好风光，享受袁大郢路的陡坡高速。在桃蹊片区精心调研的两天时间里，用双脚丈量每一份土壤的自然朴实，用目光体会乡村生活的恬静惬意，用真心倾听居民的切实需求，为之后的规划设计打造良好的调研基础。

一天清晨，我们小组6人早早骑自行车前往三国遗址公园。原本以为这么早可以免费进去，后来发现不能进去，只好在遗址公园旁边转了转，然后回来准时吃早饭，感觉略有遗憾。在调研的倒数第二天傍晚时分，从桃蹊片区出来，我们就突发奇想去了一趟南边的科学岛，里面的设施配备很齐全，环境也很安静，本来还想到董铺水库旁边看一下，发现没有路可以过去就只好作罢。

离开三十岗乡的那天下午我们到合肥市区发放了一些关于乡村知名度方面的问卷调研，然后我们几个人以一顿聚餐结束了本次调研之旅，附上小组成员的照片。

在此，特别感谢三十岗乡政府以及安徽建筑大学的老师与同学对我们本次调研的大力支持与帮助，还有辅导老师对我们的设计的悉心指导。

小组成员
屈佳慧 谢智敏 金桐羽 张致伟 周玉龙 张 阳
指导教师
邓 巍 王智勇 丁建民

偷得浮生半日闲 | 三国遗址公园

科学岛内部景象

小组成员聚餐照片

小组成员合影照片

第三部分

基地简介

安徽省合肥市庐阳区三十岗乡基地调研报告

一、三十岗乡基本情况

三十岗乡隶属于合肥市庐阳区，位于城市西北郊，城市水源地——董铺水库的北岸，区域未来生态休闲带——滁河干渠的南侧，距离市中心15km，向西距离合肥新桥国际机场12km，是合肥市重要的水源保护区。全乡下辖9个村民委员会，一个园艺场，107个村民小组，面积约32km²，全乡总人口约1.7万人。乡政府驻地三十岗集镇建设面积约25.50hm²，人口约1500人。三十岗乡全乡东西长9.8km，南北宽6.5km，地形为八岗九冲的残丘，属典型的岗冲起伏的江淮分水岭脊椎骨地形，南低北高，东低西高，波状起伏，畔畈交错，其中西北部最高程海拔达60m以上，而东南部最低程海拔为29m。

根据三十岗乡的区位和资源特点，本区域其现状具有以下几方面特征：

1. 水源保护地

三十岗乡位于合肥市饮用水源地之一董铺水库上游北岸，该区域的所有生产和建设活动都必须服从水源保护地的相关法规和规范的要求。水源地的特殊区位和机理对乡域内的产业选择和生态建设提出较高的要求，而对于三十岗乡的保护涉及城市的用水安全问题。该区域的生态敏感性不仅反映在本区域，还覆盖全市生态安全系统，乡域内生态林木覆盖和农业污染物的处理是规划处理的难点。目前，三国城路以南区域的村庄搬迁安置工作基本完成，随着土地流转、种植结构改变，该区域的面源污染得到控制。

图1　三十岗乡规划区域在城市总体规划中的位置
资料来源：编者根据合肥市总体规划绘制

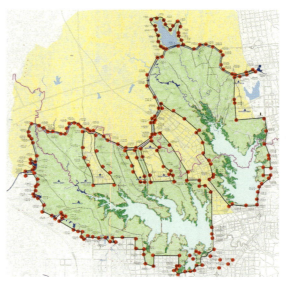

图2　合肥市两大水库水源保护区划线图
资料来源：合肥市两大水库水源保护规划

2. 城市近郊

三十岗乡离合肥市中心区仅 15km 之遥，属于城市近郊，区域性基础设施如合淮阜高速公路穿境而过。三十岗与城区通过三国城路相连接，交通较为便捷，近郊区位给该地区带来了诸多的发展潜力。该区域的发展定位和生态环境建设等诸多方面应从市级甚至更大的范围内来研究分析，同时还要考虑城市—乡村之间的协调发展。

3. 生态农业

三十岗乡立足城郊优势，积极开展土地流转，突出发展绿色农业、生态农业和旅游农业，着力构建现代农业发展体系，建成了合肥市最大的设施农业基地，已形成以西瓜、蔬菜、草莓等为主的生态农业生产基地。其中，"三十岗"牌西瓜已通过国家级"绿色食品"认证，并成功申报成为国家农产品地理标志。生态林业逐年壮大发展，果木业和苗木基地具有一定规模和影响力，桃蹊农场的 5000 亩桃园较为有名。

4. 休闲旅游

依托该区域原生态自然条件和三国遗址公园，整合全乡自然资源，以碧水蓝天、田园风光和生态农业为内容，积极开展农家乐活动，加快发展生态文化旅游。三十岗乡生态农业旅游区于 2011 年被评为国家 AAAA 级旅游景区，其境内还有另一国家 AAAA 级景区三国新城遗址公园及其他人文景观。自 2004 年至今，三十岗乡已连续成功举办十四届西瓜节、十一届三国文化节、九届牡丹节、五届桃花节、顽石音乐节、自行车嘉年华、年货节等节庆活动，同时，推动了崔岗画家村、东瞿美食村和音乐小镇等一批美丽乡村的建设和发展。"养生水源地 慢城三十岗"已经成为三十岗乡休闲旅游的标签，该区域集农家乐旅游、农业旅游和休闲旅游于一体，将旅游与农业有机结合，实现了经济效益和社会效益双丰收。

5. 历史文化

境内的三国文化遗址公园是安徽省重点文物保护单位，是安徽省乃至全国保存较好、极具史学价值和军事研究价值的三国文化遗产，也是不可多得的宝贵历史资源和文化积淀，以及不可再生的历史文化遗产，经过多年的保护发展，已经成为国家 AAAA 级景区。同时，境内还有鸡鸣三县、朱岗炮楼、李香馥故居等历史文化资源，这给全乡增添了浓厚的历史文化氛围。

6. 科学中心

2017 年 1 月，合肥综合性国家科学中心获批准。合肥是继上海之后，国家正式批准建设的第二个综合性国家科学中心。合肥综合性国家科学中心主要聚焦信息、能源、健康、环境四大领域，开展多学科交叉和变革性技术研究。根据《合肥综合性国家科学中心建设方案》（以下简称《方案》），能源和环境领域的研究主体为中国科学院合肥物质科学研究院，依托现有同步辐射、全超导托卡马克和稳态强磁场三个大科学装置，新建部分大装置，形成具有重要影响力的大科学装置集群。《方案》提出大科学装置集群核心区规划在合肥科学岛及周边地区，已有大装置位于科学岛现有科研园区内，在科学岛西北面即三十岗乡境内划出 2000 亩作为大科学装置集群新园区，聚变堆主机关键系统综合研究设施、大气环境立体探测实验装置、合肥先进光源等拟新建大装置将在三十岗乡落地。

二、相关规划解读

1.《合肥综合性国家科学中心建设方案》

（1）合肥综合性国家科学中心的内涵与特征

综合性国家科学中心是国家创新体系的基础平台，是充分发挥大科学装置的集群优势，集聚国内外创新资源，促进科技交叉融合的大型开放式研究基地，是重大科技和共性技术取得突破、创新性成果不断涌现的创新高地，是驱动我国从全球科技竞争"跟跑者"向"并行者"、"领跑者"转变、代表国家水平的策源地。

合肥综合性国家科学中心具备以下特征：

一是服务国家战略需求。科学中心的核心目标是围绕国家使命，通过突破重大科学原理和核心前沿科技，提升国家基础科学研究和原始创新能力，为建设创新型国家和科技强国提供重大支撑。

二是提升自主创新能力。依托高度集聚、国际先进、相互关联的大科学装置集群，充分发挥其支撑作用，集聚国内外的优势研究力量，开展相关科学和技术领域的前沿研究，产生世界级的重大科技成果，在相关科技领域国际领跑，实现自主创新能力的巨大提升。

三是辐射带动发展。通过建立跨学科、跨领域的创新协作网络，带动国内相关高校院所学科或科技发展，带动国家整体研究水平提升。通过与产业界产学研合作，为中部区域乃至全国的创新发展提供源源不断的新动能。

四是集聚高水平创新创业人才。吸引全球顶尖的科学家、一流的科研人才团队，海内外优秀创新创业人才，铸就国家创新型发展的高端智库，成为我国开展国际合作和协同创新的重要基地。

（2）总体思路和主要目标

1）总体思路：牢牢把握世界科技发展方向和全球产业变革趋势，服务国家战略，依托合肥地区大科学装置集群，聚焦信息、能源、健康、环境等重大领域，吸引、集聚、整合全国相关资源和优势力量，推进以科技创新为核心的全面创新，强化科研院所和高等院校科技创新主体作用和基础作用，大力营造良好的人才集聚环境和自由开放的科研制度环境，下好创新"先手棋"，建设国际一流水平、面向国内外开放的综合性国家科学中心，开展多学科交叉研究，产生变革性技术，催生战略性新兴产业，成为国家创新体系的基础平台、科学研究的制高点、经济发展的源动力、创新驱动发展先行区。

2）主要目标：到2020年，基本建成合肥综合性国家科学中心框架体系，初步建立高效运行的体制机制，为系统推进全面创新改革提供有力支撑。

一是大科学装置建设取得突破。现有大装置性能不断提升，部分新建大装置列入国家计划并启动建设，形成有重要影响力的大科学装置集群。

二是原创性成果不断涌现。依托大科学装置集群开展的前沿研究取得突破，在量子计算与通信、磁约束核聚变、功能材料、超导、强磁场科学技术、天基信息网络、离子医学、精准治疗、大气环境等领域取得具有世界影响力的成果，部分细分领域代表国家领先水平。

三是共性技术研发圈基本建成。建设和提升创新平台支撑服务能力，建立研究机构和相关方向研发单位协同创新、开放共享的体制机制，突破一批关键共性技术。

四是创新创业人才高地基本建成。造就集聚一批国内外顶尖科学家、教育家和研究团队，高水平工程技术和管理人才，以及一批优秀企业家、高技能人才的队伍。

五是创新型现代产业体系基本形成。在服务国家参与全球经济科技合作与竞争中发挥战略支点作用，为我国经济提质增效升级作出更大贡献。创新引领产业发展的作用进一步凸显，若干重点产业进入全球价值链中高端，成长起一批具有国际竞争力的创新型企业和产业集群。

六是基本建成合肥综合性国家科学中心制度体系。在政产学研用协同创新、大装置建设与运行机制、科研项目组织、造就集聚人才、开放合作、科技成果转化、金融对接等方面取得突破，营造自由开放的科技创新环境。

到 2030 年，建成国际一流水平、面向国内外开放的综合性国家科学中心，建成重大科技基础设施集群与高校院所、产业机构等深度合作的创新生态，引领带动全国创新驱动发展，成为国际创新网络的重要组成部分，为我国科技长远发展和创新型国家建设提供有力支撑。

在区域规划布局上，合肥综合性国家科学中心主体由坐落在合肥市的三大核心区构成。大科学装置集群核心区规划在合肥科学岛及周边地区。托克马克、稳态强磁场等已有大装置位于科学岛现有 2800 亩科研园区内。在科学岛西北面划出 2000 亩作为大科学装置集群新园区，聚变堆主机关键系统综合研究设施、大气环境立体探测实验装置、合肥先进光源等拟新建大装置将在新址落地。科技成果转化层核心区规划在合肥市高新区，中国科学技术大学先进技术研究院、中科院合肥技术创新工程院、合肥工业大学智能制造技术研究院等新型研发机构坐落于合肥市高新区，已有占地面积近 2000 亩，将在西南面再划出 5000 亩用于建设量子信息技术、离子医学等研发平台和科技成果转移转化平台。"双一流"建设核心区，围绕中国科学技术大学、合肥工业大学、安徽大学等高校，开展"双一流"建设。三个核心区距离相近，将能最大限度地激发乘数效应，集聚形成我国提高自主创新能力的"创新发展核"。

2.《合肥经济圈城镇体系规划（2008—2020 年）》

合肥经济圈发展成为我国泛长三角的重点城镇群、中部崛起的重要战略支点、安徽省的核心增长极和创新极，成为资源节约、环境友好、社会和谐、区域合作的典范，带动全省社会经济的跨越式发展。

（1）总体发展策略

①强化多元协作，打造合肥经济圈产业集群；②整合优势资源，构筑省域经济发展支点；③强调共享共建，建立合肥经济圈城市联盟；④转变发展模式，建设资源节约、环境友好社会。

（2）总体功能定位

（国家层面）全国重要的科教基地、能源基地和区域性交通枢纽；国家承接产业转移示范区和自主创新示范区。（区域层面）安徽省参与泛长三角区域合作的核心区；泛长三角区域重要的科技创新基地；长三角西向发展的门户，与武汉城市圈、中原城市群、昌九城镇群、长株潭城市群等竞争合作，实现中部崛起战略。（省域层面）安徽崛起的战略增长极；安徽进一步对外开放的门户区；安徽新型工业化和科学城镇化的重要承载地；安徽创新型建设和区域合作的示范引领区；拥湖临江、依山傍水、宜居宜业、和谐创新的生态型城镇群。

（3）规划目标

到 2015 年，合肥经济圈的经济规模持续提高，占全省比重 45% 以上。到 2020 年，合肥经济圈国内生产总值预期 18000 亿（合肥 9000），年均增长 14% 以上。到 2020 年，合肥经济圈总人口约为 2400 万人，城镇人口约为 1580 万人。到 2030 年，合肥经济圈总人口约为 2635 万人，城镇人口约为 1990 万人。

（4）旅游发展

至 2020 年，合肥经济圈形成"一圈、三城、一山、一水"的旅游发展空间体系。"一圈"指泛巢湖旅游圈；"三城"指合肥、桐城、寿春古城；"一山"指大别山；"一水"指巢湖。

（5）大力发展现代农业

加快发展都市型农业。依托龙头城市和中心城市经济、科技、信息和人才优势，优化整合区域内农业资源，大力发展优质高效农业、特色精品农业、高科技设施农业、绿色生态农业、休闲观光农业和以食品工业为主的农产品加工业，加快促进城郊型农业向都市型农业转变，建成与合肥经济圈工业化、城市化发展相协调，具有明显特色的多功能都市型现代农业格局。

（6）生态环境建设目标

坚持生态优先原则，构筑科学合理的区域生态支持体系，落实生态功能分区管理，加强区域生态建设与环境污染防治，促进资源的保护与合理利用，提升区域生态环境质量，实现合肥经济圈经济社会持续发展。

（7）江淮丘陵岗地生态区

生态建设重点主要是加强水土保持工作，实施退耕还林、还草，退田还湖，从根本上解决江淮分水岭地区易旱问题；综合治理巢湖污染，建设巢湖重要水域功能区。

2016年2月合肥经济圈改为合肥都市圈。

3.《合肥市城市总体规划（2011—2020年）》

（1）城市发展总目标

全面建设和谐社会，提升城市首位度和知名度，增强省会城市综合竞争力，扩大经济辐射与服务能力，加快改革开放，以科技创新为本，生态友好为目标，全面提升城市综合实力，奋力率先崛起，努力将合肥建设成为中国中部地区自主创新能力最突出、创业环境最优、人居环境最佳的现代化滨湖城市。

（2）城市发展定位

①接轨沪宁，联动长江的先发城市；②立足皖中，引领全省的中心城市；③科教领先，辐射全国的创新城市；④优势独具，合作发展的产业城市；⑤依山傍水，滨湖通江的宜居城市。

（3）社会经济发展目标

到2020年，合肥市地区生产总值达到5000亿元，人均地区生产总值超过8000美元；合肥三产结构比达到5：45：50;城镇居民人均可支配收入3.5万元，农民人均纯收入1.5万元；社会就业充分，社会保障体系较为完善，社会秩序良好，文明程度全面提高。

（4）城市性质

合肥是安徽省省会，全国重要的科研教育基地、现代制造业基地和区域性交通枢纽，长江中下游重要的中心城市之一。

（5）合肥市域总人口

远期2020年合肥市域总人口为710万人，其中城镇人口525万人，城镇化水平为74%。中心城区城市人口规模：远期2020年，中心城区城市人口360万人。中心城区城市建设用地规模：远期2020年，中心城区建设用地360km^2，人均建设用地100m^2。

（6）乡村发展策略

①以中心村为核心，带动周边基层村成立农村社区，进行市政基础设施和公共服务设施配套建设，提高农民生活质量，适当控制人均建设用地标准。②乡村建设应进行分类指导、示范带动。③保持和发扬农村建设的传统特色、风貌景观。④积极发展现代农业以及农家乐等农业生态旅游业，优化产业结构，提高农民收入，把农业、务工、旅游以及服务业等作为农民收入的增长点。

（7）中心城区城市建设用地发展方向

规划期内城市主要向西、向南发展，适当向北、向东方向发展。

（8）重点对环境敏感度高的地带进行控制

一是城市西北部以两个水库为核心的水源保护与涵养地带；二是城市东南通风口、泄洪区、圩区等低洼地带。

（9）总体规划对庐阳区的功能定位

城市新型工业区、仓储物流区和环境优良的城市综合功能区。庐阳区发展要点：重点加强城市水源的保护，建设水源涵养及生态林工程，严格控制好城市西北部的开敞空间；进一步改善生态环境，加快森林公园和新型城市住区建设，提高人居环境质量；加快城市分区中心建设；工业以无污染类型为主导，有效利用铁路北站积极发展物流业；加快蔡田铺污水处理厂等基础设施建设。

4.《皖江城市带承接产业转移示范区规划》

皖江城市带是实施促进中部地区崛起战略的重点开发区域，是泛长三角地区的重要组成部分，是东部沿海地区产业向中西部地区转移和辐射最接近的地区之一。设立皖江城市带承接产业转移示范区，有利于深入实施促进中部地区崛起战略，探索中西部地区承接产业转移的新途径和新模式，促进产业结构升级，优化区域产业分工，推动区域协调发展。皖江城市带着力探索科学承接新途径，加快产业结构调整，提升综合竞争力；着力促进创新资源整合，完善自主创新体系，增强内生发展动力；着力推进资源节约集约利用，加强生态建设和环境保护，促进产业发展与生态文明建设相协调；着力推动劳动力转移就业，促进基本公共服务均等化，切实保障和改善民生，努力把皖江城市带建设成为产业实力雄厚、资源利用集约、生态环境优美、人民生活富裕、与长三角地区有机融合、全面协调可持续发展的示范区。

（1）示范区战略定位

合作发展的先行区，科学发展的试验区，中部地区崛起的重要增长极，全国重要的先进制造业和现代服务业基地。

1）创新合作机制，在利益分配机制等方面先行探索，在更大范围内实现资源优化配置。

2）探索产业承接与自主创新，统筹发展新思路，推进承接产业创新提升，增强自主发展能力，提高资源节约集约利用水平。探索经济社会协调发展新途径，加快社会事业发展，推进基本公共服务均等化。探索城乡统筹发展新模式，缩小发展差距，推进城乡一体化。探索体制改革新举措，强化政策支持，促进产业有序转移。

3）积极承接产业转移，进一步做大做强优势产业，着力培育高技术产业，加快发展现代服务业，构建现代产业体系，发展壮大一批规模和水平居全国前列的产业集群，培育形成若干具有国际竞争力的行业龙头企业和世界知名品牌。

（2）产业发展重点

大力振兴装备制造业，加快提升原材料产业，加速壮大轻纺产业，着力培育高技术产业，积极发展现代服务业和现代农业，构建特色鲜明、具有较强竞争力的现代产业体系。

1）发挥示范区人文资源优势，主动承接国内外文化产业转移，培育文化产业骨干企业，推动文化企业跨行业、跨区域、跨媒体发展，打造具有核心竞争力的文化品牌和产品，形成独具特色的文化产业集群。

2）加快发展红色旅游、历史文化旅游、乡村旅游、休闲度假旅游，积极开发合肥等城市文化旅游景观。加强以市场为主导、资本为纽带的旅游合作开发，支持国内外旅游企业跨地区并购重组，促进皖江旅游产业结构优化升级。引进国内外资金、品牌和管理，加强旅游基础设施和配套服务设施建设，提升旅游经营和服务水平。实施精品旅游战略，将旅游观光与休闲度假、购物娱乐、商务活动结合起来，延伸旅游产业链。完善旅游商品销售体系，开发特色旅游商品。推动旅游企业集约化经营，发展具有全方位服务功能和较强竞争力的旅游集团。

大力发展水稻、棉花、油菜、蔬菜和茶叶生产，提升农产品质量安全和专业化服务水平。扩大蔬菜生产规模，建设优质安全蔬菜供应基地。推进商品林基地建设，合理布局林产品加工企业，优化林业生产结构，有效利用荒山荒地，扩大重点地区速生丰产林基地、高效经济林基地生产规模。加强优势苗木花卉生产，建设合肥、芜湖、马鞍山苗木花卉基地。

5.《合肥市庐阳区城乡一体化规划》

（1）发展目标

①夯实基础，营造特色，建设现代化经济强区。坚持"三产富区"，全力打造中央商务区；立足"工业强区"，大力发展加工制造业；围绕"生态立区"，加快都市型农业基地建设。②完善设施，美化环境，建设现代化生态城区。着力实施三大工程：城市建设与管理创新工程、生态环保工程、数字城区建设工程。③依托社区，以人为本，建设现代化文明城区。

（2）发展定位

①合肥市中央商务中心。②合肥市清洁水源地。③合肥市重要旅游基地。④合肥市民营经济示范区。⑤合肥市人居天堂。

（3）规划总目标

城乡之间通过资源和生产要素的自由流动和优化配置，逐步使城乡经济、社会、文化、生态和空间得到持续协调发展，最终实现城乡融合。

（4）生态农业和绿色农业的发展和综合经营是庐阳区农业发展的重点

加快建设农业示范基地，尽快形成城镇型农业的龙头企业。积极发展都市型农业，构成最为紧密的城乡结合类型，促进农村地区与城市的有机融合。

（5）合理配置社会设施

引导城乡居民建设相对集中，充分发挥社会设施的效益，保证良好的社会效益和经济效益。

（6）城乡生态网络规划围绕"生态立区"的思路，重点建设水源涵养林和城市森林公园，加快都市型农业基地建设

水源涵养林：在水库二级保护区内大力发展永久林地，适当发展旅游、休闲产业。将此地区内的村民迁移到城市化地区，取消或治理污染源。将伸向水库的几个串岛建成休闲之岛。

城市森林公园：包含市苗圃在内的南淝河上游地段，公园总面积约 5km^2。城市森林公园的建成将是贯穿市区的南淝河上最具生态效应的绿色明珠。

农业经济林：在三十岗乡和大杨镇交界区域的岗坡地上建立农业经济林基地，并与合肥高新技术农业园相毗邻，改变这一地区的农业产业结构。

生态农业林：在水利条件较好的地段发展生态农业园，即位于三十岗乡东侧。大力推进传统农业从数量型向质量效益型的转变，开发绿色农产品。以满足城市需求为导向，加快推进农业科技化、市场化和产业化进程，进一步提高农产品商品率和综合产出效益。大力推进农业产业化进程，加快发展一批龙头企业。

6.《合肥市国民经济和社会发展第十三个五年规划纲要》

（1）指导思想

高举中国特色社会主义伟大旗帜，全面贯彻党的十八大和十八届三中、四中、五中全会精神，以马克思列宁主义、毛泽东思想、邓小平理论、"三个代表"重要思想、科学发展观为指导，深入贯彻习近平总书记系列重要讲话精神，认真落实"四个全面"战略布局，牢固树立创新、协调、绿色、开放、共享五大发展理念，深入贯彻省委省政府决策部署，坚持创新转型升级发展不动摇，以提高发展质量和效益为中心，以加快调结构转方式促升级为主抓手，以增进人民福祉、促进人的全面发展为出发点和落脚点，统筹推进经济建设、政治建设、文化建设、社会建设、生态文明建设，当好全省"三个排头兵"，确保率先全面建成小康社会，加快建设长三角世界级城市群副中心，为建设"大湖名城、创新高地"奠定坚实基础。

（2）基本原则

不断解放思想。思想解放程度决定改革深度、推进力度、发展速度。进一步在解放思想中统一认识、凝聚力量，敢走新路、敢破难题，勇于打破陈旧观念和传统体制的束缚，推出更多具有合肥特色的改革创

新之举，不断释放全社会发展活力。

致力改善民生。实现好、维护好、发展好最广大人民的根本利益是发展的根本目的。把增进人民福祉、促进人的全面发展作为建设与发展的出发点和落脚点，切实解决好人民最关心最直接最现实的利益问题，不断提高人民获得感和满意度，充分调动人民积极性、主动性、创造性。

加快创新发展。发展是硬道理，加快发展必须是科学发展。把创新摆在发展全局的核心位置，加快推动产业结构向高端化转变、增长动力向创新驱动转变、发展模式向内涵式集约化转变、城市建设与管理向功能品质提升转变、公共服务向均等化优质化转变，实现更高质量、更有效率、更加公平、更可持续的发展。

突出生态优先。绿色是永续发展的必要条件，绿水青山就是金山银山。坚持节约资源和保护环境的基本国策，把好山好水好风光融入城市，更加注重源头治理和长效机制建设，大力发展绿色低碳经济，倡导绿色低碳消费，构建资源节约型、环境友好型社会。

深化改革开放。改革是发展的强大动力，开放是发展的必由之路。坚持问题导向，深入推进重点领域和关键环节的改革，加快形成引领经济发展新常态的体制机制和发展方式，着力提高开放型经济水平和城市国际化程度，激发全社会创新创业创造活力。

推进依法治市。法治是发展的可靠保障。坚定不移走中国特色社会主义法治道路，坚持法治合肥、法治政府、法治社会一体建设，推进科学立法、严格执法、公正司法、全民守法，把经济社会发展纳入法治轨道，促进治理体系和治理能力现代化。

强化党的领导。党的领导是实现经济社会持续健康发展的根本政治保证。必须贯彻全面从严治党要求，发挥各级党委（党组）领导核心作用，不断增强党的创造力、凝聚力、战斗力，不断提高党的执政能力和执政水平，保证经济社会发展的正确方向。

（3）战略定位

"十三五"时期，对照建设长三角世界级城市群副中心的要求和打造"大湖名城，创新高地"的愿景，合肥发展的战略目标定位为：

全国高端产业集聚区。以加快培育发展战略性新兴产业为重点，加快产业结构升级，优化产业空间布局，以新产业、新业态为导向，以高端技术、高端产品、高端产业为引领，实施一批居于产业链核心环节和价值链中高端的重大项目，培育形成具有国际竞争力的产业集群。

国际有影响力的创新之都。率先通过系统性、整体性、协同性创新改革试验，激发全社会创新活力与创造潜能，努力推动经济保持中高速增长、产业迈向中高端水平、发展动力实现新转换，推动大众创业、万众创新，打造具有国际影响力的综合性国家科学中心和产业创新中心。

全国性综合交通枢纽。统筹推进全国性综合铁路枢纽、高等级公路枢纽、航空门户枢纽、江淮航运中心等建设，促进各种交通方式有效衔接，畅通人流物流渠道，为聚集国内外资源，促进枢纽型经济发展、建设长三角世界级城市群副中心筑牢基础。

全国内陆开放新高地。加强与"一带一路"的对接，推动与长江经济带互联互通，坚持"引进来"与"走出去"并重，建设一批互联互通、基地型、服务型开放平台，扩大对外投资贸易规模，推进城市的国际化建设，完善接轨国际的投资贸易体制机制，打造全国重要的对外开放新高地。

全国生态文化旅游名城。以巢湖生态文明先行示范区建设为重点，打造城湖共生、生态宜居的典范。挖掘城市文化内涵，集成全国乃至世界先进文化成果，整合周边生态旅游等资源，加快建设以大湖、温泉、湿地、名镇为特色的环巢湖国家旅游休闲区。

（4）发展目标

在率先全面建成小康社会的基础上，结合合肥经济社会发展实际，全市"十三五"经济社会发展的总体目标是：

经济总量位次前移。在提高创新水平和质量效益的基础上，经济增长速度力争"两位数"，保持全国省会城市前列，生产总值力争达到10000亿元，年均增长10%左右，人均生产总值达到12万元。规模以上工业增加值达到4000亿元，年均增长11%左右。财政收入力争达到1600亿元，其中地方财政收入力争达到840亿元；全社会固定资产投资累计完成4万亿元。社会消费品零售总额达到3500亿元。进出口总额达到300亿美元，累计招商引资2万亿元，其中外商直接投资180亿美元。

创新水平全国一流。国家全面创新改革试验形成一批可复制推广的经验，创新创业活力全面激发。全社会科技研发投入R&D投入占生产总值比重达到3.5%。公民科学素质指数达到15%。三次产业结构持续优化，调整为4：50：46。产业迈向中高端水平，高新技术产业增加值占生产总值比重达25%。新产业新业态加速成长，战略性新兴产业产值达到7000亿元。服务业增加值达到4600亿元，年均增长11%。

城市功能显著增强。新型城镇体系基本完善，户籍人口城镇化率持续提高，达到50%。城市建成区面积扩大到500km^2，市区常住人口突破500万人，空间布局合理，功能定位清晰。城乡区域发展更加协调，县域实力持续增强。水、电、气、热、公交等公用设施不断完善，全国性综合交通枢纽地位进一步凸显，国际化都市区框架初步形成。

民生福祉持续提升。居民人均可支配收入增长与经济增长保持同步，城乡收入差距逐步缩小，率先实现整市整体脱贫。就业更加充分，城镇登记失业率控制在4.5%以内。义务教育实现优质均衡发展，普及高中阶段教育；医疗卫生资源实现均衡化配置，医疗机构每千人床位数超过8.5张；公共文化服务网络全面建成，全民健身活动全面普及；人口自然增长率控制在10‰以内，实现人口均衡发展。开工建设保障性安居工程13.6万套。劳动年龄人口受教育年限明显增加，人均预期寿命和主要健康指标不断提高。

文明程度明显提高。中国梦和社会主义核心价值观更加深入人心，爱国主义、集体主义、社会主义思想广泛弘扬，社会文明风尚更加浓厚，文明城市建设深入推进，市民思想道德素质、科学文化素质、健康素质明显提高，全社会法治意识不断增强。公共文化服务体系全面建成，文化产业增加值翻一番，成为重要支柱产业，城市品牌形象显著提升。

生态环境不断改善。主体功能布局和生态安全屏障基本形成，生产方式和生活方式绿色、低碳水平明显上升。巢湖生态文明先行示范区建设取得重要进展，巢湖水质总体保持地表Ⅳ类水标准。城市污水集中处理率达到98%，垃圾无害化处理率、工业固体废物处置利用率均达到100%；森林覆盖率超过28%，城市建成区绿化覆盖率达到46%；非化石能源占一次性能源消耗比重超过8%；空气污染物浓度下降，质量优良天数持续上升。土地节约集约利用成效显著，万元生产总值能耗、主要污染物排放总量等节能减排指标达到省控目标。

体制机制更加完善。城乡治理体系和治理能力现代化取得重大进展，全面创新改革试验率先突破，全面深化改革走在前列，形成一批在全国有影响力的改革成果。人民民主更加健全，法治政府基本建成，"平安合肥"持续深化，司法公信力明显提高。内陆开放高地建设取得突破，国际化及区域合作水平不断提升。

7.《合肥市董铺水库、大房郢水库水源保护区综合保护规划与控制导则》

（1）总则

为深入贯彻落实饮用水安全保障工作，指导和规范水源地片区城乡规划编制及基础设施建设和生态保护工作，确保两大水库保持Ⅲ类水质标准，力争达到Ⅱ类水质标准，编制保护规划并制订导则。

（2）规划编制范围

蜀山分干渠——长江西路——西二环路——北二环路——蒙城北路——滁河干渠合围的范围，总面积210km²。

1）一级保护区范围。董铺水库30m高程及以下的陆域和水域，面积约21.90km²；大房郢水库29.7m高程及以下的陆域和水域，面积约18.24km²。

2）二级保护区范围。董铺水库：滁河干渠与蜀山支干渠交汇处—蜀山支干渠—蜀山产业园规划边界道路—井岗镇规划边界道路—科学岛路—樊洼路—植物园绿地边界—西二环路—环湖东路—三国城路合围的范围；大房郢水库：四里河路—坝下路—规划合作化路—蒙城北路—220kV高压走廊—老合瓦路—四里河路合围的范围；水库上游主引水渠道（滁河干渠、南淝河、四里河）两侧各500m，其他渠道按两侧各200m的范围。二级保护区总面积约121.91km²。

3）相关准保护区为滁河干渠以南，三十岗乡、大杨镇、岗集镇、双凤工业区的部分范围。总面积约28.94km²。

（3）规划控制要求

水源一级保护区及外延200m的保护区范围为禁止建设区。禁止建设与水源保护无关的一切项目。

水源二级保护区为严格控制区。除道路、送（输）电、水利、供水等基础工程设施外，不得新、改、扩建其他有污染物排放的项目。区内现状人口需实施生态移民，迁出二级保护区。沿一级保护区200m的范围，水源涵养林和湿地覆盖率需达到95%以上。

相关准保护区为限制建设区。不得新、改、扩建二、三类工业类项目，不得设置露天堆场。所有项目市政管网配套设施须健全、不排放工业废水、固体废物。

（4）加强水源涵养林建设

涵养林和防护林总面积约50km²。

董铺水库周边涵养林包括水源一级保护区陆域和一级保护区外延200m范围，同时在三国城路以南区域，井岗镇十八岗以北、科学岛路两侧增加集中涵养林。南淝河涵养林控制在两侧各200—500m，其他输水渠道控制在两侧各100m。合淮阜高速防护林控制在高速公路两侧各100m范围。

滁河干渠二级保护区内河道两侧各控制50m涵养林带。

（5）实施生态移民工程

将水源二级保护区内现状人口约4.74万人迁出。

安置原则：以集中安置为主，村庄合并为辅；按照合理的耕作半径规划安置点，并制定配套政策，解决居民的生活来源和工作、户籍等问题。规划共安排10个居民安置点，总占地面积控制在424hm²内。迁出后，共可节约宅基地面积约317.77hm²。水源一级保护区外延200m范围内的居民（约5800人）先期实施，在各所属行政区规划点予以安置。

（6）三十岗乡污水由三十岗、冲心泵站提升经三国城路主干管排入望塘污水处理厂

雨水排放系统：结合雨污分流改造，居住小区、商业服务业设施和新建开发地块设置初期雨水收集净化系统。雨水汇入水库的需设置统一排放口区域，经管渠引入稳定塘和湿地处理系统。

8.《安徽省美好乡村建设规划（2012—2020年）》

（1）总体目标

建设生态宜居村庄美、兴业富民生活美、文明和谐乡风美的美好乡村。到2016年，力争全省40%

以上的中心村达到美好乡村建设要求；到 2020 年，力争全省 80% 以上的中心村达到美好乡村建设要求；到 2030 年，全省中心村全面达到美好乡村建设要求。

（2）中心村建设

中心村为乡村基本服务单元，主要建设任务是完善基本乡村公共服务及支农服务功能，配置小学、幼儿园、卫生所、文化站、图书室、乡村金融服务网点、公共服务中心等 11 项基本公共服务和公交站、垃圾收集点、污水处理设施、公厕等 4 项基础设施，吸引人口向中心村集聚。自然村为乡村基层单元，主要建设任务是保留乡村特色，改善人居环境，配置健身活动场地、便民超市等公共服务设施和垃圾收集点。

（3）设施建设

道路交通工程应尽量利用原有乡村道路，按交通需求合理确定宽度。在城镇供水半径内的村庄应优先采用管网延伸供水，不在城镇供水服务半径内且具备水源条件的大、中型村庄应采用独立集中供水，小型村庄和相邻村庄可结合实际采用区域集中供水，新建村庄应采用雨污分流排水系统。按照"村收集、乡镇运、县处理"的模式，逐步实现村庄垃圾分类收集、封闭运输、无害化处理和资源化利用。

（4）建设路径

全省分为皖北片区、皖中片区、沿江片区、皖西片区、皖南片区，实行差别化的美好乡村建设路径。村庄建设主要采用改造提升、拆迁新建、旧村整治、特色保护 4 种模式。在建筑风格特色上，皖北片区总体建设风格宜采用中原地区风格，皖中片区总体建筑风格宜融合皖南民居和皖北民居的特点，沿江片区宜融合江南水乡和皖南民居特点，皖西片区总体建筑风格宜带有部分徽派元素，建筑形式简洁流畅，皖南片区总体建筑风格为徽派建筑风格。

（5）产业发展

全省将规划建设淮北平原地区、江淮丘陵区、沿江平原区、皖南、皖西大别山等 5 个农产品生产集聚区，保障传统产业发展，积极发展特色产业，加快兴业富民步伐。

9.《安徽省生态强省建设实施纲要》（以下简称《纲要》）

（1）总体目标

到 2020 年，基本建成七大体系，力争全省生态竞争力综合指数比 2010 年翻一番，基本建成生态环境优美、生态经济发达、生态家园舒适、生态文化繁荣的宜居宜业宜游生态强省，使城乡居民都能喝更干净的水、呼吸更清洁的空气、吃更安全的食品、享受更良好的环境。

具体目标落实在五个方面：一是力争生态环境质量位居全国前列；二是形成若干具有国际竞争力的生态产业和基地；三是确保资源产出率超过全国平均水平；四是创建一批低碳城市、森林城市和生态强市；五是建成绿色消费先行区。

（2）十大重点工程

重点工程是生态强省建设的重要支撑和主要抓手。按照统一部署，2016 年前实施重点流域水环境综合治理等十大工程，确保生态强省建设取得初步成效；2016 年后，继续推进重点工程建设，深化工程内容，全面完成生态强省建设目标任务。

十大重点工程是：重点流域水环境综合治理工程、面源污染防治工程、空气清洁工程、千万亩森林增长工程、生态安全提升工程、循环经济壮大工程、绿道建设工程、乡村生态环境建设工程、食品安全保障工程、绿色消费工程。

（3）为确保生态强省建设目标的实现，《纲要》从区域发展、生态经济、自然生态保护、资源利用、环境保障、美好家园、生态文化等七个方面作出任务部署，着力构建七大体系。

1）科学开发国土，构建主体功能明确的区域发展体系。

2）发展绿色产业,构建高效低耗的生态经济体系。

3）强化生态保护,构建山川秀美的自然生态体系。

4）提升资源利用效率,构建可持续的资源支撑体系。

5）实施综合治理,构建安全稳定的环境保障体系。

6）建设美好家园,构建宜居宜业的生态人居体系。

7）弘扬生态文明,构建全民参与的生态文化体系。

（4）保障措施

1）强化政策支持——建立多元化投入机制,建立生态强省财政投入机制,引导各类社会资本加大投入,完善价格、税收等市场调节机制,健全生态补偿机制,创新示范引导机制。综合运用政府投入、财税优惠、产业准入等政策,支持生态环境质量提升、资源利用效率提高、生态美好家园创建、低碳绿色消费培育和生态文化教育等方面示范基地建设。

2）强化科技支撑——重点是突破一批节能减排和循环利用关键共性技术,建立一批低碳生态技术服务和成果转化平台,积极引进和培养节能环保、新能源领域的高端人才。

3）强化执法监管——形成较为完善、具有安徽特色的生态强省法规体系;创新执法方式、规范执法行为,提高执法能力和水平。

4）强化组织领导——实施行政首长负责制,构建强有力的工作推进机制。建立考核评价体系,省政府根据生态强省建设工作责任分工,每年开展市、县级人民政府和省直部门目标责任考核评价,考核结果纳入政府绩效管理体系,并向社会公告。

10.《合肥市城市空间发展战略及环巢湖地区生态保护修复与旅游发展规划》(以下简称《规划》)

（1）市域空间格局

"1331"市域空间布局框架。"1331"空间发展规划是原先"141"空间发展规划的继承与发展。其中,第一个"1"即是原先的"141",包括1个老城区、1个"滨湖新区"和4个城市组团;第二个"3"则为延伸出的"巢湖、庐江和长丰"3个城市副中心;第三个"3"则为"新桥临空产业基地、庐南重化工基地和巢北产业基地"3个产业新城;最后一个"1"为环巢湖示范区。

（2）建设目标

合肥将成长为千万人口级别的特大城市,将以占全省约8%的国土面积,承载全省约20%的人口和30%的经济总量,真正成为安徽的强力龙头与长三角的西翼中心,跻身一流省会城市行列。

（3）城镇规模

按照《规划》,未来合肥市域总人口1300万~1500万人;未来城镇化率85%左右,城镇人口1100万~1300万人,主城区人口850万~1000万人。

（4）发展分析

从加速安徽崛起的战略高度决策,合肥将被打造成长三角地区继沪宁杭之后的现代化新兴中心城市,并朝着在全国有较大影响力的区域性特大城市方向迈进。未来,合肥不仅会在一些重点领域和关键环节实现新突破,建立与国际通行规则相衔接、与长三角等先发地区等高对接的体制机制;而且,在基于"地理坐标"的定位上,合肥也将逐步实现从中部工业型省会城市向长三角西翼中心城市的跨越。

（5）城市发展目标

基于"大湖名城,创新高地"这一形象定位,未来"大合肥"的发展目标被归结为4句话——泛长三角西翼中心城市;具有国际竞争力的现代产业基地;具有国际影响力的创新智慧城市;国际知名的大湖生态宜居城市和休闲旅游目的地。

三、相关法规政策

三十岗乡作为合肥城市的重要组成部分,处于近郊水源保护区范围内,其发展一方面享受城市发展的各项政策支持，另一方面也受到水源地保护的限制。

1.《合肥市城市饮用水水源保护条例》（2011年6月1日施行，节选）

第四条　市、县区人民政府应当将饮用水水源管理和保护工作纳入国民经济和社会发展计划，制定和实施饮用水水源保护规划和饮用水水源污染事故处理应急预案，促进饮用水水源保护工作。

乡镇人民政府应当依法做好饮用水水源保护工作。

第五条　市、县区水行政主管部门负责饮用水水源的统一管理和监督，对饮用水水源进行规划、调配和水质监控。

环境保护、建设、国土资源、规划、卫生、交通、公安、农业、林业、城市管理、工商、畜牧水产等行政主管部门应当按照各自的职责，做好饮用水水源保护工作。

第七条　市、县人民政府应当按照水源保护管理的要求，建立饮用水水源保护区。

饮用水水源保护区的划定，由市、县人民政府提出方案，报省人民政府批准。

第八条　市、县区水行政主管部门应当会同同级环境保护行政主管部门划定饮用水水源保护区地理界线，设立警示标志，并在饮用水水源一级保护区内的重点地段设置防护设施。

第九条　饮用水地表水水源一、二级保护区内的水质，分别执行国家《地表水环境质量标准》。

饮用水地下水水源保护区的水质执行国家《地下水质量标准》。

第十条　在饮用水水源保护区内，禁止设置排污口。

第十一条　在饮用水水源一级保护区内禁止下列行为：

（一）排放污水、废液，倾倒垃圾、渣土和其他固体废弃物；

（二）从事网箱养殖、旅游、游泳、垂钓、水上训练等可能污染水质的活动；

（三）放养畜禽；

（四）洗刷车辆和其他物品；

（五）投放饵料，施用化肥、农药；

（六）毒鱼、炸鱼和电鱼；

（七）露营、野炊等活动；

（八）除水政监察、渔政监察、水文、水质监测和饮用水水源管理专用的船只以外的其他船只下水；

（九）筑坝拦汊、填占水库；

（十）设置商业、饮食等服务网点；

（十一）翻越、破坏防护网；

（十二）新建、改建、扩建与供水设施和保护饮用水水源无关的建设项目；

（十三）法律、法规规定的其他污染水质的行为。

已建成的与供水设施和保护饮用水水源无关的建设项目，由市、县区人民政府责令拆除或者关闭。

第十二条　在饮用水水源二级保护区内，禁止下列行为：

（一）新建、改建、扩建排放污染物的建设项目；

（二）设置畜禽养殖场；

（三）堆放废弃物，设置有害化学物品的仓库或者堆栈；

（四）施用对人体有害的鱼药和高毒、高残留农药；

（五）法律、法规规定的其他污染水质的行为。

已建成的有排放污染物的建设项目，由市、县区人民政府责令拆除或者关闭。

第十三条　禁止在饮用水水源准保护区内新建、扩建对水体污染严重的建设项目；改建建设项目，不得增加排污量。

第十四条　在饮用水水源一级保护区内实行植树造林；在二级及准保护区内鼓励和支持发展经济果树

林或用材林，保护自然植被、湿地，防治水土流失，防止化肥、农药污染，改善生态环境。

第十五条　市、县区、乡镇人民政府依法应当加强农村饮用水水源保护，实施农村饮用水安全工程，加强水源选择、水质鉴定和卫生防护等工作，改善村镇饮用水条件。

第十九条　市、县区水行政主管部门依法做好下列工作：

（一）制定饮用水水源水质保护规划，参与制定饮用水水源污染防治规划；

（二）监督饮用水水源保护单位做好水体水质保护工作；

（三）根据水功能区对水质的要求和水体的自然净化能力，核定有关水域的纳污能力，向同级环境保护行政主管部门提出限制排污总量意见；

（四）对饮用水水源水质状况进行监测，发现水质未达到标准或者其他影响水质情况的，应当及时报告同级人民政府，并向同级环境保护行政主管部门通报，采取治理措施；

（五）编制饮用水水源的水质水文资料。

第二十条　市、县区环境保护行政主管部门依法做好下列工作：

（一）编制和实施饮用水水源保护区内环境污染防治规划；

（二）根据本行政区域内饮用水水源环境保护目标，制定污染物排放总量控制实施方案，报同级人民政府批准后组织实施；

（三）对饮用水水源准保护区内超标排污的单位和个人，责令其限期治理，达标排放；

（四）做好饮用水水源保护区内建设项目的环境管理和监督工作；

（五）负责饮用水水源的环境质量状况监测，提出防治污染的对策和建议。

第二十一条　市、县规划行政主管部门应当依法对饮用水水源保护区内建设项目进行规划管理。对按照规定可以在饮用水水源保护区内建设的项目，应当严格审批管理；批准建设项目前的选址、定位应当事先征求同级水行政主管部门和环境保护行政主管部门的意见。

第二十二条　市、县区林业行政主管部门应当依法加强饮用水水源保护区内水源涵养林、自然植被、湿地的保护和管理，改善生态环境，提高水体自净能力。

第二十三条　市、县区农业行政主管部门应当指导饮用水水源保护区内农民科学施用化肥和农药，逐步减少农药、化肥用量，并加强督促和检查。

第二十四条　市、县区卫生行政主管部门应当依法加强饮用水水源的水质卫生监测和卫生监督管理。

第二十五条　市、县区公安机关应当加强饮用水水源保护区的治安管理工作，维护安全秩序。

2.《合芜蚌国家自主创新示范区建设实施方案》（2016年12月3日）

总体定位是：全面提升区域创新体系整体效能，创建有重要影响力的综合性国家科学中心和产业创新中心。具体定位是：强化原始创新、集成创新、引进消化吸收再创新，努力建设成为科技体制改革和创新政策先行区、科技成果转化示范区、产业创新升级引领区、大众创新创业生态区。

（1）空间布局和功能布局

按照"三城三区多园"的空间架构，加快形成区域创新一体化发展格局，即以合肥、芜湖、蚌埠三市为建设主体，以合芜蚌国家高新区为核心区，辐射带动合芜蚌三市各类开发园区转型升级。

合肥：以合肥国家高新区为核心区，以合肥经开区、新站区、巢湖产业聚集区等为辐射区。其中，合肥经开区重点建设智能终端、智能制造、绿色节能建筑、新能源汽车等，新站区重点建设新型显示、集成电路、智能制造、新能源产业园和综合保税区、承接产业转移示范园区、北航科学城等，巢湖产业聚集区重点建设生物医药、安全食品、高端装备制造、镁基新材料、电子信息及动漫游戏等产业园区。

（2）功能布局

围绕合芜蚌国家自主创新示范区战略定位，发挥合芜蚌国家高新区产业特色优势，立足"高"，突出"新"，依托各类创新平台，建设高水平创新型园区，培育高成长性创新型企业，发展高附加值创新型产业，对接皖北，联接皖江，带动皖南，打造国际化、开放型创新高地，实现示范区产业错位、协同发展。

合肥：重点打造新一代信息技术、新能源、新能源汽车、公共安全、新材料、生物产业、智能制造等领域的新兴产业集群，辐射带动新型显示、智能语音、集成电路、机器人、高端装备、高端医疗器械、轨道交通装备、创意文化、现代种业、安全食品等领域的新兴产业集群。重点在打造重大科技创新平台、加速战略性新兴产业集聚发展、激发企业创新活力、促进科技成果转化、加快科技金融结合、推动大众创业万众创新、加强知识产权运用与保护等方面开展试点示范。

（3）重点任务之一：加快综合性国家科学中心建设

打造世界一流大科学工程和设施集群。积极创建量子信息国家实验室，打造具有重要国际话语权的量子信息产业化战略平台和引领基地。力争洁净能源实验室合肥分中心、聚变堆主机关键系统综合研究设施、大气环境模拟舱等进入国家战略布局，在量子信息、洁净能源、聚变工程、环境检测等领域形成原创理论和原创发现新突破。整合中央驻皖高校、科研院所等创新资源，提高同步辐射、全超导托卡马克和稳态强磁场等大科学工程性能，打造一批国家重点实验室，促进合肥先进光源等装置工程化，推进重大基础研究和战略高技术研究成果加速转化。（牵头单位：合肥市政府，安徽省发展改革委，安徽省科技厅，配合单位：安徽省教育厅、安徽省财政厅、中科院合肥物质科学研究院、中国科技大学等）

3. 相关政策意见

（1）合肥市承接产业转移促进现代农业发展若干政策及其配套政策（2010年1月1日起执行）等一系列支农惠农政策

加强农村基础设施建设、增强农业综合生产能力。大力推进农村土地整治。合肥市政府批准实施的土地整治项目，宅基地整理部分新增耕地面积，市财政每亩给予5万元补助；其他土地整理新增耕地面积，省市财政按照项目区建设标准给予补助。

推进农业规模化和集约化发展、提高农业竞争力。积极推进农业产业化，对于固定资产投资总额在500万元以上（含500万元）的新、扩建农副产品加工和林木花卉生产项目，在项目建设期内，给予一定补助。促进特色种植业发展，鼓励从事研发的种业企业发展，对于制种基地连片面积1000亩以上的，每年每亩给予20元补助；新建无公害蔬菜设施栽培（含食用菌、草莓）小区和新建设施栽培花卉基地，分类型按面积予以补助；新建露地蔬菜、新开发水生蔬菜和蔬菜瓜果花卉工厂化育苗中心，根据集中连片面积，给予不同程度补助。加快林木花卉业发展，对于新增营造连片面积50亩以上的生态林（包括水源生态林、湿地绿化、荒山荒地绿化等），在铁路、高速公路、国省道、县道两侧新建绿色长廊林带3km以上、大中型河渠两侧新建绿色长廊林带10km以上，新开发苗木生产基地、花卉生产设施控温温室、日光温室、钢架大棚、新增鲜切花生产等不同项目根据面积不等给予补助。新开发经济果木林基地成片100亩以上的桃、枣等品种和外环生态绿色长廊范围内连片发展经果林（桃、李、杏、枣等）50亩以上的，市财政按每亩200元标准予以补助、一补五年。鼓励土地承包经营权流转和农村能源使用。

（2）2013年度中央城镇化工作会议指示精神

2013年12月12日至13日中央城镇化工作会议在北京举行。习近平总书记在会上发表重要讲话，分析城镇化发展形势，明确推进城镇化的指导思想、主要目标、基本原则、重点任务。李克强在讲话中论述了当前城镇化工作的着力点，提出了推进城镇化的具体部署，并作了总结讲话。

讲话指出，"推进以人为核心的城镇化"：要坚持生态文明，着力推进绿色发展、循环发展、低碳发展，尽可能减少对自然的干扰和损害，节约集约利用土地、水、能源等资源。并提出推进城镇化六大任务。其中提到：

提高城镇建设用地利用效率。按照促进生产空间集约高效、生活空间宜居适度、生态空间山清水秀的总体要求，形成生产、生活、生态空间的合理结构。切实保护耕地、园地、菜地等农业空间，划定生态红线。按照守住底线、试点先行的原则稳步推进土地制度改革。

优化城镇化布局和形态。根据区域自然条件，科学设置开发强度，尽快把每个城市特别是特大城市开发边界划定，把城市放在大自然中，把绿水青山保留给城市居民。

提高城镇建设水平。要体现尊重自然、顺应自然、天人合一的理念，依托现有山水脉络等独特风光，让城市融入大自然，让居民望得见山、看得见水、记得住乡愁；要融入现代元素，更要保护和弘扬传统优秀文化，延续城市历史文脉；要融入让群众生活更舒适的理念，体现在每一个细节中。在促进城乡一体化发展中，要注意保留村庄原始风貌，慎砍树、不填湖、少拆房，尽可能在原有村庄形态上改善居民生活条件。

后记

  通过近几年地方政府的重视和努力，三十岗乡在安徽省的乡村规划和建设工作中走在了全省前列，此次全国高等院校城乡规划专业大学生乡村规划方案竞赛活动成功举办，表明三十岗乡在乡村规划教育领域也得到认可。在此次竞赛活动开展之初，中国城市规划学会乡村规划与建设学术委员会便将合肥市三十岗乡列为全国乡村规划教研基地，同时安徽建筑大学也将三十岗乡作为乡村规划教育的校地合作基地进行立项建设。通过举办2017年度首届全国高等院校城乡规划专业大学生乡村规划方案竞赛活动，使三十岗乡得到了较为广泛的宣传，极大地提高了三十岗乡在全省乃至全国的知名度，基本达到乡政府举办此次活动的预期。在2018年初完成的"三十岗乡总体规划"修改工作中，此次竞赛成果得到了不同程度的借鉴，这些成果不仅会作为学术成果加以出版，还需要进一步整合，以便更好地对该区域乡村规划和建设发展提供指引。

  安徽建筑大学城乡规划专业创办于1980年，通过了三次全国高等学校专业教育评估，并于最近一次获优秀等级；城乡规划学作为安徽省级重点学科，为安徽省及周边省份培养了大批专业人才，为安徽省城乡规划和建设作出了积极贡献。在实施乡村振兴战略过程中，为了更好地服务乡村建设和发展，学校在此次乡村规划竞赛活动期间成立了"安徽建筑大学乡村振兴规划研究中心"。该研究中心整合城乡规划、建筑学、风景园林和艺术学院环境艺术等专业资源，以服务乡村建设发展为主，积极开展乡村规划和建设等方面的教学、科研和生产实践等活动。2017年度首届全国高等院校城乡规划专业大学生乡村规划方案竞赛活动刚刚落幕，安徽建筑大学又联合安徽省村镇建设学会、安徽省高等学校土建类专业合作委员会于2018年3月联合举办"首届安徽省普通本科高校城乡规划专业乡村规划联合毕业设计方案竞赛"，这一活动主要是组织安徽省各高校2018届毕业生选取三个基地开展的乡村规划竞赛活动，这既是安徽省高校间首次开展的乡村规划联合教学活动，又是全国乡村规划竞赛在安徽省的延续。

编 者